FRAUKE BAGUSCHE

DAS BLAUE WUNDER

Warum das Meer leuchtet, Fische singen und unsere Beziehung zum Meer so besonders ist

Erstaunliche Einblicke in eine geheimnisvolle Welt

LUDWIG

Klimaneutral
Druckprodukt
ClimatePartner.com/12537-1707-1001

MIX
Papier aus verantwortungsvollen Quellen
FSC www.fsc.org
FSC® C014889

Verlagsgruppe Random House FSC® N001967

Originalausgabe 2019

Redaktion: Angelika Winnen
Umschlaggestaltung: Eisele Grafik Design
unter Verwendung eines Fotos von
© Shutterstock (Rich Carey);
GettyImages (Darryl Leniuk, nudiblue,
Justin Lewis, Mark Tipple)
Satz: Leingärtner, Nabburg
Druck und Bindung: Pustet, Regensburg
Printed in Germany
ISBN: 978-3-453-28111-0

www.Ludwig-Verlag.de

Für meine Neffen Miguel und Milo.
Ich wünsche mir, dass ihr *Das blaue Wunder* noch
so erkunden könnt, so wie ich es durfte und darf.
Mein größter Wunsch ist, dass dieses Buch
einen kleinen Teil dazu beiträgt,
euch eine lebenswerte und schöne Welt
zu hinterlassen, in der ihr groß werdet.

Für Anna, Elias und Dimi.

Inhalt

If there is magic on this planet, it is contained in water.

LOREN EISELEY

There is nothing wrong with enjoying looking at the surface of the ocean itself, except that when you finally see what goes on underwater, you realize that you've been missing the whole point of the ocean. Staying on the surface all the time is like going to the circus and staring at the outside of the tent.

DAVE BARRY

Vorwort

Wenn ich mich mit einem einzigen Wort beschreiben müsste, würde »thalassophil« den Nagel auf den Kopf treffen. Als thalassophil bezeichnet man diejenigen, die bevorzugt, aber nicht ausschließlich an der Meeresküste oder im Meer leben und das Meer lieben. Der salzig-algige Duft, das Rauschen der Wellen und die Weite des Meeres üben einen Sog auf mich aus, dem ich nicht widerstehen kann. Auf das Meer zu schauen und den Wellen zu lauschen entspannt mich unglaublich. Begebe ich mich jedoch unter Wasser, erlebe ich mein blaues Wunder, denn dort tobt das Leben. Diese Welt unter Wasser hat ihr eigenes Tempo und gehorcht ihren ganz eigenen Regeln. Sie ist farbenfroh und immer in Bewegung, manchmal etwas eintönig, aber jedes Mal atemberaubend.

Die Rätsel und Zusammenhänge des Meeres haben mich von klein auf begeistert, und deswegen ist es kaum verwunderlich, dass ich meine Leidenschaft zum Beruf gemacht habe. Ich bin Meeresbiologin mit Leib und Seele und habe (fast) nichts außer Salzwasser im Kopf. Mein Tätigkeitsfeld ist sehr facettenreich, und natürlich halte ich mich als Meeresbiologin nicht nur unter und auf dem Wasser auf – allerdings möglichst oft. Je nach Arbeit sehe ich manchmal monatelang das Meer nicht, zum Beispiel, wenn ich in einem Labor Proben analysiere, vor einem Computer an der Datenauswertung arbeite, Vorträge halte oder an einem Buch über das Meer schreibe. Kann ich dann endlich wieder im Meer tauchen oder schnorcheln, fühle ich mich, als wäre ich zu Hause angekommen.

Eines meiner schönsten Erlebnisse unter Wasser hatte ich auf den Malediven, als ich eine Schnorchelsafari leitete und einer Touristengruppe ein gut erhaltenes Schiffswrack zeigen wollte. Wir waren gerade auf dem Rückweg zum Boot, als mir unser Kapitän aufgeregt signalisierte, dass ich mich umdrehen sollte. Ein paar Meter hinter mir sah ich eine Rückenflosse an der Wasseroberfläche. Da ich nicht genau erkennen konnte, ob der Flossenbesitzer ein Hai oder Delfin war, schwamm ich näher heran und sah – nichts. Kurz darauf gestikulierte unser Kapitän wieder wild, und siehe da, hinter mir war eine Gruppe Delfine aufgetaucht. Doch damit nicht genug. Auf einmal fing es um uns an zu blubbern, überall stiegen Luftblasen aus der Tiefe zur Oberfläche, und wir fühlten uns wie in einem Whirlpool. Die Geräusche unter Wasser schwollen an zu einem wilden Gezwitscher, es klang ähnlich wie das der Vögel an Land. Plötzlich waren wir von Spinnerdelfinen umgeben, die zwitschernd und pfeifend miteinander kommunizierten, neben uns aus dem Wasser sprangen und sich in der Luft drehten (im Englischen »spinning«). Neben und unter uns zogen nach und nach kleine Gruppen Delfine vorbei, die uns neugierig beobachteten und sich ein Wettschwimmen lieferten. Insgesamt schätzten wir die gesamte Gruppe auf etwa dreihundert Tiere, die von der Jagd im offenen Meer zurück ins Atoll an uns vorbei schwammen. Erlebnisse wie dieses machen mich sprachlos (was nicht sehr häufig vorkommt), und ich bin sehr dankbar dafür, dass ich all diese wunderschönen Momente erleben durfte.

Doch leider gibt es auch genug Momente, die mich traurig und wütend machen. Ich war traurig, als mir eine bedrohte Meeresschildkröte unter den Händen wegstarb, weil sie sich in einem alten Fischernetz verfangen hatte und ich sie nicht rechtzeitig befreien konnte. Ich bin wütend, wenn ich an einem Strand entlang spaziere und vor lauter Sammeln des angespülten Plastikmülls Rückenschmerzen bekomme oder wenn ich sterbende oder tote Korallen unter Wasser sehe, denn allzu oft ist ihr Tod durch den Menschen verschuldet. Gerade diese Momente sind es andererseits, die mich antreiben, Menschen für den Umgang mit dem Meer zu sensibilisieren. Obwohl zwei Drittel unseres Planeten mit Ozeanen bedeckt sind und sie das größte Ökosystem auf der Erde bilden, wissen wir bisher nur einen Bruchteil darüber, was im Meer vor sich geht. Selbst die Oberfläche des Mondes ist besser erforscht als die Tiefsee. Dabei haben Mond und Meer eines gemeinsam: Sie beeinflussen uns mehr, als wir denken. Wir verdanken dem Meer nicht weniger als unsere Existenz, denn der Sauerstoff jedes zweiten Atemzugs wird von marinen Mikroalgen produziert – und dabei ist es egal, ob Sie die Luft in München, Köln oder auf Usedom einatmen. Auch unser Klima wird vom Meer geprägt, von seinen warmen und kalten Strömungen, von wolkenproduzierenden Algen und dem Kreislauf der Verdunstung. Und nicht zuletzt bietet das Meer seit Jahrtausenden Nahrung und Schutz sowie wichtige Medikamente, Arbeitsplätze und Orte der Erholung. Das Rauschen der Wellen, die unverkennbare Meeresbrise und die Weite üben eine ungeheure Anziehungskraft aus, beruhigen und inspirieren.

Meine Faszination für das Meer möchte ich mit Ihnen in diesem Buch teilen und Sie auf eine Reise mitnehmen durch einen Lebensraum, von dem wir noch viel zu wenig wissen, dem wir aber mit unserem täglichen Handeln immer weiter Schaden zufügen. Der senegalesische Umweltschützer Baba Dioum hat es in seiner Rede vor der Hauptversammlung der Weltnaturschutzunion IUCN im Jahr 1968 auf den Punkt gebracht: »Wir Menschen beschützen nur das, was wir lieben. Wir lieben nur das, was wir verstehen, und wir verstehen nur das, was uns gelehrt wird.« Ich wünsche mir, mit diesem Buch die Liebe zum Meer, die ich empfinde, in Ihnen zu wecken – und damit den Wunsch, diesen einzigartigen Lebensraum zu schützen. Gemeinsam können wir dem Meer helfen, sich zu regenerieren, und den folgenden Generationen eine lebenswerte Welt hinterlassen.

In diesem Sinne: Tauchen wir ein in die faszinierende Welt der Meere!

Die heimliche Weltherrschaft des Planktons

Ich möchte Ihnen jetzt nicht den Spaß an Ihrem nächsten Badeurlaub nehmen, aber wenn Sie das nächste Mal im Meer schwimmen und sich verschlucken, dann schlucken Sie viel mehr als nur Wasser und Salz. Mit einem Mundvoll Meerwasser – egal wie klar es erscheinen mag – nehmen Sie nämlich nicht nur Wasser und Salz zu sich, sondern hauchen unzähligen Organismen wie Viren, Bakterien, Algen, Fischlarven, Flügelschnecken, Krebstieren, Medusen und Pfeilwürmern das Leben aus. Ihr kleiner Proteinsnack nennt sich **Plankton** und leitet sich von dem altgriechischen Wort *planktos*, »das Umhertreibende«, ab. Als Plankton bezeichnet man die Gesamtheit der frei schwebend im Wasser lebenden Organismen pflanzlicher oder tierischer Natur, die zu keiner oder nur zu sehr geringer Eigenbewegung fähig sind und deren Schwimmrichtung von Wasserströmungen vorgegeben wird. Lebewesen, die sich aktiv im Wasser fortbewegen und auch gegen Strömungen anschwimmen können wie zum Beispiel Fische, Tintenfische, Wale und Schildkröten, werden dagegen als **Nekton** (griech. *nekton* = »das Schwimmende«) bezeichnet. Viele Tierarten sind beides: Sie beginnen ihr Leben als Plankton und zählen als Adulte, also erwachsene Tiere, zum Nekton. Diese Organismen, die nur einen Teil ihres Lebenszyklus, meist als Larven, planktonisch leben und im Verlauf ihrer Entwicklung zwischen verschiedenen

Lebensräumen wechseln, zählt man zum Meroplankton – in Abgrenzung zum Holoplankton, das seinen gesamten Lebenszyklus planktonisch verbringt.

Auch wenn planktonische Organismen zumeist winzig klein sind, dominieren sie allein durch ihre schiere Masse. Denn das Nekton macht weniger als fünf Prozent der Biomasse in den Ozeanen aus; mehr als 95 Prozent der marinen Biomasse werden von planktonischen Kleinstorganismen gestellt – den heimlichen Herrschern der Welt. Dabei ist Plankton nicht nur im marinen Lebensraum, sondern ebenso in Bächen, Flüssen und Seen allgegenwärtig. Man unterteilt die planktonischen Organismen in zwei Hauptgruppen: das pflanzliche **Phytoplankton**, zu dem beispielsweise die Zooxanthellen-Algen sowie Kiesel- und Grünalgen gehören, und das tierische **Zooplankton**, sprich: Larven, Gameten, kleinste Krebstierchen (wie z. B. der berühmte »Krill«), Würmer und Medusen. Außerdem kategorisiert man je nach Größe verschiedene Gruppen, angefangen vom Femtoplankton*, zu dem die Viren zählen, bis hin zum Megaplankton, zu welchem beispielsweise Quallen mit mehrere Meter langen Tentakeln gehören.

Wer gerade keine Wasserprobe und kein Mikroskop zur Hand hat, sich aber für Formenvielfalt und Schönheit dieser versteckten Wasserwelt interessiert, dem seien der sehr informative Fotoband von Christian Sardet *Plankton. Der erstaunliche Mikrokosmos der Ozeane* und die wunderschönen Illustrationen von Ernst Haeckel in *Kunstformen*

* Abgeleitet von skandinavisch femto = 15. 1 Femtometer = 10^{-15} Meter (d. h. 1 Billiardstel Meter).

der Natur sehr ans Herz gelegt. Denn wenn Sie schon unzählige Organismen einfach verschlucken, sollten Sie sich wenigstens die Mühe machen, diesen unglücklichen Kreaturen ein »Gesicht« zu geben. Wenn ich von »unzähligen« Organismen spreche, so ist das vielleicht etwas zu ungenau ausgedrückt. Präzisere Zählungen haben ergeben, dass sich in einem Liter Meerwasser bis zu 10 Milliarden Virenpartikel, 1 Milliarde Bakterienzellen, 10 Millionen Phytoplankter und 1000 Zooplankter befinden können. In Ihrem Schluck Meerwasser wimmelt es also förmlich von Leben! Guten Appetit!

Bevor Sie aber jetzt das Gesicht vor Ekel verziehen und sich schwören, nie wieder baden zu gehen und erst recht nie wieder auch nur einen Tropfen Meerwasser zu verschlucken, werfen Sie mal einen Blick in Ihre Speisekammer oder in den Arzneischrank. Die ernährungsbewussten Menschen unter uns nehmen planktonische Organismen nämlich nicht nur zufällig beim Schwimmen im Meer zu sich, sondern oftmals mit Absicht, und zwar in Pillenform. Das bekannte Nahrungsergänzungsmittel Spirulina, welches Vitamine, Antioxidantien und alle essenziellen Aminosäuren enthält, wird aus filamentösen Cyanobakterien der Gattung *Arthrospira* gewonnen und in Form von grünen Pellets in konzentrierter Form verkauft.

Algen und Mikroalgen werden nicht erst seit der Neuzeit von der Nahrungsmittel- und Kosmetikindustrie genutzt, sondern schon seit Hunderten von Jahren wegen ihrer positiven Auswirkungen auf unsere Gesundheit, innen wie außen, geschätzt. Bioaktive Komponenten wie Polysaccharide, Chlorophyll, Vitamin E und Ectoin setzt man heute in der Hautkosmetik ein. Sie helfen der Haut

Feuchtigkeit zu speichern, dienen als Schutz vor freien Radikalen und UV-Licht, sie stärken das Immunsystem, maskieren schlechte Gerüche und wirken entzündungshemmend. Der Grund, warum Mikroalgen all diese bioaktiv wirksamen Substanzen produzieren, liegt auf der Hand: Um zu überleben, müssen diese Kleinstorganismen sich gegen Umwelteinflüsse wie UV-Licht schützen und zugleich effektive Reparaturmechanismen entwickeln. Einige Kosmetikhersteller produzieren deswegen ihre eigenen Mikroalgen und nutzen deren biologisch aktive Substanzen für ihre Produkte.

Der medizinische Mehrwert für Körper und Geist ist ebenfalls schon lange bekannt. Die Entwicklung von Medikamenten gegen Krebs und andere Krankheiten aus Bakterien, die im Korallenriff zu Hause sind, treibt man erst seit einigen Jahrzehnten intensiv voran (mehr dazu im Kapitel »Unterwasserapotheke«). In der Thalassotherapie, auch »Heilbehandlung durch das Meer« genannt, nutzt man seit Jahrhunderten die Wirkstoffe aus Meerwasser, Algen und Schlamm in Kombination mit der frischen Meeresbrise und Sonne. Geht man am Strand von Norderney spazieren, fallen einem die Informationstafeln direkt ins Auge, welche die gesundheitsfördernde Wirkung der sauerstoffreichen, pollenarmen und sauberen Meeresluft anpreisen. Weht der Wind von der See landeinwärts, ist er mit Aerosolen und Jod angereichert, was die Bronchien entkrampft, den Schleim löst und Asthmatiker und Allergiker aufatmen lässt. Der Reizklimaeffekt der Meeresluft wirkt sich gleichzeitig positiv auf die Gesundheit der Haut aus: Sie wird besser durchblutet und damit widerstandsfähiger gegen Belastungen; Entzündungen klingen ab, und Wunden heilen schneller. Spaziergänge am Meer regen den Stoffwechsel an und der Schlaf-Wach-Rhythmus stabilisiert sich – man fühlt sich einfach vitaler.

Im späten 18. Jahrhundert entstand in Deutschland das erste Seebad in Heiligendamm an der Ostsee, dem viele weitere folgten. Aufgrund der hohen Kosten einerseits und neuer Medikamente andererseits verlor die Thalassotherapie im 20. Jahrhundert zwar an Bedeutung. Dennoch werden auch heute noch Erkrankungen der Atemwege und der Haut sowie rheumatische Erkrankungen in Thalasso-Einrichtungen therapiert.

Sollten Sie das nächste Mal also hustend und spuckend aus dem Wasser auftauchen, dann versuchen Sie es positiv zu sehen. Denn neben den kosmetischen Vorteilen sind Sie in den Genuss einer wertvollen Zwischenmahlzeit gekommen – Superfood, das Sie nichts gekostet hat. Außerdem aber – und das ist viel zu wenig bekannt – verdanken Sie dem Plankton, genauer: dem Phytoplankton, Ihren nächsten Atemzug.

Die grüne Lunge

Egal wo Sie sich gerade befinden, ob in Köln oder in Erfurt, ob Sie in den Alpen wandern oder am Nordseestrand liegen, Sie sind durch jeden Atemzug mit dem Meer verbunden. Das Phytoplankton – kleinste, zwischen 0,001 und 1 Millimeter große pflanzliche Organismen – produziert nämlich mehr als die Hälfte des globalen Sauerstoffs und wird deshalb auch als die »grüne Lunge der Meere« bezeichnet. Ganz ähnlich wie die Pflanzen an Land betreiben diese winzigen Organismen Fotosynthese, bei der aus Wasser, Kohlenstoffdioxid (CO_2) und Lichtenergie Glucose (Zucker) und als »Abfallprodukt« Sauerstoff entstehen. Diese fotosynthetisch aktiven Algen bezeichnet man als Primärproduzenten. Sergei Petrovskii von der Abteilung für angewandte Mathematik der Universität Leicester in England hat berechnet, dass der Rückgang von Phytoplankton, verursacht durch die Auswirkungen des Klimawandels, also den Temperaturanstieg des Meerwassers um 6 °C, zu einer Verringerung des Sauerstoffs im Meer und in der globalen Atmosphäre führen würde. Die Folge wäre ein weltweites Massensterben von Mensch und Tier.

Um zu verstehen, was Mikroalgen leisten und wie unverzichtbar sie sind, lohnt es sich, den **Kohlenstoffkreislauf des Meeres** etwas näher zu betrachten. Kohlenstoff oder Carbon mit dem chemischen Symbol C kommt in der Natur in reiner Form hauptsächlich als Diamant oder Grafit vor. In gebundener Form trifft man ihn nahezu überall an, und auch wir tragen ihn in uns, oder besser gesagt, er macht uns aus. Nach Sauerstoff (O) mit 56,1 Prozent Gewicht besteht der menschliche Körper zu 28 Prozent aus Kohlenstoff (C), weitere 14,8 Prozent setzen sich aus Wasserstoff (H), Stickstoff, Calcium, Chlor und Phosphor zusammen, nur zu etwas mehr als einem Prozent besteht er aus Kalium, Schwefel, Natrium, Magnesium und Spurenelementen. Doch nicht nur der Mensch ist aus Kohlenstoff gemacht, sondern die gesamte tierische und pflanzliche Biomasse besteht aus stabilen Mehrfachbindungen dieses Elements mit sich selbst und anderen Elementen. Kohlenstoff ist der Baustein des Lebens schlechthin.

Ähnlich wie Wasser befindet sich Kohlenstoff auf unserem Planeten in einem stetigen Kreislauf, sowohl über als auch unter Wasser. Atmosphäre, Landbiosphäre und Meer tauschen kontinuierlich Kohlenstoff aus. Der CO_2-Austausch zwischen Atmosphäre und Meer findet bis in eine Tiefe von 100 Metern, in der sogenannten ozeanischen Deckschicht, statt. Er kommt durch Druckunterschiede zwischen Atmosphäre und Meer zustande. Theoretisch funktioniert das in beide Richtungen: Wenn der CO_2-Druck der Atmosphäre, Partialdruck genannt, niedrig ist, wird Kohlendioxid aus dem Meer in die Atmosphäre ausgegast; ist der CO_2-Druck jedoch höher, wird das Gas im Oberflächenwasser des Meeres gelöst. Praktisch ist allerdings aufgrund der vom Menschen verursachten CO_2-Emissionen der Partialdruck in der Atmosphäre in der heutigen Zeit dauerhaft höher als im Meer, d. h. es wird ständig CO_2 im Meer gelöst.

Die gesamte im Meer gelöste Menge an CO_2 ist 50 Mal größer als der CO_2-Gehalt der Atmosphäre und 20 Mal größer als die Menge des an Land in Pflanzen und Böden fixierten CO_2. Das Meer ist mit Abstand das größte Aufnahmesystem für CO_2, denn Kohlendioxid ist in Wasser leicht löslich – zum Glück! Solange das CO_2 in der Luft ist, reagiert es nicht, sondern schwebt als Gas frei umher, reflektiert die von der Erde aufsteigende Wärme und trägt durch den Treibhauseffekt zur weiteren Erwärmung des Klimas bei. Trifft das Gas jedoch auf Wasser, reagiert es fast vollständig zu anderen Verbindungen und kann in dieser Form das Klima nicht weiter anheizen. Zum allergrößten Teil wandelt es sich in anorganische Verbindungen mit weiteren Wasserstoff- oder Sauerstoffatomen wie

Hydrogencarbonat und Carbonat um, nur der geringste Teil verbleibt als gelöstes CO_2. Seit dem Beginn der industriellen Revolution vor 200 Jahren, als die Menschen begannen, in großem Maßstab fossile Brennstoffe zu verbrennen und die Menge an Kohlendioxid rapide anstieg, haben die Ozeane Schätzungen zufolge rund ein Viertel des anthropogen verursachten Kohlendioxids aufgenommen. Die Kapazität des Meeres, CO_2 aufzunehmen (Pufferkapazität) und umzuwandeln, ist jedoch nicht unendlich, und das führt mit weiter ansteigender CO_2-Konzentration in der Atmosphäre schon jetzt zu gravierenden Problemen wie z.B. der Versauerung der Meere.

Neben den anorganischen Kohlenstoffverbindungen gibt es auch organische. Der »partikulär organische Kohlenstoff« ist nichts anderes als der Aufbau von Biomasse der Mikroalgen bzw. der Primärproduzenten. Diese Mikroalgen wandeln, wie gesagt, CO_2 fotosynthetisch in Zucker und Sauerstoff um, dabei wachsen sie und vermehren sich, nehmen noch mehr CO_2 auf und so fort. Sterben diese Mikroalgen dann ab oder werden sie vom Zooplankton gefressen und als Fäkalien wieder ausgeschieden, sinken diese als organische Partikel mitsamt dem gebundenen Kohlenstoff in große Tiefen ab und werden in ihre Bestandteile aufgelöst. So wird das CO_2 aus der Atmosphäre entfernt und in tiefere Ozeanschichten transportiert. Diesen Vorgang bezeichnet man als »**biologische Pumpe**«. Da das Absinken dieser organischen Partikel im Lichtschein unter Wasser fallendem Schnee gleicht, hat man die Partikel auch »Meeresschnee« (engl. *marine snow*) getauft.

Ein weiterer Transport von Kohlenstoff findet über die

sogenannte »physikalische Pumpe« statt, welche unter anderem abhängt von der »thermohalinen Zirkulation«, auf die ich weiter unten in »(Un)endliches Blau« noch ausführlicher eingehen werde. Ihre Rolle im Kohlenstoffkreislauf lässt sich in Kürze so zusammenfassen: Kaltes Wasser nimmt mehr CO_2 auf als warmes Wasser, und da kaltes Wasser schwerer ist, sinkt es mit dem aufgenommenen Kohlendioxid ab und transportiert dieses in tiefere Ozeanschichten (engl. *downwelling*). Unten wird es mit den langsam fließenden Tiefenströmungen verteilt und steigt nach Hunderten von Jahren mit dem sich erwärmenden, nährstoffreichen Wasser wieder an die Wasseroberfläche (engl. *upwelling*). Dort werden die Nährstoffe von den Mikroalgen für ihre Stoffwechselprozesse verbraucht, und das CO_2 wird zum Teil wieder in die Atmosphäre abgegeben.

Die Kohlendioxid-Konzentration in der Atmosphäre wird in der Einheit ppm (engl. *parts per million*) gemessen. Dabei entspricht ein ppm einem Kohlendioxid-Molekül pro einer Million Moleküle trockener Luft. 2016 lag die weltweite Kohlendioxid-Konzentration bei 400 ppm, während die Kohlendioxid-Konzentration in der vorindustriellen Zeit bei etwa 280 ppm lag. Ohne diese beschriebenen Mechanismen hätten wir ein noch gravierenderes Treibhausgas-Problem, als wir es schon jetzt haben, denn alleine die biologische Pumpe ist so aktiv, dass ohne sie die atmosphärische CO_2-Konzentration um 150 bis 200 ppm höher liegen würde!

Das Phytoplankton in der lichtdurchfluteten obersten Wasserschicht fixiert jährlich ca. 108 Gigatonnen (1 Gt = 1 Mrd. t) Kohlenstoffdioxid, welches für die Fotosynthese gebraucht wird. Das ist eine erstaunliche Menge und braucht den Vergleich mit der CO_2-Fixierung durch die Landpflanzen mit 123 Gigatonnen nicht zu scheuen. Die Fotosyntheseleistung der um ein Vielfaches kleineren marinen Algen erklärt sich durch ihre sehr viel schnellere Entwicklung im Vergleich zu den langsam wachsenden Landpflanzen. Phytoplankton kann sich explosionsartig vermehren, und wenn die Lebensbedingungen günstig sind, d.h. genügend Licht, CO_2 und Nährstoffe wie Stickstoff und Eisen vorhanden sind, kommt es zu einer Algenblüte, welche sogar aus dem All sichtbar ist.

Abgesehen von dieser enormen Fähigkeit beherrschen die Mikroalgen einen weiteren klimarelevanten Mechanismus: Sie reagieren auf das Wetter und können es sogar aktiv beeinflussen – und damit auch das Klima.

Der Duft des Meeres

Strandspaziergänge sind oft von einem bestimmten Geruch geprägt, den wir sofort mit dem Meer assoziieren: Mal schwach und dann wieder ganz intensiv riecht es nach Salz und Algen. Dieser so typische Meeresduft entsteht, vereinfacht erklärt, bei der Zersetzung von abgestorbenen Algen durch Bakterien, bei der ein Gas, das Dimethylsulfid (DMS), freigesetzt wird. Dieser Geruch dient aber nicht nur dazu, uns beim Strandspaziergang zu erfreuen, sondern könnte einen anderen Zweck haben. Forscherteams haben herausgefunden, dass dieses Gas immer dann vermehrt in die Atmosphäre abgegeben wird, wenn die Algen unter Hitzestress geraten. Wird den im

Meer treibenden Algen zu warm und die Strahlung durch ultraviolettes Licht zu intensiv, produzieren sie, indem sie »schwitzen« oder absterben, DMSP (Dimethylsulfonpropionat), das von Bakterien in DMS umgewandelt wird. Das DMS steigt in die Luft auf, wird dort vom Sonnenlicht in Sulfat zersetzt und fungiert als Wolkenkeim, indem es Wassertröpfchen anzieht. Im Klartext heißt das: Phytoplankton stellt sich seinen eigenen Sonnenschutz her, indem es Wolken bildet, die dann einen Teil der schädlichen UV-Strahlung von den Algen fernhalten. Phytoplankton kann also zu einem gewissen Teil das Klima beeinflussen, da die von der Sonne ausgesendete Strahlung von den gebildeten Wolken zurück ins All reflektiert wird.

Die sogenannte Claw-Hypothese besagt, dass das Phytoplankton als Thermostat der Erde wirkt: Durch die Wolkenbildung werden Luft- und Meerwassertemperatur aktiv heruntergeregelt. Fallen die Temperaturen, beruhigen sich die Algen wieder, produzieren weniger Schwefelverbindungen und in Konsequenz weniger Wolken. So schaffen die Algen sich selbst ihr Wohlfühlklima. Diese Hypothese wurde 2011 in einer Studie vom Institut für Meereskunde (CSIC) in Barcelona für den Südpazifik bestätigt. Die Gruppe um Aránzazu Lana fand nach Auswertungen von 50 000 Messungen aus aller Welt heraus, dass im Südpazifik die meisten Wolkenkeime von einzelligen Algen stammen. Dennoch, so das Fazit der Studie, könne die weltweite Klimaerwärmung durch die Wolkenbildung der Algen nicht reguliert werden, da die Minderung der Sonneneinstrahlung nur sehr gering sei im Vergleich zu den Mengen an Treibhausgasen, die wir produzieren. Doch nicht nur bei Hitze wird das DMS vermehrt freigesetzt. Es dient ebenfalls als Schutzmechanismus des Phytoplanktons gegen die Fraßattacken von kleinen Krebstieren wie Krill und anderen Zooplanktern. Macht sich das Krill über die Algen her, verströmen diese Dimethylsulfid, um Vögel anzulocken, die sich von Krill ernähren. Seevögel wie Sturmtaucher, Albatrosse und Sturmvögel nutzen den Duft der Sulfidverbindungen, um Nahrung zu suchen. Sie können der Duftspur kilometerweit folgen, ihre Nahrung so lokalisieren und dem Phytoplankton, wenngleich indirekt, zu Hilfe eilen.

Leider wird der gute Geruchssinn den Vögeln oft zur tödlichen Falle, wie eine Forschungsgruppe von der University of California herausgefunden hat. Vielleicht kennen Sie das berühmte Bild von Chris Jordan: Es zeigt ein totes Laysanalbatros-Küken, den Bauch voller Plastik. Gut zu erkennen sind auf dem Bild ein gelbes Feuerzeug und mehrere Deckel von Plastikflaschen, die den Magen-Darm-Trakt des verwesenden Kükens verstopfen, sodass kein Platz mehr für dessen natürliche Nahrung war und es verhungert ist. Leider sind Vögel nicht in der Lage, Plastik von ihrer Nahrung zu unterscheiden, und dieses Bild ist nur ein trauriges Beispiel für die vielen Hunderttausend Vögel, die jährlich durch die Folgen unseres Plastikkonsums verenden. Was aber macht das Plastik so attraktiv für die Vögel, dass sie es mit ihrer natürlichen Nahrung verwechseln? Die Forschungsgruppe fand heraus, dass die sich auf dem Plastik ansiedelnden Algen Dimethylsulfid in hoher Konzentration in Luft und Wasser abgeben. Vom Duft des Gases angezogen, verwechseln die Seevögel das umhertreibende Plastik mit ihrer natürlichen Nahrung. Und nicht nur Vögel werden vom Duft des Plastiks angezogen. Auch andere Tiere wie Fische und Korallen können dem Geruch nicht widerstehen und fallen dem Plastik zum Opfer – oder reichen es an das jeweils nächste Glied in der Nahrungskette weiter.

Kleine Happen für große Mägen

Phytoplankton ist die Basis allen Lebens im Meer und die Nahrungsgrundlage des Zooplanktons, zu welchem unter anderem Einzeller, Krebstiere, Quallen, Mollusken (Weichtiere), Würmer, Eier und Larvenstadien der im Meer lebenden Organismen zählen. Das Plankton als Ganzes, also sowohl das pflanzliche als auch das tierische, ernährt wiederum kleine und große Fische, Krebstiere, Muscheln, Korallen und sogar das größte auf unserem Planeten lebende Tier, den Blauwal.

Der **Blauwal** oder *Balaenoptera musculus* gehört zu den Bartenwalen und kann die stolze Größe von bis zu 33 Metern und ein Gewicht von bis zu 180 Tonnen erreichen. Er ist damit nicht nur das schwerste, sondern wahrscheinlich auch das größte Tier, das jemals auf der Erde gelebt hat und immer noch lebt. Allein die Zunge eines ausgewachsenen Blauwals hat ein Gewicht von ca. vier Tonnen; sie ist also ungefähr so schwer wie ein Elefant und groß genug, um einer ganzen Fußballmannschaft Platz zu bieten. Diese großen Tiere ernähren sich von den kleinsten Tieren in den Ozeanen, indem sie mithilfe ihrer Barten (Hornplatten im Oberkiefer) Krill (garnelenförmige, kleine Krebstiere, die in großen Schwärmen vorkommen) und anderes Plankton aus dem Wasser filtern. Vom Krill allerdings braucht der Blauwal um die 7000 Kilogramm pro Tag, um sich satt und zufrieden zu fühlen!

Nicht nur Bartenwale, sondern eine Vielzahl anderer Tiere ernähren sich von diesen kleinen Meeresbewohnern, darunter drei Haiarten: der Walhai *(Rhincodon typus)*, der Riesenhai *(Cetorhinus maximus)* und der wenig erforschte Riesenmaulhai *(Megachasma pelagios)*. Wer schon einmal das Vergnügen hatte, mit einem oder mehreren **Walhaien** zu schwimmen, dem sind sicher noch der gräuliche, bläuliche oder bräunliche Rücken mit den hellen Punkten zwischen hellen horizontalen und vertikalen Streifen, die weißliche Unterseite und der breite Kopf mit stumpfer Schnauze gut in Erinnerung. Das Punktmuster, welches Rücken und Kopf bedeckt, ist so individuell wie unser Fingerabdruck und dient in der Wissenschaft zur Identifizierung. Diese großen und friedlichen Giganten der Meere können eine stolze Länge von bis zu 18 Metern erreichen und sind damit nicht nur die größte Haiart, sondern sogar die größte Fischart der Welt überhaupt! Um eine ungefähre Vorstellung von der Größe eines Walhais zu haben, stellen Sie sich doch mal neben einen Linienbus: Dieses Größenverhältnis könnte Sie unter Wasser erwarten, wenn neben Ihnen ein Walhai Plankton schlürft. Um diese stattliche Größe und ein Gewicht von bis zu 20 Tonnen zu erreichen, filtern die Tiere mit weit aufgerissenem Maul vorwärtsschwimmend eine Vielzahl an planktonischen und manchmal auch nektonischen Organismen aus dem Wasser. Hin und wieder stehen sie aber auch senkrecht oder waagerecht im Wasser und saugen ihre Beute mit einem Schluck ein. Ihre Nahrung reicht von Krill, Ruderfußkrebsen (Copepoda) und Fischlarven bis hin zu kleinen Fischen wie Sardinen und Anchovis und sogar Kalmaren. Auch werden immer wieder Walhaie genau dann gesichtet, wenn Korallen, verschiedene Fischarten und Weihnachtsinsel-Krabben *(Gecarcoidea natalis)* ihre Gameten, also Eier und Spermien, ins Wasser abgeben, die die Walhaie dann genüsslich aus dem Wasser filtern. Walhaie kommen in fast allen tropischen und subtropischen Gewässern rund um den Erdball vor und können, um nur einige wenige Beispiele zu nennen, auf den Malediven, in Mexiko, Australien und den Azoren bewundert werden.

Planktonische Organismen sind also viel mehr als nur lästige Schwebeteilchen im Wasser, die unsere Sicht beim Tauchen behindern. Ohne diese Kleinstorganismen würde uns vermutlich die Luft zum Atmen ausgehen und unsere Nahrungskette würde zusammenbrechen wie eine Reihe Dominosteine, deren Anfangsstein man umkippt. Unsere Existenz auf Erden wäre wahrscheinlich eher früher als später beendet.

Nicht auf die Größe kommt es an

Erste Erfahrungen mit kleinen Zooplanktern, außerhalb des Meeres, habe ich schon sehr früh gemacht, und das verdanke ich dem Inhalt eines *Yps*-Heftes meines Cousins Marcel. In den 1980er-Jahren waren die *Yps*-Hefte, Zeitschriften mit jeweils einem beigelegten »Gimmick«, *der* It-Artikel unter Kindern, und das Erscheinen der neuesten Ausgabe wurde genauso heiß herbeigesehnt wie heute die neueste Version des iPhones. In einer Ausgabe gab es ein Tütchen mit kleinen, getrockneten Eiern, aus denen man Krebse züchten können sollte, die schon vor 100 Millionen Jahren die Erde bevölkert haben. Ich war völlig hin und weg von der Idee, meine eigenen **Urzeitkrebse** *(Artemia salina)* heranzuziehen und ihre Entwicklung vom Ei bis hin zum fortpflanzungsfähigen erwachsenen Tier mitzuerleben. Aber obwohl die Tiere sehr robust und nicht sehr anspruchsvoll waren, habe ich es dennoch regelmäßig geschafft, den Tieren ihr ureigenes Armageddon zu bescheren, und sie ausgerottet.

Zum Glück gibt es Menschen, die in ihrem Bemühen, diesen kleinen Salinenkrebsen ein glückliches und langes Leben zu bescheren, wesentlich erfolgreicher sind, als ich es war. Eine Forschungsgruppe um John Dabiri von der Stanford University in Kalifornien hat Erstaunliches in ihren Studien an diesen kleinen Meerestierchen herausgefunden: Lange dachte man, dass Zooplankter aufgrund ihrer geringen Größe und der geringen eigenen Bewegungsfähigkeit keinen oder kaum Einfluss auf die Wasserzirkulation in den Meeren haben. In einem Laborexperiment hat das Team um Dabiri aber 2018 erstmals gezeigt, dass diese kleinen Tiere durchaus einen großen Effekt auf die Wasserdurchmischung im Meer haben können, wenn sie sich als große Gruppe zusammenschließen. Die Salinenkrebse wurden dabei als Modellorganismus stellvertretend für die Zooplankter genommen, um die tägliche Massenmigration des Zooplanktons zu simulieren und die Strömungsmechanik zu studieren. Mithilfe von Lichtquellen wurden die Tiere (fototaktisch) zur vertikalen Migration angeregt, da sie dem Licht folgen. Dieser Versuchsaufbau stellt die natürlichen Lichtbedingungen in den Ozeanen nach, bei denen die Tiere bei Sonnenuntergang zur Oberfläche schwimmen, um zu fressen, und mit Sonnenaufgang wieder in die kalten Tiefenwasser abtauchen. Dabei werden relativ zur Körpergröße beachtliche Distanzen zurückgelegt, welche bis zu mehreren Hundert Metern reichen. Diese tagesperiodischen Wanderungen des Zooplanktons, auch diurnale Migration genannt, sind gewissermaßen das Äquivalent zum täglichen Berufsverkehr und die größte Massenmigration der Erde, zumindest was die Biomasse anbelangt!

Der Grund für diesen täglichen bzw. eher nächtlichen Aufstieg des Zooplankton ist, dass sich seine Nahrung dort oben befindet: das Phytoplankton, das auf Sonnenlicht zur Fotosynthese angewiesen ist. Der Aufenthalt in lichtdurchfluteten Zonen ist jedoch mit oftmals tödlichen Risiken verbunden, denn man kann schneller von Fressfeinden gefunden und verspeist werden. Um dieses Risiko zu minimieren, so nimmt man an, geht das Zooplankton nur bei Nacht auf Beutefang und »versteckt« sich tagsüber in den dunklen Tiefen.

Die Forschungsgruppe konnte in einem Laborexperiment erstmals zeigen, dass während des Nach-oben-Schwimmens von den Tierchen eine starke Abwärtsströmung generiert wird, die in der Lage ist, die Wassermassen tatsächlich über viele Meter Tiefe zu durchmischen. Diese Durchmischung ist hilfreich, da es in der Wassersäule verschiedene Schichten gibt, die durch Dichteunterschiede des Wassers bedingt werden. Die Nährstoffe werden auf diese Weise aus den unteren Wasserschichten nach oben in die nährstoffärmeren Wasserschichten getragen – das Zooplankton fungiert quasi als ein mariner Mixer.

Was aber machen Zooplankter in Regionen, in denen im Winter nicht die Sonne scheint und es keinen Tag-Nacht-Rhythmus gibt, nach dem sie sich richten können? Während des Polarwinters im Nordmeer herrscht Dunkelheit, und dennoch wandert das Zooplankton auch hier – ohne den Taktgeber des Tag-Nacht-Wechsels. Bis vor Kurzem dachte man, dass in den hohen Breiten eine Massenmigration des Zooplanktons nicht existiert. Kim Last von der Scottish Association for Marine Science in Oban hat mit ihrer Gruppe aber herausgefunden: Das Zooplankton im Nordmeer wandert ebenfalls regelmäßig auf und ab und orientiert sich dabei am Mondlicht! Wenn der Mond am Himmel aufgeht, wandert das Zooplankton nach unten ab, geht der Mond wieder unter, steigt es nach oben. Bei Vollmond sinkt das Zooplankton sogar in noch tiefere Schichten, um dem Mondlicht und den damit einhergehenden Gefahren des Entdecktwerdens zu entgehen.

Glibberige Giganten

Wie eingangs erwähnt, besteht Zooplankton nicht nur aus Kleinstorganismen, sondern auch aus größeren Tieren. Manche davon treiben ohne Rückgrat und Hirn schon seit mehr als 500 Millionen Jahren durch die Ozeane. (Und damit meine ich nicht manche Menschen, denn so lange gibt es unsere Spezies noch gar nicht.) Ich meine **Medusen**, im allgemeinen Sprachgebrauch auch als Quallen bezeichnet. Quallen gehören zu dem Stamm der Nesseltiere (Cnidaria) und sind mit Korallen und Anemonen verwandt. Genau wie diese fangen Quallen ihre Beute mit in den Tentakeln sitzenden Nesselkapseln, welche bei Berührung mit der Beute (und manchmal mit einem unglücklichen Menschen) dieser ihr Gift injizieren und sie so lähmen und töten. Manche gleichen schwebenden Geistern in Lila, Rot oder Weiß, andere sehen aus wie große fliegende Untertassen mit fädigen Anhängen. Eines haben sie jedoch alle gemeinsam: ihre fragile, wenn auch glibberige Schönheit. Mit ihrer perfekten Symmetrie, vereint mit Gift, wickeln sie nicht nur den faszinierten Betrachter um den Tentakel, sondern ebenfalls kleine Fische, Krebstiere und anderes Getier, das betäubt und dann verdaut wird. Manche Quallen sind leicht zu durchschauen, und man kann gut erkennen, was in ihrem Inneren vorgeht, während sich andere bedeckter halten und ihr Innenleben hinter ihrem Schirm verbergen. Quallen gibt es weltweit, und man findet sie von den Oberflächenwassern bis in die Tiefsee.

Der Lebenszyklus von Quallen gliedert sich in eine freischwimmende, geschlechtliche Medusenphase und eine sessile, ungeschlechtliche Polypenphase. Die am Grund festsitzenden koloniebildenden Polypen erzeugen durch Knospung freischwimmende Medusen, welche sich wiederum sexuell fortpflanzen. Nachdem männliche und weibliche Medusen ihre Gameten ins Wasser entlassen haben, entwickeln sich aus den befruchteten Eiern Planula-Larven. Diese lassen sich zum Grund sinken, beginnen dort ihr sessiles Leben und bilden ungeschlechtlich Medusen – der Kreis schließt sich.

Es gibt zwei Großgruppen von Quallen: die Schirm- oder Scheibenquallen (Scyphozoa) und die Würfelquallen

(Cubozoa). Bei beiden Gruppen ist der Name Programm: Während die Scyphozoa in ihrem Aufbau an einen Regenschirm erinnern, sehen die Cubozoa eher würfelförmig aus. Zu letzteren gehören zum Beispiel die für den Menschen gefährliche Seewespe *(Chironex fleckeri)*, die zu den giftigsten Tieren der Welt zählt und vor allem in Nordaustralien zu finden ist. Zudem gibt es noch eine Gruppe, die den echten Quallen äußerlich ähnelt, aber nicht als solche taxonomisch eingeordnet wird, nicht zuletzt weil ihnen die Nesselkapseln fehlen. Die Rippen- oder Kammquallen (Ctenophora) bilden daher einen eigenen Stamm.

Die »echten Quallen«, die **Schirm- oder Scheibenquallen,** sind radiärsymmetrisch aufgebaut, das heißt, ihre Körperteile sind konzentrisch um eine Achse angeordnet. Wenn man eine Qualle dreht, sieht sie von allen Seiten gleich aus, es gibt kein Vorne und Hinten. Ähnlich wie bei einer Blumenblüte teilen verschiedene Ebenen entlang der Hauptachse den Körper in verschiedene Hälften. Man kann sich auch einen runden Kuchen von oben betrachtet vorstellen, der in gleich große, symmetrische Stücke geteilt wird. Der Mensch ist im Gegensatz dazu bilateralsymmetrisch aufgebaut, es gibt ein Vorne und ein Hinten. Schneidet man ihn längs von oben bis unten auf, wird er nur in eine äußere spiegelbildliche Hälfte aufgeteilt.

Der Körper einer Qualle besteht zu 98 bis 99 Prozent aus Wasser und besitzt somit in etwa dieselbe Dichte wie das ihn umgebende Wasser. Er unterteilt sich in einen oben abgeplatteten, glockenförmigen Schirm (Mesoglea), an dessen Außenrand bei manchen Arten Augen (Ocellen) und Gleichgewichtsorgane, auch Statozysten genannt, sitzen. Der gelatinöse Schirm verbirgt die inneren Organe wie den Magen und die Gonaden. Von der Innenseite des Schirms hängt mittig, vom Magen abgehend, der Magenstiel (Manubrium), welcher in einer Mundöffnung endet. Vereinfacht gesprochen, sieht der Magenstiel mit der Mesoglea aus wie ein Pilz mit Stiel. Am Rand des Schirms entspringen bei den meisten Arten die Tentakel, an welchen die Nesselkapseln sitzen.

Die Abwesenheit eines bilateralen Nervensystems mit großen Ansammlungen von Neuronen in der Kopfgegend vermittelt den Eindruck, dass Quallen kein Gehirn haben. Diese Tatsache lässt vermuten, dass Quallen hirn- und planlos durch die Ozeane geistern. Doch es gibt einen Wissenschaftler, der davon überzeugt ist, dass die Ohrenqualle *Aurelia sp.* durchaus in der Lage ist, ihre Schwimmbewegungen zu steuern, in Resonanz auf veränderte Umweltbedingungen, oder um Felsen oder Feinden aus dem Weg zu gehen. *Aurelia sp.*, so David Albert vom Roscoe Bay Marine Biology Laboratory in Vancouver, habe ein zentrales Nervensystem, das als ein funktionell wirksames Gehirn agiere, welches in der Lage sei, Informationen zu verarbeiten und eine Reaktion (eine Veränderung der Schwimmrichtung) auf diese Information auszulösen. Die Schwimmbewegung werde dabei durch das Rückstoßprinzip ausgeführt, bei welchem die Qualle mit dem Schirm Wasser einsauge und es anschließend durch eine zusammenziehende Bewegung des Schirms wieder ausstoße.

Die verschiedenen Quallenarten unterscheiden sich nicht nur durch ihr Aussehen, sondern auch in ihrer Größe. Sollten Sie mal in Japan unterwegs sein und dort tauchen gehen, kann es sein, dass Ihnen unter Wasser ein

Ufo entgegenkommt. Die **Nomura-Qualle** *(Nemopilema nomurai)* gehört zu den größten Quallenarten weltweit: Ihr Schirm kann einen Durchmesser von bis zu zwei Metern erreichen, bei einem Nassgewicht von ca. 200 Kilogramm! Nomura-Quallen schaffen es regelmäßig in die Schlagzeilen – und das haben sie nicht nur ihrer enormen Größe zu verdanken. Diese glibberigen Giganten, die hauptsächlich in Gewässern zwischen Japan und China beheimatet sind, sind berüchtigt für ihre explosionsartige Vermehrung. Seit Anfang der 2000er-Jahre gefährden Nomura-Quallenblüten fast jährlich die japanische Fischerei, während davor nur ca. alle 40 Jahre Quallenblüten auftraten. Im Sommer 2000 wurde die Masse an Nomura-Quallen auf 94 000 Tonnen Nassgewicht geschätzt, und das in einem Küstenstreifen von nur 100 Kilometer an der japanischen Küste! Gründe für die massenhafte Vermehrung können das Fehlen von Fressfeinden wie zum Beispiel Schildkröten sein, deren Populationen durch Beifang und die wachsende Menge an Plastikmüll in den Ozeanen stark dezimiert werden. Andere Fressfeinde werden womöglich überfischt – ebenso wie Nahrungskonkurrenten der Quallen. Fehlen diese, ist mehr Zooplankton für die Nomura-Qualle vorhanden, die dann ungehindert wachsen und sich vermehren kann. Ganz im Gegensatz zu anderen Meeresorganismen können Quallen zudem sich verschlechternde Umweltbedingungen, wie zum Beispiel Meereserwärmung und Meeresverschmutzung, besser tolerieren und profitieren möglicherweise sogar davon. Die finanziellen Einbußen für die Fischerei während einer solchen Massenvermehrung sind groß, da sich die Quallen in den Netzen verfangen. Aufgrund ihrer enormen Größe und des Gewichts können die Netze zerreißen, die bereits gefangenen Fische zerquetscht und verschleimt werden. Kommen die Fischer in Berührung mit dem Nesselgift, kommt es zu starken Verbrennungen, sodass sie sicherheitshalber Schutzkleidung tragen müssen.

Doch Quallen haben auch ihre guten Seiten, und manche davon sind sehr faszinierend und für den Menschen von großem Interesse. Der Wunsch nach Unsterblichkeit ist wohl so alt wie die Menschheit selbst. Seit Jahrtausenden sucht der Mensch nach Wegen, diese zu erlangen, und dabei könnte die Quelle oder besser: die Qualle zur Unsterblichkeit im Meer verborgen liegen. Oft finden großartige Entdeckungen in der Wissenschaft ja eher zufällig statt (wie zum Beispiel bei der Entdeckung des Penicillins). So war es auch einem Zufall zu verdanken, dass im Jahr 1988 der deutsche Meeresbiologiestudent Christian Sommer während eines Forschungsaufenthaltes an der italienischen Riviera über die Unsterblichkeit stolperte. Mithilfe von Planktonnetzen sammelte er am Meeresgrund Nesseltiere (Hydrozoen) und studierte deren Reproduktionsverhalten im Labor. Unter den gesammelten Tieren war eine kleine *Turritopsis dohrnii,* heute unter dem Namen »**unsterbliche Qualle**« bekannt. In Petrischalen kultiviert, beobachtete Sommer, dass diese kleinen Nesseltiere einfach nicht starben. Im Gegenteil, ihre alternden Zellen verjüngten sich und entwickelten sich zurück in ihr frühestes Entwicklungsstadium: in Polypen. Italienische Wissenschaftler waren von den Beobachtungen Sommers so fasziniert, dass sie sich dieses nie zuvor beschriebene Phänomen genauer anschauten. In ihrer

Publikation »Reversing the Life Cycle« kamen sie zu der Erkenntnis, dass *Turritopsis dohrnii* in allen Entwicklungsstadien als Meduse sich in das koloniebildende Polypenstadium zurückentwickeln kann und so theoretisch unsterblich ist. Vorausgesetzt, die Meduse wird vorher nicht verspeist.

Im Gegensatz zu dem weiter oben beschriebenen Lebenszyklus vieler Cnidaria, bei denen die Medusen nach erfolgreicher Vermehrung absterben, startet *Turritopsis dohrnii* ein Runderneuerungsprogramm, auch Transdifferenzierung genannt. Altert *T. dohrnii* oder ist schwer verletzt, lässt sie sich auf den Meeresgrund sinken und faltet ihren Schirm zusammen. Der Körper degeneriert so weit, dass er nur noch einem kleinen Schleimblob gleicht. Nach mehreren Tagen entwickelt sich daraus ein Polyp, welcher durch Knospung wiederum Medusen erzeugt, die dann wie der Phönix aus der Asche als ihr jüngeres Selbst durch den Ozean schwimmen. Der Zyklus geht wieder von vorne los und könnte theoretisch unendlich so weitergehen, wenn in der Praxis nicht die Fressfeinde dazwischenfunken würden.

Nach dieser wirklich sensationellen wissenschaftlichen Erkenntnis sollte man meinen, dass der Wunsch der Menschheit, Unsterblichkeit zu erlangen, kurz vor seiner Erfüllung steht. Leider ist und bleibt es nicht mehr als ein Wunsch, denn Medusen sind unglaublich schwer im Aquarium zu halten und zu züchten. Hinzu kommt, dass es viel zu wenige Spezialisten gibt, die sich mit den glibberigen Gesellen beschäftigen. Forschungsgelder werden dann doch lieber für vermeintlich spannendere und kuscheligere Tiere bewilligt als für stechenden Glibber. Zum

Glück gibt es aber einige wenige Forscherinnen und Forscher, die sich mit Quallen beschäftigen. Einer davon ist der Meeresbiologe Shin Kubota aus Japan, der davon überzeugt ist, dass der Schlüssel zur Verjüngung in diesen kleinen Medusen liegt. Bleibt zu hoffen, dass der Professor in seinen Bemühungen erfolgreich ist und hinter das Rätsel der Unsterblichkeit von *Turritopsis dohrnii* kommt!

Doch es gibt nicht nur Quallen, die durch die Meere glibbern. Auch andere Tiere, den Scheibenquallen sehr ähnlich, kreuzen durch die Ozeane: Die **Staatsquallen** oder Siphonophora gehören zu den längsten Tieren der Welt, denn ihre Tentakel können eine Länge von mehreren zehn Metern erreichen. Genaugenommen ist eine Staatsqualle gar kein einzelnes Tier, sondern eine Kolonie, also ein Zusammenschluss von vielen Einzelorganismen, welche als ein einzelner Organismus funktionieren. Diese Einzelorganismen sind durch Kanäle miteinander verbunden und werden auch Polypen genannt, welche jeweils verschiedene Funktionen in ihrer Kolonie erfüllen. Auch wenn sich alle Polypen aus dem gleichen Embryo entwickeln, können sie ganz unterschiedlich aussehen. Dabei ist die Arbeit in der Kolonie perfekt aufgeteilt: Während einige Polypen für Beutefang und die Nahrungsaufnahme und Verdauung zuständig sind (Gastrozoiden), widmen sich andere dem Auftrieb (Pneumatophoren), der Fortpflanzung (Nectophoren) und der Vermehrung (Gonozoiden).Wird eine Staatsqualle von Räubern angefressen, ist das für sie kein Grund zur Sorge, denn die Polypen können durch Knospung neu gebildet werden und so die fehlenden Teile ersetzen.

Eine der bekanntesten der bisher 175 entdeckten Arten von Staatsquallen ist die Portugiesische Galeere *(Physalia physalis)*, deren Tentakel mit ca. 1000 Nesselzellen pro Zentimeter besetzt sind. Kommen diese in Kontakt mit Beute, wird, wie bei den Quallen, das Gift der Nesselkapseln in das unglückliche Tier geschossen. Die nun gelähmte oder getötete Beute wird dann mithilfe der kontrahierenden Tentakel in die Münder der Fresspolypen gezogen und verdaut. Mithilfe ihres durchscheinenden hellblauen und nach oben ins Rötliche gehenden Segels, das mit Sauerstoff, Stickstoff und einem variablen Anteil an CO_2 gefüllt ist, segelt die Portugiesische Galeere über die Meere. Unter dieser bis zu 30 Zentimeter großen, sackförmigen Gasblase (Pneumatophore), die in ihrer Form an Mezzelune oder auch Schlutzkrapfen, eine Südtiroler Spezialität, erinnert, befinden sich zahlreiche, bis zu 50 Meter lange blaue, weiße und rotviolette Tentakel. Die Gasblase wird nur bei Wind aufgerichtet und mit Schaukelbewegungen nach rechts und links feucht gehalten. Droht Gefahr, kann die Galeere innerhalb von Sekunden das Gas ablassen und abtauchen.

Tiere wie die Portugiesische Galeere, die an der Wasseroberfläche segeln oder treiben, zählt man streng genommen nicht mehr zum Plankton, sondern zum **Pleuston** (griech. *pleuston* = »das Segelnde«). Zum Pleuston werden alle an oder auf der Wasseroberfläche treibenden größeren Organismen gezählt.

Während unserer Expedition im Jahr 2015 begegneten uns Hunderte dieser segelnden Staatsquallen in der Karibik. Leider waren es zahlenmäßig so viele, dass wir zeitweise unser Planktonnetz nicht auswerfen konnten, da es voll glibberiger Masse, gespickt mit zum Abschuss bereiten Nesselkapseln, gewesen wäre. Kommt man in Berührung mit dem Gift der Nesselkapseln, hat dies schwere und schmerzhafte Hautverbrennungen zur Folge. In seltenen Fällen kann diese Begegnung zu einem allergischen Schock und auch zum Tod führen. Wenn Sie diese faszinierend schönen Tiere also im Wasser oder am Strand sehen, halten Sie sicherheitshalber Abstand und bewundern Sie sie aus der Ferne.

Das Leuchten des Meeres

Vielleicht hatten Sie ja schon einmal das Glück, bei einem nächtlichen Strandspaziergang oder des Nachts bei einer Segeltour das Meer leuchten zu sehen. Einen der magischsten Momente habe ich 2014 während meiner Zeit auf den Malediven bei einem spätabendlichen Strandspaziergang erlebt: Der gesamte Spülsaum, also der Uferbereich, wo Material angespült und abgelagert wird, funkelte blau und weiß. Es sah aus, als wäre eine ganze Sternengalaxie angespült worden, die jeden meiner Fußabdrücke illuminierte.

Dieses Phänomen heißt **Biolumineszenz** oder auch Meeresleuchten und ist eine chemische Reaktion, bei der Licht von einem lebenden Organismus erzeugt wird. Im Falle meines Strandspaziergangs verdankte ich diesen magischen Moment einzelligen Dinoflagellaten, also Phytoplankton mit dem schönen Namen *Noctiluca scintillans*. Noctiluca kommt aus dem Lateinischen und wird mit »Nachtleuchte« übersetzt. Das Leuchten wurde durch

Berührungsreize ausgelöst, hervorgerufen durch Wellenbewegung und die Berührung des mit Mikroalgen gesättigten Sandes durch meine Füße. Das Meeresleuchten tritt nicht regelmäßig auf, sondern ist nur dann zu bewundern, wenn die Konzentration an biolumineszierenden Algen besonders hoch ist, sodass es zu einer Algenblüte kommt. Um das Meer leuchten zu sehen, müssen Sie aber nicht bis auf die Malediven fliegen, sondern können das auch vor der eigenen Haustür bewundern, zum Beispiel an der Nordsee in Deutschland.

Das Planktonwachstum folgt einem regelmäßigen Jahreszyklus und beginnt mit der Frühjahrsblüte des Phytoplanktons. Wenn im Frühjahr die Tage wieder länger werden und das Lichtangebot zunimmt, vermehren sich die Mikroalgen explosionsartig. Aufgrund des großen Nahrungsangebotes vermehrt sich ebenso das vom Phytoplankton lebende Zooplankton, sodass es von Kleinstlebewesen im Wasser nur so wimmelt. Zugegebenermaßen kann es extrem frustrierend sein, wenn man voll freudiger Erwartung auf spektakuläre Beobachtungen zum Tauchen oder Schnorcheln ins Wasser geht und vor lauter sich fröhlich vermehrendem Plankton kaum die Hand vor Augen sehen kann.

Um der Frustration nörgelnder Gäste vorzubeugen, die ganzjährig kristallklares Wasser mit mindestens 50 Metern Sichtweite erwarteten, habe ich auf den Malediven regelmäßige Vorträge über die faszinierende Welt des Planktons gehalten. Dazu sind mein Team und ich früh morgens mit einem Dhoni, einem traditionellen maledivischen Boot, rausgefahren und haben mit einem Planktonnetz Proben genommen. Ein Planktonnetz ist ein sehr engmaschiges, trichterförmiges Netz aus Gaze mit einem Sammelbehälter am Ende. Die Maschenweite unseres Netzes lag bei schlanken 0,33 Millimeter. Um also Plankton für den abendlichen Vortrag zu fischen, haben wir das Netz sehr langsam 30 bis 45 Minuten hinter unserem Dhoni hergezogen. Da das meiste Plankton sich in den oberen Wasserschichten sammelt, muss man bei der Probenentnahme aufpassen, dass das Netz nicht absinkt. Um dem vorzubeugen, werden oftmals Schwimmkörper am Eingang des Netzes befestigt, sodass das Netz stabil im Wasser liegt. Unser Treiben blieb meist nicht unbemerkt, und so hatten wir öfters Besuch von neugierigen Haien und naseweisen Delfinen. Bei der Planktonfischerei muss man unbedingt darauf achten, sehr langsam zu fahren, damit der Wasserstrom durch das Netz nicht zu stark wird und die Planktonprobe püriert. Nach erfolgreicher Probenentnahme konnte ich dann das Plankton aus dem Sammelbehälter am Ende des Netzes in einen Eimer mit Meerwasser füllen, um für meinen Vortrag genug Anschauungsmaterial zu haben. Da dieses Gewimmel mit bloßem Auge schwer zu erkennen ist, haben wir uns diesen Mikrokosmos mithilfe eines an eine Kamera angeschlossenen Binokulars auf einer großen Leinwand angeschaut. Der anfängliche Ekel meines Publikums, das ja täglich im Meer schwamm, tauchte oder schnorchelte, schlug um in Faszination. Und so konnte ich viele neue Liebhaber für die Kleinstlebewesen der Meere gewinnen. Wer kann schon behaupten, je einen torpedoförmigen Pfeilwurm mit hakenförmigen Greifborsten am Kopf live bei der Jagd nach anderen Zooplanktern beobachtet, eine grazile Flügelschnecke durchs Wasser tanzen oder eine biolumineszierende Alge in funkendem Blau-Weiß in Nahaufnahme gesehen zu haben?

Biolumineszenz ist übrigens nicht nur auf das Phytoplankton beschränkt, sondern unter Meeresbewohnern ein weitverbreitetes Phänomen. Im Zuge der Evolution hat es sich mehrfach unabhängig voneinander entwickelt und betrifft Fische, Stachelhäuter, Krebstiere, Tintenfische, Quallen und Borstenwürmer. Die im Meer biolumineszierenden Organismen leben zumeist in der Tiefsee oder planktonisch an der Wasseroberfläche. Seltener sind sie in Küstengewässern und am Meeresgrund zu finden. Das Leuchten wird, je nach Spezies, durch verschiedene Reaktionen hervorgerufen und hat unterschiedliche Funktionen. Im Falle von *Noctiluca* wird das Leuchten durch Berührung ausgelöst und dient als Verteidigungsmechanismus, bei dem das emittierte Funkeln den Angreifer erschrecken soll. Zugegeben, es war in meinem Fall nicht besonders wirksam, aber eine hungrige Fischlarve könnte durchaus erschrocken abdrehen und sich ihre nächste Mahlzeit woanders suchen. Ein anderer Grund, Licht zu erzeugen, ist zum Beispiel das Anlocken von Beutetieren – gerade in der dunklen Tiefsee eine sehr beliebte und verbreitete Methode, um an Nahrung zu kommen. Tiefsee-Anglerfische gehören zwar nicht zu den schönsten Fischen mit ihren plumpen Körpern, dem großen Kopf, den langen Fangzähnen mit Überbiss und, je nach Art, stacheligen Körpern, aber sie haben eine faszinierende Jagdstrategie entwickelt. Die Weibchen locken mit einem kleinen Leuchtorgan am Schädel ihre ahnungslosen Opfer an, die wie Motten vom Licht angezogen werden, und verspeisen sie. Aber nicht nur zur Feindabwehr und Nahrungssuche wird Licht erzeugt, sondern auch, um in der Dunkelheit der Tiefsee einen passenden Partner zu finden und um sich vor Fressfeinden zu tarnen. Mehr von diesem faszinierenden Phänomen werde ich später bei einem Tauchgang in die »geheimnisvolle Tiefsee« erzählen.

Korallenriffe – die Kinderstuben der Ozeane

Wenn man an große und imposante, von lebenden Organismen geschaffene Gebilde denkt, so kommen einem vielleicht der Burj Khalifa, der größte Wolkenkratzer der Welt in Dubai, die Chinesische Mauer oder die Pyramiden von Gizeh in den Sinn. Den wenigsten Menschen ist jedoch bewusst, dass eine der größten lebenden Strukturen von kleinsten Tieren gebildet wurde und immer noch wird: von Korallen-Polypen. Das Große Barriereriff, welches aus fast 3 000 einzelnen Riffen besteht und sich vor der Küste Queenslands in Australien befindet, ist stolze 2300 Kilometer lang und sogar aus dem Weltraum zu erkennen.

Insgesamt bedecken tropische Korallenriffe ca. 284 300 Quadratkilometer des Meeresbodens. Das ist zwar nur etwas weniger als ein Prozent der gesamten Fläche, aber dieses eine Prozent dient einem Viertel der weltweit vorkommenden Fischarten als Lebensraum. Aufgrund ihrer Artenvielfalt und Produktivität werden Korallenriffe oft als »Kinderstuben der Meere« oder als »Regenwälder der Meere« bezeichnet. Sie gehören zu den Ökosystemen mit der größten Artendichte, und der Mensch profitiert schon seit Jahrhunderten von ihnen: Korallenriffe produzieren den Sand der Strände und manchmal sogar die Inseln selbst (Atolle), sie bieten Schutz vor Sturmfluten, verhindern die Erosion der Küsten, sie ernähren die in Küstenregionen lebenden Menschen – und sie sind, wie sich in den letzten 50 Jahren herausgestellt hat, eine wichtige Quelle für neue Pharmazeutika. Korallenriffe gehören zu den facettenreichsten und komplexesten Ökosystemen der Erde, sie sind faszinierend in ihrer Diversität, bunt, lebendig, einfach ein Wunder der Natur und voller Geheimnisse.

Doch was sind überhaupt Korallen? Korallen sind sessile, d.h. festsitzende, koloniebildende kleine Tiere, Polypen genannt, die zusammen mit Anemonen, Quallen und Hydrozoen zu den Nesseltieren (Cnidaria) gehören. Diejenigen Polypen, die den Hauptanteil an der Bildung von Korallenriffen (siehe Foto Seite 18–19) übernehmen, sind die Steinkorallen (Scleractinia); aber auch kalkabscheidende Algen (coralline Rotalgen) und Schwämme spielen bei der Riffbildung eine Rolle. **Steinkorallen** werden oft, wie ihr Name nahelegt, für Steine gehalten, da sie sich nicht fortbewegen können und sich die kleinen Polypen tagsüber zumeist in ihr Kalkskelett zurückziehen, das aussieht, als wäre es aus Stein (siehe Fotos jeweils oben auf Seite 7 und 11). Nachts kommen sie aus ihrer Deckung und fangen mit ihren Tentakeln das vorbeischwebende Plankton. Schaut man sich einen Korallenpolypen genauer an, erkennt man einen tassenförmigen Körper mit einer einzigen zentralen Öffnung, welche von Tentakeln umrandet ist.

Riffbildende (hermatype) Korallen kommen fast ausschließlich in warmen, lichtdurchfluteten tropischen Küstengewässern vor, da die speziellen Algen, mit denen sie in einer Symbiose leben, Licht für die Fotosynthese brauchen. Ihr Verbreitungsgebiet erstreckt sich zwischen dreißig Grad nördlicher und dreißig Grad südlicher Breite und sieht aus wie ein breiter, etwas löchriger Gürtel, den sich Mutter Erde um die Hüfte gelegt hat. Der Großteil der Korallenriffe liegt im Indopazifik – vom Roten Meer bis hin zum Mittleren Pazifik. Nur etwa acht Prozent der Riffe sind in der Karibik und dem Atlantik beheimatet. Steinkorallen und andere Korallenvertreter finden sich jedoch auch in gemäßigten und kalten Meeren – sogar in der Tiefsee. Steinkorallen, welche ihr Außenskelett aus Calciumcarbonat aufbauen, zählen zu der Unterklasse der Hexacorallia, das heißt, ihr Magenraum wird beim jungen Polypen durch sechs Längswände, Mesenterien genannt, symmetrisch geteilt, und der junge Polyp hat sechs Tentakel. Wächst er, kommen mehr Mesenterien und Tentakel hinzu. Die mit Nesselkapseln bewehrten Tentakel können dabei in mehreren Reihen um die Öffnung, die sowohl als Mund als auch als Anus dient, angeordnet sein. In einem Korallenriff gibt es neben den Hexacorallia noch eine weitere dominante Gruppe von den Nesseltieren, nämlich die Octocorallia, deren Polypen acht Tentakel haben und zu denen unter anderem Weichkorallen (Alcyonacea), Gorgonien (Gorgonacea) und Seefedern (Pennatulacea) zählen. Beide, die Hexa- und die Octocorallia, werden zu der Klasse der Anthozoa oder Blumentiere gezählt, die mit etwa 7500 Arten die größte Gruppe innerhalb der Nesseltiere darstellt. Im Gegensatz zu den Quallen, die ebenfalls zu den Nesseltieren gehören, fehlt es den Blumentieren, die ihren Namen der Ähnlichkeit mit Blumenblüten verdanken, allerdings an einem Medusenstadium – sie kommen nur als Polypen vor. Jeder Polyp steht am Anfang zur Bildung einer Kolonie, welche aus vielen Tausenden Einzelpolypen bestehen kann.

Wenn Steinkorallen eine Facebook-Seite hätten, lautete ihr Status wohl »in einer Beziehung«, denn die meisten Arten leben in einer Symbiose mit einzelligen Algen, den Zooxanthellen. Im deutschen Sprachgebrauch versteht man unter Symbiose meist eine Beziehung, bei der alle Beteiligten profitieren. International (im angelsächsischen Sprachraum) bezeichnet der Begriff Symbiose jedoch ganz allgemein eine Vergesellschaftung von Organismen unterschiedlicher Art – ohne bereits Nutzen und Schaden zu benennen. Hier muss man daher präzisieren: Bei der Beziehung von Korallen und ihren Zooxanthellen handelt es sich um eine mutualistische Symbiose, da beide Partner voneinander profitieren und sich perfekt ergänzen. **Zooxanthellen** leben nicht nur in Symbiose mit Steinkorallen, sondern auch mit vielen Octocorallia, Riesenmuscheln (Tridacnidae) und sogar mit manchen Schwämmen und Nacktkiemerschnecken (Nudibranchia). Im Falle der im tropischen Flachwasser vorkommenden Steinkorallen leben die Zooxanthellen in sehr hohen Konzentrationen als sogenannte Endosymbionten *im* Körpergewebe der Polypen (wobei mindestens eine Million Algenzellen auf einem Quadratzentimeter Gewebe leben). Diese algigen Untermieter betreiben in der Sicherheit des Korallenpolypengewebes Fotosynthese und versorgen die Polypen dafür mit den Früchten ihrer Arbeit: mit Zucker, Stärke und anderen organischen Produkten, welche dem Wachstum ihrer Vermieter zugutekommen. Ohne ihre kleinen Mitbewohner hätten die Korallen ein Problem, denn die flachen tropischen und subtropischen Gewässer sind für gewöhnlich sehr nährstoffarm. Die Korallen sind deswegen auf die Hilfe der

Fotosynthese betreibenden Zooxanthellen angewiesen. Die Algen hingegen bekommen von den Korallen nicht nur Schutz, sondern auch deren Abfallprodukte wie Nitrate und Phosphate, die sie wiederum dringend für ihren Stoffwechsel benötigen. Korallen, die symbiontisch mit Zooxanthellen der Gattung *Symbiodinium* leben, haben meist eine wesentlich höhere Kalkbildungsrate als Steinkorallen ohne solche Mitbewohner (azooxanthellate Korallen).

Die Kalkbildung wird auch als **Biomineralisation** oder Kalzifizierung bezeichnet. Bei der Biomineralisation wird ein Mineral, in diesem Fall Aragonit, das ein Polymorph* von Calciumcarbonat (kohlensaurer Kalk) ist, von einem leben Organismus, hier: dem Korallenpolypen, produziert. Ein Biomineral besteht sowohl aus mineralischen als auch aus organischen Komponenten und wird vom Organismus nicht zufällig, sondern kontrolliert hergestellt. Das Wunderbare an Biomineralen ist, dass sie unter dem Elektronenmikroskop in vielfacher Vergrößerung erst ihre wahre Schönheit preisgeben. Während meiner Doktorarbeit habe ich mich bis in den Nanometerbereich von Austernschalen hineingezoomt und konnte so die geometrische Schönheit der einzelnen Strukturen der Austernschalen bewundern. Es ist kaum zu glauben, dass diese geometrischen Formen, welche denen der geologischen Minerale in Präzision und Formenvielfalt in nichts nachstehen, aktiv von lebenden Tieren geschaffen werden. Biomineralisation ist reine Kunst! Der Prozess, bei

* Als Polymorph bezeichnet man einen Stoff, der in verschiedenerlei Gestalt auftreten kann.

welchem die Korallen ihr Skelett bauen, ist bis heute nicht vollständig erforscht. Vereinfacht erklärt, scheiden riffbildende Steinkorallen an der Basis der Polypen ihr Kalkskelett ab, das hauptsächlich aus Aragonit besteht. Die Zutaten dafür, Calcium- und Hydrogencarbonat-Ionen, nimmt der Polyp aus dem Meerwasser auf und wandelt sie in einem komplexen Prozess in Aragonitkristalle um. Das geht allerdings nicht im Handumdrehen: Korallen wachsen in der Regel nur wenige Millimeter pro Jahr.

Das Phänomen der Biomineralisation ist nicht auf Korallen beschränkt, sondern reicht quer durch das Tierreich. Die zahlenmäßig größte Gruppe von Organismen, die ihr eigenes Kalkskelett herstellen, sind kleine einzellige Algen, **Coccolithophoriden** genannt. Diese winzigen runden Algen, deren bekanntester Vertreter wohl *Emiliania huxleyi* ist, scheiden Calciumcarbonat-Platten ab, die Coccolithen genannt werden und den Algen als Schutzpanzer dienen. Im Ozeanographischen Museum von Monaco hängt im Aquariumbereich ein Modell davon an der Decke, das an den Mond erinnert (und sich gut als Wohnzimmerlampe machen würde). *Emiliania huxleyi*, auch kurz als *E. hux* bezeichnet, ist ein wichtiger Primärproduzent und berühmt für seine großflächigen Algenblüten, welche sogar aus dem All sichtbar sein können. Abgestorbene Algen, die in die Tiefen der Ozeane sinken, spielen eine große Rolle im marinen Kohlenstoffkreislauf, da sie den in ihren Schalen gebundenen Kohlenstoff nach unten transportieren (siehe oben »Die grüne Lunge«).

Doch auch andere Organismen bilden ihre Skelette durch Biomineralisation. Wenn Ihr Fuß schon einmal das Vergnügen hatte, einen **Seeigel** näher kennenzulernen, wird er sich sicher gut daran erinnern, dass der Seeigel ein sehr stacheliger Zeitgenosse ist. Die Stacheln dienen den Tieren als Schutz vor Räubern … oder eben unvorsichtigen menschlichen Füßen. Das Endoskelett, also das innere Kalkskelett, und die Stacheln sind das Ergebnis von Biomineralisation. Sie bestehen ebenfalls aus Calciumcarbonat. Die oft bunten Skelette kann man am Strand finden, nachdem ihr Besitzer verstorben ist. Seeigel gehören zum Stamm der Stachelhäuter (Echinodermata), zu denen beispielsweise auch die Seesterne und Seewalzen zählen.

Es mag kaum überraschen, dass wir Menschen ebenfalls Biominerale produzieren, welche aber aus Hydroxylapatit, einem hydroxylierten Calciumphosphatsalz, bestehen. Hydroxylapatit stellt den Hauptbestandteil der anorganischen Substanz in unseren Zähnen und Knochen. Mit einem etwa fünfundneunzigprozentigen Hydroxylapatit-Anteil ist unser Zahnschmelz dabei die härteste Substanz in unserem Körper. Doch bleiben wir beim Meer: Marine kalzifizierende Organismen wie Steinkorallen, Muscheln, Schnecken, Coccolithophoriden oder Seeigel sind von besonderer Bedeutung für die Forschung zu den Auswirkungen des globalen Klimawandels auf die Meere. Zahlreiche Studien belegen, dass das versauernde Milieu sich negativ auf die Kalzifizierung auswirken kann und die Kalkstrukturen erodieren.

Wer schon einmal Bilder von Korallenriffen der Malediven, des Roten Meeres und des Großen Barriereriffs in Australien gesehen und verglichen hat, dem mag vielleicht der unterschiedliche Aufbau der Korallenriffe aufgefallen sein. In der Tat gibt es verschiedene Typen von

Riffen, die auf eine unterschiedliche Entstehungsweise zurückzuführen sind. Man kann sich die unterschiedlichen Riffe auch gut in Google Earth anschauen. An der Küste des Roten Meeres in Ägypten zum Beispiel findet man ein **Saumriff** (engl. *fringing reef*). Das ist der am weitesten verbreitete und zugleich der jüngste Rifftyp. Saumriffe säumen, wie der Name vermuten lässt, Küsten von Festland oder Inseln und wachsen von dort aus seewärts ins Meer. Dabei ist die Breite des Saumriffs von der Tiefe der abfallenden Küste abhängig: Wird es zu tief, bekommen die algigen Mitbewohner der Steinkorallen nicht genug Licht, und die Korallen können nicht wachsen. Für Saumriffe typisch ist ihr abgeflachtes Riffdach, welches dicht unter der Niedrigwassergrenze verläuft.

Das wohl berühmteste Riff der Welt liegt in Australien: das Große Barriereriff (engl. *Great Barrier Reef*). **Barriereriffe** sind ältere Riffe, und man findet sie typischerweise in einiger Distanz zur Küste. Sie wachsen von einer tiefer gelegenen Basis aus an die Oberfläche; manche haben ihren Ursprung als Saumriff. Barriereriffe, die vormals ein Saumriff waren, können entstehen, wenn der Meeresspiegel ansteigt und die Küstenzone versinkt. Das versunkene Land bildet eine Lagune, die das Barriereriff von der Küste abtrennt. Barriereriffe können sich aber auch einfach in flacheren Meeresgebieten bilden, wo sie ebenfalls durch eine Lagune von der Küste getrennt sind. Das Wort Atoll (engl. *atoll*), abgeleitet von *atholu*, ist das einzige Wort, das es aus Dhivehi, der Sprache der Malediven, in den internationalen Sprachgebrauch geschafft hat. Die Inseln der Malediven sind Atolle, kleine zirkuläre Inseln, welche aus Korallenskeletten bestehen. Charles Darwin stellte schon 1842 die bis heute (weitgehend) akzeptierte Theorie auf, dass Atolle aus Saumriffen entstanden sind, welche um isolierte Inseln, meist vulkanischen Ursprungs, herum gewachsen sind. Mit steigendem Meeresspiegel versanken die vulkanischen Inseln, die Riffe jedoch wuchsen weiter in die Höhe in Richtung Meeresoberfläche und bildeten ein Barrierериff. Nach dem kompletten Verschwinden der Insel unter Wasser blieb nur noch der Ring aus Korallen übrig, mit einer in der Mitte gebildeten Lagune, welche mit dem offenen Meer durch mindestens einen Kanal verbunden ist. Ein Atoll wurde geboren. Bohrungen auf den Marshallinseln, einem Inselstaat im mittleren Ozeanien, haben Korallenriffablagerungen in bis zu 1,4 Kilometern Tiefe ergeben, deren Ursprung fünfzig Millionen Jahre zurückreicht!

Zu guter Letzt gibt es noch **Plattformriffe** (engl. *platform reef* oder *coral cay*). Dieser Rifftyp entsteht unabhängig von Landmassen und wächst nach allen Richtungen und nicht wie Saum- und Barriereriffe nur seewärts. Plattformriffe können überall dort entstehen, wo der Meeresgrund so weit zum Meeresspiegel aufragt, dass bei optimalen Verhältnissen Korallenansiedlung und -wachstum möglich sind. Erodiert das Riffdach, entsteht ein Pseudoatoll.

Wie bereits erwähnt, gibt es nicht nur in warmen Gefilden nahe der Wasseroberfläche Korallenriffe, sondern auch in kalten Gewässern und in großer Tiefe. Manche finden sich quasi vor unserer eigenen Haustür! An den Rändern der Kontinentalschelfe, also den Randbereichen der Kontinentalsockel, die vom Meer bedeckt sind, findet man **Kaltwasserkorallen**. Diese Juwelen der Tiefe haben sich lange Zeit gut vor den Augen der Menschen versteckt; erst in den letzten 30 Jahren hat das Meer eines seiner tiefsten Geheimnisse preisgegeben. Durch die Weiterentwicklung der Technik ist es Expeditionsteams gelungen, mithilfe von Tauchbooten, -sonden und anderen wissenschaftlichen Geräten ein wenig Licht ins Dunkel zu bringen. Man vermutet, dass Kaltwasserkorallenriffe in allen Meeren rund um den Globus existieren, auch wenn im Vergleich zu Warmwasserkorallenriffen weniger Daten vorhanden sind. Während man Warmwasserkorallenriffe nur bis in eine Tiefe von 100 Metern findet, reicht die Spanne von Kaltwasserkorallenriffen von knapp 40 Metern bis in mehr als 1000 Metern Tiefe, wo die Wassertemperaturen zwischen vier und zwölf Grad Celsius liegen. Die Komplexität mancher dieser Kaltwasserkorallenriffe braucht einen Vergleich mit ihren tropischen Verwandten nicht zu scheuen. Mittels moderner Datierungstechniken fand man heraus, dass manche dieser Riffe bis zu 8000 Jahre alt sind, und geologische Datensätze zeigen, dass Kaltwasserkorallenriffe schon seit Millionen von Jahren existieren! Zu den Kaltwasserkorallen zählen vor allem Steinkorallen, aber auch Weichkorallen (Octocorallia) wie Gorgonien und Seefächer, Schwarze Korallen (Antipatharia) und Filigrankorallen (Stylasteridae). Ohne Licht und in relativ nährstoffreichem Meerwasser lebende Kaltwasserkorallen-Ökosysteme funktionieren ganz anders als solche im Flachwasser. Kaltwasserkorallen, die in der Tiefe im Dunkeln leben, haben keine lichtabhängigen symbiotischen Algen und sind auf eine stetige Zufuhr von Nahrung, organischen Partikeln und Zooplankton, angewiesen. Daher findet man die Riffgemeinschaft vor allem an

Orten mit starker Strömung, zum Beispiel an Seebergen. Diese Oasen in der Tiefe bieten vielen verschiedenen Tieren, wie Fischen, Seesternen, Schwämmen und Krebsen, Nahrung und Schutz in einem Lebensraum, der sonst eher karg und lebensfeindlich ist. Das größte bisher gefundene Kaltwasserkorallenriff, das Røst Riff, liegt in 300 bis 400 Metern Tiefe vor der Küste der Lofoten in Norwegen und ist ca. 40 Kilometer lang und knapp drei Kilometer breit.

Der Umstand, dass die Kaltwasserkorallenriffe zumeist in großen Tiefen zu finden sind, schützt sie leider nicht vor der Zerstörung durch die Menschen. Mit der Entwicklung immer neuer und effizienterer Fangmethoden ist es heute möglich, in großen Tiefen zu fischen. Genau dort, wo sich die Riffe befinden, die als Rückzugsort und Kinderstube vieler Fischarten gelten. Schleppnetze hinterlassen eine Schneise der Verwüstung, und wo sich einstmals ein blühendes Riff befunden hat, ist danach nur noch totes Geröll übrig. Bis sich ein Korallenriff davon erholt hat, dauert es Jahrzehnte, denn wie schon gesagt, wachsen Korallen sehr langsam, und bis es überhaupt so weit ist, dass Korallen wachsen können, brauchen ihre Eltern etwas Glück – und das richtige Timing.

Die Massenhochzeit der Korallen

Korallensex ist eine diffizile Angelegenheit, da Korallen sessile Tiere sind, die sich nicht aktiv auf Partnersuche begeben können. Wie begegnet man nun dem Problem der Immobilität, wenn man einen geeigneten Partner finden will? Richtig, mit sorgfältiger Planung! Korallen ähneln in ihrer Gründlichkeit dem sprichwörtlichen deutschen Beamten und planen den Sexakt minutiös und auf den Punkt genau; »Quickies« sind unter Korallen verpönt. Die Paarung der meisten tropischen Korallen findet synchron ein- bis mehrmals pro Jahr bei einer Massenhochzeit im Riff statt. Jedes Jahr zieht es deswegen Hunderte Sextouristen ans Große Barriereriff in Australien. Tauchend oder schnorchelnd wohnen sie diesem einzigartigen Spektakel bei, welches einem Schneesturm unter Wasser gleicht. Wie auf Kommando geben die Korallenpolypen ihre Keimzellen (Gameten), sprich: Eier und Spermien, bei Nacht ins Freiwasser ab. Dieses Massenlaichen von Hunderten verschiedenen Korallen, im Englischen *coral spawning* genannt, wird ausgelöst durch Änderungen der Wassertemperatur, der Gezeiten, des Sonnenstands und der Intensität des Mondlichts. Der genaue Zeitpunkt ist nach wie vor schwer vorherzusagen, aber bekannt ist, dass das Phänomen nur nachts auftritt, nachdem steigende Wassertemperaturen die Reifung der Gameten innerhalb der Polypen stimuliert haben. Das Massenlaichen tritt meist über mehrere Tage hinweg kurz nach Vollmond auf. Man vermutet, dass Korallen in der Lage sind, durch die sich verändernden Lichtbedingungen mit primitiven Fotorezeptoren den Vollmond zu erkennen, obwohl die Jahreszeit vom Standort abhängt. Im Großen Barriereriff tritt das Massenlaichen nur im späten australischen Frühjahr oder Frühsommer auf.

Die gleichzeitige Abgabe der Eier und Spermien von Tausenden Korallen im Riff vergrößert die Chance einer erfolgreichen Befruchtung und somit den Fortbestand der eigenen Art. Dabei können einige Arten die Abgabe ihrer Gameten zeitlich staffeln, das heißt, eine Art startet um 18.30 Uhr, eine andere um 19.00 Uhr und eine dritte um 21.00 Uhr. Man nimmt an, dass die verschiedenen Korallenarten auf diese Weise eine Hybridisation, eine Vermischung der Arten, vermeiden wollen.

Nach Abgabe der Keimzellen treiben diese aufgrund ihres hohen Anteils an Lipiden (Fetten) an die Oberfläche, wo die Chance einer Befruchtung größer ist. Verläuft alles erfolgreich, entwickelt sich eine kleine **Korallenlarve**, auch Planula-Larve genannt, die dann einen geeigneten Platz sucht, um sich darauf niederzulassen. Diese kleinen Möchtegernkorallen sind bei der Auswahl ihres Standortes sehr wählerisch und können Tage oder auch Wochen als Teil des Zooplanktons durch den Ozean driften, bis sie ein Plätzchen nach ihrem Geschmack gefunden haben. Denn um zu wachsen und erfolgreich eine Kolonie bilden zu können, müssen verschiedene Kriterien erfüllt werden: Der Untergrund sollte sich nicht bewegen, Steine und andere Korallen eignen sich daher hervorragend. Die Wassertemperatur für tropische und subtropische Korallen sollte zwischen 21 und 28 °C betragen, die Wohlfühltemperatur für Korallen. Außerdem sollte eine stetige Strömung herrschen, damit sie mit genug Sauerstoff, Zooplankton und anderen Nahrungspartikeln versorgt werden. Sehr wichtig ist außerdem klares Wasser – zum einen, damit genug Sonnenlicht für die Fotosynthese betreibenden Zooxanthellen hindurchdringt, zum anderen, weil sich Sedimente wie aufgewirbelter Sand oder Schlamm, die im Wasser treiben, auf den Korallen ablagern und diese ersticken könnten. Stimmen alle Faktoren und hat sich die Korallenlarve für einen passenden Standort entschieden, zementiert sie sich am Untergrund fest. Dabei scheidet die Planula-Larve an ihrer Basis innerhalb von wenigen Stunden Aragonit ab, klebt sich quasi selber am Untergrund an, und beginnt mit der Metamorphose, also der Umwandlung zum Primärpolypen.

Neben den laichenden Korallenarten gibt es aber auch Polypen, die ihren Nachwuchs ausbrüten. Zugegeben, das klingt eher nach Huhn als nach Koralle, aber es stimmt. Die sogenannten »Brüter« unter den Korallen sind zumeist männlich *oder* weiblich und produzieren Eier oder Spermien in ihren Polypen – im Gegensatz zu laichenden Korallen, die oft hermaphroditisch sind und beides produzieren. Die fortpflanzungsfähigen männlichen Korallen entlassen ihre Spermien in das sie umgebende Wasser, Wassersäule genannt, wo sie ihren Weg zu den Eizellen der weiblichen Polypen finden und diese befruchten. Die Befruchtung findet intern und nicht im Freiwasser statt. Die befruchteten Eizellen entwickeln sich dann im weiblichen Polypen von Embryonen zu Larven, welche für mehrere Wochen im Polypen »ausgebrütet« werden. Im Gegensatz zu den laichenden Korallen, die ihre Gameten oftmals nur einmal jährlich ins Wasser abgeben, können brütende Korallen mehrmals im Jahr Nachwuchs produzieren. Sobald die Larven voll entwickelt sind, werden sie von ihrem Elternpolypen entlassen. Die Larven haben typischerweise eine bräunliche Farbe durch die Zooxanthellen, die zu diesem Zeitpunkt bereits vorhanden sind. Diese kleinen Larven lassen sich für gewöhnlich relativ schnell nieder, um eine eigene Kolonie durch asexuelle Fortpflanzung zu gründen.

Die meisten riffbildenden Korallenarten (ca. drei Viertel) pflanzen sich, wie beschrieben, geschlechtlich (sexuell) fort, sei es laichend oder brütend. Aber Korallen wären nicht so erfolgreich, hätten sie nicht noch weitere Überraschungen parat, in diesem Fall verschiedene Formen der asexuellen Fortpflanzung. Eine weitverbreitete Variante ist die **Knospung.** Bei dieser Form der ungeschlechtlichen Fortpflanzung knospen neue klonale Polypen von den fortpflanzungsfähigen Elternpolypen ab, um die schon bestehende Kolonie zu vergrößern oder eigene Kolonien zu gründen. Um es etwas bildlicher darzustellen: Der neue Polyp schnürt sich vom Elternpolypen ab, ähnlich wie ein Bakterium, das sich teilt.

Manche Arten, wie die Blumenkohlkoralle *(Pocillopora damicornis)*, pflanzen sich sowohl sexuell als auch asexuell fort – in diesem Fall durch **Fragmentierung.** Die Koralle zerbricht in Stücke, sie geht quasi »kaputt«. Doch jedes dieser Fragmente kann sich wieder zu einem reifen, ausgewachsenen Individuum entwickeln, das ein Klon des ursprünglichen Organismus ist. Dieser Bruch kann unbeabsichtigt sein, hervorgerufen durch Umwelteinflüsse, Fressfeinde oder durch den Menschen. Die Koralle kann sich aber auch absichtlich fragmentieren, indem sie eine Art Sollbruchstelle entwickelt, an der ein Teilstück abbricht und so eine neue Kolonie gründen kann. Diese Fragmentierung stellt sicher, dass abgebrochene Stücke einer Kolonie in der Lage sind, weiterzuwachsen und sich zu vermehren, vorausgesetzt das Bruchstück landet an einem ruhigen Plätzchen, wo es den Polypen möglich ist, sich durch Anwachsen wieder zu stabilisieren.

Diese Art der Fortpflanzung wird seit einigen Jahren

von Meeresbiologen für die Restauration oder Rehabilitierung von Korallenriffen genutzt. Dabei werden Bruchstücke einer Kolonie in einem **Korallenkindergarten** (engl. *coral nursery*) hochgezogen, so wie Setzlinge in einer Gärtnerei, um dann ab einer bestimmten Größe wieder ins Riff transplantiert zu werden. So können Teile von beschädigten Riffen »restauriert« werden, ganz ähnlich wie bei beschädigten Wäldern, die man durch das Anpflanzen von jungen Bäumen wieder aufforstet. Während eines Projektes, an dem ich im August 2018 in Vietnam mitgearbeitet habe, haben wir uns die Fragmentierung zunutze gemacht und Korallenbruchstücke mit noch lebenden Polypen aufgelesen. Ob in einem Fragment noch lebendige Polypen sitzen, ist leicht festzustellen, denn das lebende Polypengewebe sieht bräunlich aus, während abgestorbenes weiß ist. Die noch lebenden Korallen-Bruchstücke haben wir – zusammen mit abgestorbenen, mit Algen überwachsenen Korallenblöcken, die als Substrat dienen – zu unserem Boot gebracht. An Bord wurden die Korallenfragmente in einen Eimer voller Meerwasser gelegt. Waren die Bruchstücke größer, haben wir sie vorsichtig in etwa ein Zentimeter große Stücke zerteilt. Einzeln wurden diese dann auf je ein Stück Substrat gepflanzt und mithilfe von Sekundenkleber aus Cyanacrylat und einem speziell entwickelten Katalysator, der dafür sorgt, dass der Kleber schneller aushärtet und leicht antiseptisch wirkt, fixiert (siehe Foto Seite 7 unten). Man muss diesen Prozess zügig durchführen und Korallen und Substrat dabei feucht halten. Die Fixierung mit Sekundenkleber hat sich als erfolgreich erwiesen, ohne die Korallen zu schädigen. Das mag erstaunen, aber Cyanacrylat wird seit dem Vietnamkrieg auch zum Verschließen von Wunden benutzt und gut vom menschlichen Körper vertragen. Der sehr sparsam eingesetzte Sekundenkleber löst sich innerhalb von wenigen Wochen auf. Nach erfolgreicher Fixierung haben wir die kleinen, auf dem Substrat sitzenden Korallen dann tauchend zurück ins Riff gebracht, und zwar zu einer zuvor sorgfältig ausgesuchten geschützten Stelle. Dort haben wir die *coral nursery* angelegt, in der das weitere Wachstum der Korallen regelmäßig kontrolliert wird. Nach einiger Zeit beginnen die Korallen, an der Basis Kalk abzuscheiden und sich so selber an dem Substratblock zu fixieren. Der Erfolg eines Korallenkindergartens lässt sich daran messen, wie gut die Korallen wachsen und ob sich andere Tiere, wie Fische, darin ansiedeln. Wenn die Korallenkinder ein paar Zentimeter gewachsen sind und quasi das Teenageralter erreicht haben (wobei sie sich rein biologisch schon längst fortpflanzen können), können sie wieder ins Riff gebracht werden, um dort weiterzuwachsen und große Kolonien zu bilden. Die Wachstumsgeschwindigkeit ist dabei abhängig von der Korallenart und den jeweiligen Umgebungsbedingungen.

Laura Riavitz, eine österreichische Meeresbiologin, war in Vietnam unsere Expertin für diese Methode, die von der Organisation Ocean Quest Global entwickelt und schon erfolgreich in mehreren asiatischen Ländern angewendet wurde. In diesem Fall brachte sie den Mitarbeitern des Meeresschutzgebietes rund um die Cham-Inseln (Cù lao Chàm) bei. Die Methode ist so einfach, dass sie nach gründlicher Schulung theoretisch von jedem angewendet werden kann – ein kleiner Hoffnungsschimmer für die weltweit bedrohten Korallenriffe.

Der Gesang der Fische

Ein Korallenriff besteht natürlich nicht nur aus Korallen, sondern es ist eine Lebensgemeinschaft zahlreicher Organismen. Viele davon haben Schuppen und Flossen. Wie bereits erwähnt, nennen 25 Prozent aller Fischarten Korallenriffe ihr Zuhause. Und wenn Sie schon einmal den Kopf unter Wasser gesteckt haben – egal ob im Meer, See oder Freibad –, dann ist Ihnen sicher das ein oder andere Geräusch aufgefallen und Sie mögen sich gewundert haben, woher es kam und was der Auslöser war. Motorengeräusche von vorbeifahrenden Booten zum Beispiel hören sich an, als würden die Boote einem direkt über den Kopf fahren, selbst wenn sie 100 Meter entfernt sind.

Dass wir Richtung und Entfernung, aus der Geräusche kommen, unter Wasser nur schwer einordnen können, liegt daran, dass Wasser ein exzellenter Leiter für Schallwellen ist. Diese werden unter Wasser fast fünfmal schneller transportiert als in der Luft. Das gilt insbesondere für niederfrequente Geräusche wie Brummtöne, die typischerweise von Fischen zur Kommunikation verwendet werden (<1000 Hz). Die Schallgeschwindigkeit in 20 °C warmem Meerwasser liegt im Schnitt bei 1500 Metern pro Sekunde, während sie in der Luft bei derselben Temperatur nur 343 Meter pro Sekunde beträgt. Bei höherem Druck, Salzgehalt und mit steigender Temperatur nimmt die Schallgeschwindigkeit unter Wasser sogar noch zu.

Den Tieren unter Wasser fällt es im Vergleich zu uns leichter, herauszufinden, woher ein Geräusch kommt. Das ist auch notwendig, denn die Sichtverhältnisse sind oft nicht gut: Es ist trüb, und man kann kaum die eigene Flosse vor Augen sehen, vergleichbar mit einem dichten Nebel an Land; außerdem werden die Lichtverhältnisse schlechter, je tiefer man ins Meer hinabschwimmt. Zu wissen, wo die eigenen Artgenossen stecken, oder sich gegenseitig vor Angreifern zu warnen, kann einem die schuppige Haut retten. Dass Delfine und Wale sich durch Laute verständigen, Hindernisse identifizieren und Nahrung suchen, mag bekannt sein, aber dass es auch andere Tiere unter Wasser gibt, die miteinander kommunizieren, indem sie Laute erzeugen, wissen die wenigsten. Die Redensart »stumm wie ein Fisch« basiert auf der Überzeugung, dass Fische eher zu den schweigsamen, wenn nicht gar stummen Zeitgenossen gehören. Doch man ist erstaunt, wie laut es unter Wasser zugehen kann, vor allem in einem belebten Korallenriff. Wer Stille unter Wasser sucht, ist dort definitiv am falschen Platz.

Fische sind, entgegen der landläufigen Meinung, alles andere als stumm. Sicher gibt es den ein oder anderen einsilbigen Fisch, aber wenn man durch ein Riff schnorchelt, kann man einen Chor vor Fischen singen hören. Rotfeuerfische zum Beispiel machen ihrem englischen Namen *lionfish* alle Ehre, denn sie brüllen wie die Löwen. Fledermausfische (siehe Foto Seite 24) dagegen (die wegen ihres typischen Aussehens so heißen) ba-ba-babbeln monoton vor sich hin. Der australische Wissenschaftler Rob McCauley hat mit seinem Team von der Curtin University of Technology in Perth mithilfe von Unterwassermikrofonen nachgewiesen, dass die Kakofonie der Fische vor allem morgens und abends zu hören ist – ähnlich wie der Gesang der Vögel. Während Letztere einen Kehlkopf zur Lautäußerung entwickelt haben, hat man bei

Fischen ganz unterschiedliche Mechanismen entdeckt. Fische können eine Vielzahl von Lauten erzeugen, sie grunzen, quaken, brüllen, klicken und fauchen. Die Geräusche dienen zum Beispiel dazu, Gefährten anzulocken, das Revier gegen Eindringlinge zu verteidigen und Fressfeinde abzuwehren.

Die zwei Hauptmechanismen der Klangerzeugung sind die Anregung der Schwimmblase durch verschiedene spezialisierte Schallmuskeln sowie die Stridulation, d.h. das Aneinanderreiben von Knochen und anderen harten Körperteilen. Die **Schwimmblase** ist ein mit Gas gefüllter Sack, welcher aus einer Ausstülpung des Vorderdarms gebildet wird. Sie befindet sich in der Bauchhöhle der Knochenfische (zum Vergleich: Haie gehören zu den Knorpelfischen, denen eine Schwimmblase fehlt) und dient in erster Linie dazu, den Auf- und Abtrieb zu kontrollieren. Der Auftrieb erfolgt bei Zugabe von Gas in die Blase, beim Abtrieb wird Gas abgelassen, und der Fisch sinkt. Dabei kann die Blase auf zwei verschiedene Arten mit Gas gefüllt werden: Einige Fische schlucken Luft von der Wasseroberfläche, die von der Speiseröhre über einen Kanal in die Schwimmblase gelangt. Andere Fische haben eine spezielle Drüse, die dem Blut Gase, also Sauerstoff, Stickstoff und Kohlendioxid, entzieht und diese in die Schwimmblase leitet. Bei manchen Fischen hat die Schwimmblase jedoch noch eine andere Funktion, nämlich die der Lauterzeugung. An der Schwimmblase ist ein Schallmuskel befestigt. Dieser kann in rascher Folge kontrahieren und entspannen und erzeugt auf diese Weise ein tiefes, trommelndes Geräusch. Die Schallmuskeln der Fische sind die schnellsten Kontraktionsmuskeln, die bei Wirbeltieren bekannt sind. Der ungekrönte Percussionmeister unter den Fischen ist wohl der Austernfisch *(Opsanus tau)*, der mit bis zu zweihundert Kontraktionen pro Sekunde ein wahres Konzert verursacht, um die Dame seines Herzens für sich zu gewinnen. Die Schallmuskeln der Austernfische, zu denen *Opsanus tau* zählt, befinden sich an der Seite der herzförmigen Schwimmblase, und wenn sie kontrahieren, erzeugen sie einen Ton, der ein bisschen an ein Nebelhorn erinnert.

Die zweite Hauptart der Lauterzeugung, die **Stridulation**, geschieht durch das Aneinanderreiben von harten Körperteilen wie Zähnen, Knochen oder Schuppen, ähnlich wie beim Zirpen von Grillen. Einige Fische nehmen bei der Stridulation auch die Schwimmblase als Resonanzkörper zu Hilfe. Das nördliche Seepferdchen *Hippocampus erectus* erzeugt beispielsweise klickende oder schnappende Geräusche, die durch das Aneinanderreiben der Ränder ihrer Schädelknochen und einer kronenförmigen Platte am Kopf entstehen. *H. erectus* ist ein treuer Geselle unter den Fischen und lebt monogam. Findet sich ein Paar zusammen, umarmen sich die Partner und erzeugen dabei Klickgeräusche. Im Gegensatz zu so einigen Exemplaren der Art *Homo sapiens* legen die nördlichen Seepferdchen sich jeden Morgen aufs Neue ins Zeug und führen rituelle Tänze auf, um sich ihrer Partnerschaft zu versichern. Generell sind Seepferdchen sehr fortschrittlich, denn hier sind es die Männchen, die schwanger werden. Nachdem das Weibchen ihre Eier in den Brutsack des Männchens entleert hat, werden diese dort befruchtet und bis zur Entwicklung zu Miniseepferdchen ausgetragen. Das Männchen hält sich während der Geburt seiner Nachkommen mit dem Schwanz an einem unbeweglichen Gegenstand fest, drückt den Rücken mehrfach durch und entlässt seine Kinder ins Meer.

Einer meiner liebsten Fische ist der **Weißpunkt-Kofferfisch** *(Ostracion meleagris)*. Ein ausgewachsenes Männchen ist sehr gut von den anderen Fischen im Riff zu unterscheiden, da sein bis zu 25 Zentimeter langer Körper nicht sehr stromlinienförmig, sondern kantig-rechteckig ist und tatsächlich – wie bei allen Kofferfischen (Ostraciidae) – an die Form eines Koffers erinnert. Seine Grundfarbe an Kopf, Bauch und Seiten ist ein schönes Azurblau, die Seiten sind mit poppigen gelben Punkten bedeckt. Vom Kopf bis zur Schwanzflosse zieht sich ein gelbes Band, welches den schwarzen Rücken mit weißen Tupfern vom restlichen Körper abgrenzt. Mit seinen winzigen blauen Flossen schwimmt er geschäftig durchs Riff, um Algen, Schwämme, Würmer und anderes kleines Getier aufzustöbern und zu fressen. Schaut man sich ein Weibchen oder ein Jungtier an, mag man kaum glauben, dass es sich um ein und dieselbe Spezies handelt, denn mit ihren dunkelbraunen bis schwarzen Körpern mit vielen kleinen weißen Punkten und den schwarzen Flossen sehen sie völlig anders aus. Wenn es um die Fortpflanzung geht, kennt der Weißpunkt-Kofferfisch kein Pardon. Rivalisieren zwei Männchen um ein Weibchen, rammen sie sich gegenseitig und brummen sich an. Auch beim Ablaichen erzeugen sie Laute, welche man als einen klaren Klang mit einem Oberton beschreiben kann. Ich selber bin auch schon einmal angebrummt worden, als ich einen Kofferfisch beim Schlafen gestört habe. Ich habe den armen Kerl wohl zu Tode erschreckt, als ich ihn mit meiner Unterwasserlampe angestrahlt habe.

Gerade beim Ablaichen produzieren so einige Fischarten Laute, darunter der **Gestreifte Papageifisch** *(Scarus iserti)*, der in Gruppen von 20 bis 40 Individuen seine Gameten ins Wasser abgibt. Dieser Vorgang sieht sehr witzig aus, da die Tiere wie von der Tarantel gestochen vom Riffdach an die Wasseroberfläche schwimmen, sich wie zum Tanz drehen und dabei ihre Gameten entlassen. Danach düsen sie zurück in die Sicherheit des Riffs. Das Geräusch, das sie beim Ablaichen machen, entsteht aus der Schwimmbewegung und lässt sich als Wasserrauschen beschreiben. Das Rauschen dient mutmaßlich dazu, das Ablaichen untereinander zu timen und auf diese Weise die Befruchtungsrate zu maximieren, bleibt jedoch nicht ohne Risiko. Die Geräusche und der Geruch der Gameten sind unwiderstehlich für viele Räuber wie zum Beispiel Haie, für die die völlig auf die Fortpflanzung fokussierten Papageifische leichte Beute sind.

Obwohl einige tausend Arten von Korallenrifffischen bekannt sind, wurden bisher vergleichsweise wenige akustische Arten beschrieben. Die Forscher Timothy Tricas und Kelly Boyle von der University of Hawai'i haben sich deshalb mit Unterwasserkameras und -mikrofonen sowie Kreislauftauchgeräten, welche keine störenden Darth-Vader-Atemgeräusche mit Luftblasen unter Wasser verursachen, aufgemacht, um eine Sound-Bibliothek der Rifffische anzulegen. Dabei fanden die Forscher heraus, dass von 96 Arten in dem hawaiianischen Korallenriff knapp die Hälfte, nämlich 45, Laute erzeugten. Sie identifizierten insgesamt 85 verschiedene Laute, d.h. einige Fische waren in der Lage, verschiedene Laute zu produzieren. Wiederum fast die Hälfte (45 Prozent) der dokumentierten Laute erklangen während sogenannter »agonistischer Interaktionen«, d. h. bei Verhaltensweisen, die mit Rivalität, Konkurrenz und Wettbewerb zu tun haben, wie die Verteidigung der Futtergründe oder der Nistplätze und um Räuber fortzujagen. Zu den sich laut äußernden Fischen gehören unter anderem Vertreter der Halfterfische, Papageifische, Doktorfische, Wimpelfische, Drückerfische und Anemonenfische.

Doch nicht nur Korallenbewohner erzeugen Laute zur Kommunikation. Jedes Jahr im Frühling versammeln sich mehrere Millionen **Umberfische** *(Cynoscion othonopterus)* zum Ablaichen im nördlichsten Teil des Golfes von Kalifornien, im Delta des Colorado River. Während dieser drei- bis viertägigen Orgie, die an die Mondphasen und den Gezeitenzyklus geknüpft ist, findet ein denkwürdiges und sehr lautes Spektakel statt. Die Männchen der Umberfische bilden zusammen einen Chor und erzeugen mit ihren Schwimmblasen trommelnde Geräusche beim Ablaichen, die derart laut sind, dass die Schwingungen der Schallwellen sogar durch die Fiberglasboote der Fischer dringen und mit dem bloßen Ohr über Wasser wahrnehmbar sind. Folgt man Brad Erisman vom Marine Science Institute in Austin, Texas, und Timothy Rowell vom Scripps Institution of Oceanography in San Diego, Kalifornien, handelt es sich dabei um die lautesten Geräusche von Meeresfischen, die jemals aufgenommen wurden. Die Fische übertönen mit ihrem Trommeln sogar die Motorengeräusche der Fischerboote, Pangas genannt, und können das Gehör anderer Meerestiere schädigen!

Der Krach beim Sex kommt die Tiere jedoch teuer zu stehen, da sie von den Fischern leicht auszumachen sind. Mittlerweile sind sie überfischt und gelten als gefährdet.

Der Meeresbiologe Ben Wilson von der University of British Columbia (Kanada) untersuchte mit seinem Team sowohl den Atlantischen als auch den Pazifischen Hering (*Clupea harengus* und *C. pallasii*) auf Lautäußerungen und stieß dabei auf eine sehr kuriose Art der Kommunikation. Die beiden Heringsarten erzeugen durch das Herauspressen von Luft aus der Schwimmblase in den Analtrakt Laute. In unserer Gesellschaft gelten Blähungen ja eher als Fauxpas, aber in der Welt der Fische scheinen sie eine wichtige soziale Rolle zu spielen. Die Flatulenz der Heringe umfasst mit Frequenzen von 1,7 bis 22 Kilohertz mehr als drei Oktaven und wird mutmaßlich vor allem nachts zur Kommunikation eingesetzt, um sich zu einer schützenden Schule zu formieren. Die Forschungsgruppe nannte das Phänomen »Fast Repetitive Tick«, abgekürzt »FRT«. Wenn man FRT ausspricht, klingt es wie *fart*, das englische Wort für Furz. Da soll noch einmal jemand sagen, wissenschaftliche Publikationen seien trocken und humorlos! Die Forscher vergleichen den Herings-»Furz« mit dem Geräusch, das entsteht, wenn man die Zunge zwischen die Lippen legt und bläst, um so Blähungen zu imitieren. Doch nicht nur Laute entweichen den Heringen aus dem Anus, sondern gleichzeitig auch Luftblasen. Wilson und sein Team glauben, dass die Kommunikation durch perlende Klänge aus dem Anus den Heringen erlaubt, bei Nacht miteinander zu kommunizieren, ohne ihre Position Fressfeinden preiszugeben. Allerdings gibt es Fressfeinde, die im hochfrequenten Bereich exzellent hören – dazu gehören Delfine und Wale, welche die FRTs als Anhaltspunkte für die Jagd auf Heringe nehmen könnten.

Leider produzieren nicht nur Meerestiere unter Wasser Geräusche, sondern auch der Mensch und das oft in einer Lautstärke, die potenziell schädlich ist für die Tiere, die ihr nicht entfliehen können. Alle Meeresbewohner, vom Blauwal bis hin zu einem kleinen Fisch, sind beeinträchtigt durch den vom Menschen verursachten Lärm. Dieser hat verschiedene Quellen und reicht von Jetskiern über große Tanker bis hin zu seismischen Untersuchungen für Öl und Gas, welche regelrechte Schallexplosionen unter Wasser verursachen, die kilometerweit zu hören sind. All diese Geräusche produzieren einen akustischen Nebel, welcher sich über die natürliche Geräuschkulisse legt und die Kommunikation der verschiedenen Tierarten unter Wasser erschwert.

Nemos Brüder

In der Schule haben die meisten von uns gelernt, dass es Männchen und Weibchen gibt. Die Männchen haben ein X- und ein Y-Chromosom, die Weibchen zwei X-Chromosome. Die Unterscheidung war einfach. In den letzten Jahrzehnten haben wir aber gemerkt, dass die Dinge auf den zweiten Blick doch nicht so eindeutig sind. Es gibt Menschen, die nicht als eindeutig männlich oder weiblich klassifiziert werden können, sie sind intersexuell. So und noch etwas komplizierter ist die Lage auch in der Tier- und Pflanzenwelt. Mehrere Fischarten, insbesondere

Korallenrifffische, können im Laufe ihres Lebens ihr Geschlecht wechseln. Die zeitliche Geschlechtertrennung heißt in der Fachsprache **sequenzieller Hermaphroditismus**, und sie tritt in drei Hauptformen auf: Bei der Protogynie (von griech. *gynē* = Frau), der häufigsten Form der zeitlichen Geschlechtertrennung, beginnt die Art ihr Leben als Weibchen, das sich später in ein Männchen umwandeln kann. So kommt zum Beispiel der kalifornische **Zahnlippfisch** *(Semicossyphus pulcher)*, eine Lippfischart, die im östlichen Pazifik beheimatet ist, als Weibchen zur Welt. Durch verschiedene Umweltfaktoren kann sich der Hormonhaushalt des Fischs verändern, und die Umwandlung zum Männchen beginnt. Dabei verändern sich nicht nur die inneren Organe, sondern das Tier wechselt auch die Körperfarbe und die Statur: Das kleinere Weibchen mit mattrosafarbenem Schuppenkleid und einer weißen Unterseite verwandelt sich in ein größeres Männchen mit schwarzer Kopf- und Schwanzfärbung, einer rot-orangen Taille sowie roten Augen und fleischigen Stirnhöckern. Beide Geschlechter haben ein weißes Kinn und große, hervorstehende Eckzähne, die perfekt hartschalige Tiere zermalmen können. Ein weiteres Beispiel für protogyne Fische ist der **Putzerlippfisch** *(Labroides dimidiatus)*, auch Blaustreifen-Putzerlippfisch genannt, der in Korallenriffen im indopazifischen Raum zu finden ist. Dieser kleine Fisch lebt in einem Harem, welcher aus einem großen Männchen und mehreren kleineren Weibchen besteht. Stirbt das Männchen, beginnt das größte Weibchen mit seiner Umwandlung zum Männchen, entwickelt innerhalb von zwei Wochen männliche Geschlechtsorgane und kann sich anschließend mit den verbliebenen Weibchen paaren. Die kleinen blauen Fische mit gelblichem Kopf und einem auffälligen schwarzen, zur Schwanzflosse hin breiter werdenden Streifen sind auch sonst sehr interessante Meeresbewohner. Sie unterhalten nämlich Putzerstationen, doch dazu später mehr.

Bei der zweiten Form des sequenziellen Hermaphroditismus beginnt die Art ihr Leben als Männchen und wandelt sich später zum Weibchen um, was als Protandrie bezeichnet wird. Einer der wohl bekanntesten und vor allem bei Kindern beliebtesten Fische, der Anemonen- oder auch **Clownfisch** (aus der Unterfamilie der Amphiprioninae), kommt als Männchen zur Welt. Diese Tiere leben zumeist als kleine soziale Gruppe verschiedener Individuen in einer Anemone (siehe Foto Seite 5 oben). Dabei besteht eine Gruppe aus einem Paar erwachsener und ein bis mehreren jugendlichen Tieren. In der Regel ist der größte Fisch das Weibchen und das nächstgrößere Tier das funktionelle Männchen – also das Männchen, welches sich mit dem Weibchen paart und fortpflanzt. Das Weibchen ist das höchste Tier in der Gruppenhierarchie, und das macht es nicht nur den Individuen in ihrer Anemone klar, sondern auch jedem Taucher, der es wagt, zu nahe zu kommen. Diese kleinen, zumeist orange, weiß und schwarz gestreiften Tierchen sehen zwar possierlich aus, können aber sehr aggressiv werden. Ist man als tauchender Mensch dumm genug, ihnen einen Finger hinzuhalten, beißen sie gerne mal zu. Auch mir haben sie schon einmal sehr deutlich demonstriert, dass ich in der Nähe ihrer Anemone nicht willkommen war, indem sie meine Tauchmaske gerammt und mich angeknurrt haben. Passiert es nun, dass das Weibchen stirbt, beginnt das zweitgrößte Tier der Gruppe, also das Männchen, das sich vorher mit dem (jetzt toten) Weibchen gepaart hat, mit seiner Umwandlung zum fortpflanzungsfähigen Weibchen. Die restlichen Tiere der Gruppe rutschen dann eine Stufe in der Hierarchie nach oben, der nächstgrößere Jugendliche wird zum funktionellen Männchen. Wer sich jetzt an den Disney-Film *Findet Nemo* erinnert, horcht sicher auf, da die Filmemacher offenbar keinen Ichthyologen (Fischkundler) zu Rate gezogen haben. Hätten sie es getan, wäre Nemos Geschichte ganz sicher anders verlaufen. Für diejenigen, denen der Film kein Begriff ist: Nemo ist ein kleiner Anemonenfisch, der mit einer zu klein geratenen Flosse, seiner Glücksflosse, zur Welt kommt. Weil seine Mutter von einem Barrakuda verspeist wurde, kümmert sich der verwitwete Vater um Nemos Erziehung. Nachdem Nemo, der als Einzelkind aufwächst, von Tauchern für den Aquarienfischhandel gekidnappt wird, unternimmt der Vater eine lange Odyssee, um seinen einzigen Sohn zu finden. Natürlich hat die Geschichte ein Happy End, und Vater und Sohn kehren wohlbehalten, nach vielen Abenteuern, in ihre Anemone zurück. Würde man die Geschichte aber biologisch korrekt erzählen, wäre diese ganz sicher mit dem FSK-Kennzeichen »ab 18« versehen oder würde es gar nicht erst in die Öffentlichkeit schaffen. Die Geschichte würde so gehen: Nemos Mutter wird gefressen und lässt Vater und Sohn gebrochen und alleine zurück. Der Vater beginnt daraufhin mit der Umwandlung zum Weibchen, und Nemo entwickelt sich parallel dazu zum fortpflanzungsfähigen Männchen. Da Nemo nun das einzige geschlechtsreife Männchen weit und breit ist, paaren sich die beiden und zeugen inzestuösen Nachwuchs. Stirbt

Nemos Partnerin, die ja vormals sein Vater war, entwickelt er (Nemo) sich zum Weibchen und sucht sich einen neuen Partner … Nicht gerade der Stoff, aus dem Disney Kindergeschichten schneidert.

Bei der dritten Form der zeitlichen Geschlechtertrennung kann die Art zwischen Männchen und Weibchen hin- und herwechseln. Diese Form wird als serielle bidirektionale Geschlechtsumwandlung bezeichnet. Diese Form des Hermaphroditismus findet man vor allem bei den **Grundeln** der Gattungen *Gobiodon* und *Paragobiodon*. Die kleinen Rifffische leben als brütendes Paar, manchmal auch als größere Gruppe, zwischen den Verzweigungen von Korallen, in die sie sich bei Gefahr schützend zurückziehen. Leben sie in einem größeren Verband zusammen, pflanzen sich nur die zwei bis drei größten Individuen fort. Ist man so winzig und so spärlich im Riff verteilt wie diese Grundeln, kann das Verlassen des sicheren Verstecks, um einen Sexualpartner zu finden, tödlich enden. Japanische und australische Wissenschaftlerteams haben die Hypothese aufgestellt, dass es von Vorteil sein kann, je nach Bedarf das Geschlecht zu wechseln, wenn der Partner stirbt oder das Geschlechterverhältnis zu einseitig ist. Das verschafft den Grundeln einen Heimvorteil – sie müssen sich nicht ins Freie wagen und können so dem intensiven Druck durch Räuber standhalten. Die Natur ist wirklich clever!

Und dann, zu guter Letzt, gibt es neben diesen Varianten des zeitlichen Hermaphroditismus noch den synchronen Hermaphroditismus, bei dem ein Tier gleichzeitig sowohl die weiblichen als auch die männlichen Geschlechtsorgane ausgebildet hat. Bei Pflanzen und Plattwürmern ist die

Zwittrigkeit gang und gäbe, aber unter Fischen ist sie weniger verbreitet. Die Zwitter unter den Fischen sind in der Lage, gleichzeitig Eier und Spermien zu produzieren. Dennoch befruchten die Tiere sich nicht selber (mit Ausnahme des Zahnkärpflings *Kryptolebias marmoratus*), sondern laichen entweder als Männchen oder als Weibchen, wie zum Beispiel der **Tabakbarsch** *Serranus tortugarum*, der sogar bis zu zwanzig Mal am Tag zwischen den Geschlechtern wechselt! Dabei haben sie eine sehr liebenswerte Befruchtungsstrategie entwickelt: den Eierhandel. Zwei Partner, die sich übrigens treu sind, tauschen »Ei-Pakete« aus, die sie während ihrer weiblichen Phase gelegt haben, und befruchten diese während ihrer männlichen Phase. Es ist dem kleinen Barsch zu wünschen, dass er von hormonellen Schwankungen während seiner weiblichen Phase verschont bleibt, da sonst der Haussegen kontinuierlich schief hängen würde.

Man sieht, es gibt viele verschiedene Arten der Sexualität unter Fischen, und die eine ist genauso »normal« wie die andere.

Unterwasserkrankenhaus

Das Leben unter Wasser ist hart, vor allem wenn man krank ist, Zahnschmerzen hat oder offene, entzündete Wunden und wenn Parasiten einen aus dem Schuppenkleid springen lassen wollen. Was also tun, um sich helfen zu lassen ohne den Luxus einer Hausärztin an jeder Ecke? Diese Lücke im marinen Gesundheitssystem haben verschiedene Tierarten gefüllt, darunter Putzergarnelen (siehe Foto

Seite 15 oben) und **Putzerfische**. (Übrigens: Doktorfische (Acanthuridae) übernehmen keine Rolle im Gesundheitswesen der Riffe. Ihr Name leitet sich von den »Skalpellen« ab, die die Tiere vor der Schwanzwurzel tragen und zur Verteidigung einsetzen.) Da die Dichte an niedergelassenen Putzerfischen vergleichbar ist mit der von Hausärzten auf dem Land (also eher spärlich), muss Fisch allerdings wissen, wo er zu suchen hat. Eine Putzerstation kann zum Beispiel ganz prominent auf der Oberseite einer Korallenkolonie, im englischen *coral head* (Korallenkopf) zu finden sein oder aber zwischen schwimmenden Büscheln von Algen. Sie ist mit einem Spa oder einem Krankenhaus zu vergleichen, denn dort versammeln sich die Tiere, die Hilfe für verschiedenste Probleme suchen: Den einen hängt noch die letzte Mahlzeit zwischen den Zähnen, andere haben Wunden, deren Ränder sich entzündet haben und die verarztet werden müssen. Manche haben mit Schuppen zu kämpfen und wieder anderen sind Parasiten auf die Pelle gerückt. Die Klientel, welche Hilfe sucht, ist sehr unterschiedlich und reicht von mehrere Meter großen Mantarochen (siehe Fotos Seite 20 oben und Seite 8 bis 9) über Meeresschildkröten (siehe Foto Seite 6 oben) bis hin zu kleinen Fischen. Oft warten die fischigen Kunden lange auf ihren Termin, und wenn sie dann an der Reihe sind, stehen sie bewegungslos im Wasser und lassen das Putzerstationenpersonal sogar in ihren geöffneten Mund und in die Kiemen schwimmen. Es ist erstaunlich, dass diese kleinen Fische den Mumm haben, in das geöffnete Maul eines großen, für sie potenziell gefährlichen Fisches zu schwimmen. Aber sie wissen wohl nur zu genau, dass ihnen dabei keine

Schuppe gekrümmt wird. Der Grund dafür liegt in der besonderen Beziehung zueinander, denn die ist von großem gegenseitigem Nutzen: Dem Patienten wird bei seinem Problem geholfen, und der Putzerfisch kommt zu seiner nächsten Mahlzeit – eine klassische Win-win-Situation! In der Fachsprache bezeichnet man dies als Mutualismus, eine Form der Symbiose, die wir von den Zooxanthellen und den Korallen schon kennen. Darüber hinaus wenden Putzerfische eine besondere Taktik an, um Konflikte zu vermeiden und nicht Gefahr zu laufen, doch noch gefressen zu werden – sie bezirzen den Kunden mit einem Tänzchen. *Labroides dimidiatus,* der Blaustreifen-Putzerlippfisch, hat einen vibrierenden Tanz entwickelt, der seine hungrige Klientel beruhigen soll – mit Erfolg, wie Studien gezeigt haben.

Die Tanztechnik beherrschen nicht nur Putzerfische. **Putzergarnelen** der Art *Urocaridella sp.* haben das Tanzen sogar auf ein neues Level gehoben und den *rocking dance,* einen Schaukeltanz, erfunden, mit dem sie für ihre Dienste werben. Sind sie hungrig, legen sie sich noch mehr ins Zeug – offensichtlich erfolgreich: Die Kunden entschieden sich im Versuch für die wild schaukelnden Putzergarnelen, wenn sie wählen konnten zwischen hungrigen und nicht so hungrigen Exemplaren.

Wenn die Putzerfische einen Job antreten, übernehmen sie das Entfernen der Parasiten eigentlich nur gezwungenermaßen, da sie viel lieber die Schuppen und vor allem den Schleim ihrer Kunden fressen, was leider oft schmerzhaft für diese ist. In ihrer Effizienz und Schnelligkeit der Kundenabfertigung übertreffen sie jeden Kassierer im Supermarkt, denn sie können sage und schreibe mehr als zweitausend Kunden pro Tag bedienen! Während der medizinischen Behandlung sind Patient und Putzerfisch jedoch nicht unter sich, die neue Datenschutzverordnung hat es offensichtlich noch nicht unter Wasser geschafft, sondern sie werden von anderen Kunden, die geduldig auf ihre Behandlung warten, beobachtet. Die Putzerfische sind sich offenbar dessen bewusst, dass ein guter Service essenziell für ein erfolgreiches Geschäft ist, und verhalten sich dementsprechend, indem sie auf die Wünsche ihrer Kunden eingehen. Sie haben gelernt, dass sie neue Kunden gewinnen, wenn sie sich kooperativ zeigen und die ungeliebten Parasiten ihrer geplagten Klientel fressen statt deren viel schmackhafteren Schleim und die knusprigen, frischen Schuppen. In einem Experiment wurde nachgewiesen, dass der **Blaustreifen-Putzerlippfisch** die Kunden ohne Hautparasiten denjenigen mit Parasiten vorzog, wenn er bei der Arbeit nicht von anderen Kunden beobachtet wurde. Sobald jedoch ein Zuschauer zugegen war, machte der Putzerfisch sich wieder fleißig über die Parasiten her und verschmähte den Schleim zumeist. Die Forschungsteams beobachteten auch, dass potenzielle Neukunden diejenigen Putzerfische zu meiden schienen, die sich zu oft über Schleim und Schuppen ihrer Auftraggeber hermachten und diesen Schmerzen zufügten. Kundenpflege geht über alles bei diesen Fischen, und das bekommen auch diejenigen Weibchen der Blaustreifen-Putzerlippfische zu spüren, die sich nicht an die Regeln halten. Wie schon erwähnt, lebt diese Putzerlippfischart in einem Harem, welcher aus einem großen Männchen und mehreren kleineren Weibchen besteht. Beißt ein Weibchen den Kunden und enttäuscht somit dessen Vertrauen, wird es vom Männchen dafür bestraft. Das Männchen passt sogar die Strafe an die Härte des Vergehens an: Je wichtiger (z.B. größer) der gebissene Kunde ist, desto härter wird das Weibchen für ihren Verrat bestraft und vom Männchen gejagt. Wer sich jetzt noch wundert, dass Fische tatsächlich in der Lage sind, Schmerzen zu empfinden und bewusste Entscheidungen zu treffen, dem lege ich das Buch *Was Fische wissen* von Jonathan Balcome ans Herz (und nicht nur, weil es der Dalai Lama empfohlen hat). Balcome zeigt auf unterhaltsame Weise, dass Fische Gefühle haben, Freude und Schmerz empfinden können. Während meiner Zeit als Tauchguide in Ägypten bin ich regelmäßig mit meinen Gästen zu einem meiner Lieblingstauchplätze gefahren. Auf dem Weg zum Canyon, so hieß der Tauchspot, lag eine Putzerstation von Blaustreifen-Putzerlippfischen. Die Putzerfische dort waren an tauchende Menschen gewöhnt und betrachteten uns als weitere Kunden. Ich musste nur den Atemregler aus dem Mund nehmen, und schwups, machten sie sich in meiner Mundhöhle an die Arbeit und zupften Hautfetzen ab. Wenn ich den Tierchen nicht schnell genug war, schwammen sie ungeduldig vor meiner Tauchmaske hin und her, um mir zu signalisieren, dass ich den Verkehr aufhielt und mich gefälligst beeilen sollte, wollte ich ihren Service in Anspruch nehmen. War ich so unvorsichtig, an der Station haltzumachen, ohne eine Kopfhaube zu tragen, werkelten, ehe ich mich versah, Putzerfische in meinen Ohren rum! Ein wirklich sehr unangenehmes Gefühl, da sie an den kleinen Härchen im Ohr zogen.

Nicht nur Taucher zieht es an ein Riff mit Putzerstationen, auch viele Fische scheinen bewusst die Riffe mit einem gut funktionierenden Gesundheitsservice zu wählen. Doch wie zahlreiche andere Zierfische werden Putzerfische für den Aquarienfischhandel aus den Riffen gefischt. Durch die Abwesenheit dieser wichtigen Fische leiden jedoch Vitalität und Gesundheit des Riffs, wie Experimente gezeigt haben. Es wurde nachgewiesen, dass die Artenvielfalt im Riff um bis zu fünfzig Prozent zurückging und nur noch ein Viertel der Individuen vorhanden waren, nachdem man achtzehn Monate zuvor die Putzerfische experimentell aus dem Riff entfernt hatte. Dabei handelte es sich aber nur um diejenigen Arten, die nicht stationär in dem Riff beheimatet waren, sondern sich frei zwischen den einzelnen Riffen bewegten. Die Anwesenheit der kleinen Putzerfische sichert nicht nur die Artenvielfalt in einem Riff, sie trägt auch zur Lernkapazität seiner Bewohner bei. Wer schon einmal versucht hat, etwas geistig Anspruchsvolles trotz Krankheit zu tun, wird wissen, dass die Chancen auf Erfolg meist sehr gering sind. Erst wenn man beim Arzt war, der einem die passenden Medikamente verschrieben hat, man diese genommen und sich ausgeruht hat, fühlt man sich besser und kann sich wieder mit voller Konzentration seiner Arbeit widmen. Genauso geht es unseren fischigen Freunden, wie die Arbeitsgruppe um Alexandra Grutter und Derek Sun vom Coral Reef Ecology Laboratory an der University of Queensland in Brisbane herausgefunden hat. Die Arbeitsgruppe erforscht seit mehr als einem Jahrzehnt das Verhalten von Putzerfischen im Great Barrier Reef und hat dabei Erstaunliches entdeckt. Fische, denen in einer Putzerstation die Ektoparasiten entfernt wurden, zeigten in Experimenten eine Verbesserung der Lernfähigkeit. Ganz wie bei uns beeinträchtigt eine Krankheit, in diesem Fall störende Parasiten, die Fähigkeit der Fische, sich zu konzentrieren und Neues zu lernen.

Die Biologie der Putzerfische ist wirklich sehr faszinierend und komplex. Sollten Sie einmal die Möglichkeit haben, sie tauchend oder schnorchelnd bei der Arbeit zu beobachten, dann nehmen Sie diese wahr. Außerdem haben Sie dort zugleich vielleicht die Chance, auf einen berühmten »Patienten« im Riff-Krankenhaus zu treffen: den Riff-Mantarochen. Auf den Malediven haben wir nicht zuletzt deswegen regelmäßig Tauchausflüge zu einer bestimmten Putzerstation gemacht, die gerne von Riff-Mantarochen aufgesucht wurde. **Mantarochen** gehören zu der Gattung der Teufelsrochen *(Mobula)*, und bisher wurden zwei Arten beschrieben: Der Riff-Mantarochen *(Mobula alfredi)*, welcher im Freiwasser in Küstennähe zu finden ist, und der Riesenmantarochen *(Mobula biostris)*, der ozeanisch lebt. Den Ursprung ihres Namens kann man in den zu Hörnchen aufgerollten Kopfflossen wiedererkennen. Dabei haben Mantas (kurz für Mantarochen) rein gar nichts Diabolisches an sich, wenn man von der schwärzlichen Körperoberseite und den Vampir-artigen Flügeln, also den Flossen absieht. Diese sanften Giganten der Meere können eine Spannweite von bis zu sieben Metern erreichen (das gilt für die Riesenmantas, während die Riffmantas bis zu 5,5 Meter breit werden) und sehen aus wie fliegende Teppiche, wenn sie elegant durch das Meer schweben und tanzen. Im Spanischen heißt *la manta* übrigens »die (Schlaf)Decke«. Der Name Mantarochen leitet sich aus dem ursprünglichen wissenschaftlichen Gattungsnamen *Manta* ab, da man bis vor einiger Zeit der Meinung war, dass es sich bei Mantarochen und Mobula-Rochen um zwei verschiedene Gattungen handelte. Nach genetischen Untersuchungen hat man aber festgestellt, dass es sich nur um eine einzige handelt, und die Gattung *Manta* der Gattung *Mobula* zugeordnet. Deswegen wurde aus *Manta alfredi* nun *Mobula alfredi* – gleiches gilt für den Riesenmanta.

Zurück zu unseren Beobachtungen an der Putzerstation. Mantarochen sind sehr auf ihre Körperhygiene bedacht und verbringen oft mehrere Stunden an den Stationen, um sich gründlich säubern zu lassen. Kommt ein Manta auf Sie zu, werfen Sie einen Blick auf die weiße Bauchseite des Tieres. Ihnen wird ein Muster aus Flecken auffallen, das sich so bei keinem der anderen Mantarochen wiederholt (siehe Foto Seite 20 oben). Dieses Fleckenmuster dient – ähnlich wie beim Walhai – in der Forschung als Identifikationsmerkmal für einzelne Individuen, denn es ist so individuell wie der menschliche Fingerabdruck. Identifiziert man das Muster mithilfe von Bildern und einem Spezialprogramm auf dem Computer, kann man dem Tier auf diese Weise eine ID zuordnen und seine Migrationsrouten verfolgen, wenn weitere Sichtungen des Tieres mitgeteilt werden. Obwohl dem ein oder anderen Wasserenthusiasten beim Anblick eines mehrere Meter großen Mantas vielleicht etwas mulmig werden mag, kann ich Sie beruhigen. Mantarochen sind friedliche Zeitgenossen, und die einzigen Lebewesen, die sich vor Mantas fürchten müssen, sind kleine Fische und Plankton. Mantarochen filtrieren mit ihrem endständigen, großen Maul Plankton aus dem Wasser. Dabei entfalten sie ihre »Teufelshörner«, und die Kopfflossen bilden einen Trichter, der das planktonhaltige Wasser zu ihrem Schlund hin kanalisiert. Mantarochen besitzen einen Schwanz, dem jedoch der giftige Stachel fehlt, ganz im Unterschied zu ihren Verwandten, den Stachelrochen. Sie gehören, wie die Haie, zu den Knorpelfischen und sind mit diesen verwandt.

Wer diesen majestätischen Flugteppichen unter Wasser begegnet, sollte auf jeden Fall ein paar Verhaltensregeln beachten, damit das Vergnügen, mit diesen Riesen zu schwimmen, etwas länger anhält. Um die Tiere nicht unter Stress zu setzen, sollte man auf jeden Fall mindestens zwei Meter Abstand halten und sich den Tieren nur seitlich nähern, da diese sich möglicherweise erschrecken, wenn man von vorn oder hinten an sie heranschwimmt. Das Anfassen sollte man, wie bei allen anderen wilden Tieren, definitiv unterlassen. Außerdem sollte man sich über die jeweiligen Tauch- oder Schnorchelsafarianbieter im Vorfeld genau informieren und nur diese auswählen, bei denen das Tierwohl an erster Stelle steht und nicht der Kick der zahlenden Gäste. Zu oft sieht man leider Tauchguides oder andere Tourguides, denen die Unterwasserbenimmregeln völlig egal sind und die ihre Gäste alles machen lassen, was diesen einfällt und was Mantas, Walhaie und Schildkröten völlig gestresst abtauchen lässt. Und gegen solche Beschwerden sind dann selbst die in der Heilkunst bewanderten Putzerfische und -garnelen machtlos.

Unterwasserapotheke

Korallenriffe sind nicht nur beliebte Standplätze für fischige Wellness- und Krankenstationen. Sie sind zugleich eine unerschöpfliche Quelle für Arzneien, die uns Menschen nutzen. Man findet dort pharmazeutisch aktive Substanzen gegen Krankheiten wie Krebs, HIV und Arthritis. Natürlich liegen die direkt einsatzbereiten Medikamente nicht einfach im Riff herum, aber marine Organismen sind eine reiche Fundgrube an bioaktiven Substanzen, welche potenziell für neue Pharmazeutika genutzt werden können.

Seescheiden, Krustenanemonen, Schwämme, Schnecken oder Korallen produzieren zahlreiche Gifte, um Beute zu paralysieren oder um sich zu verteidigen. Insbesondere Schwämme gelten als sehr erfolgversprechende Lieferanten für medizinisch relevante Wirkstoffe. Um möglichen Fragen vorzugreifen: Ja, **Schwämme** sind tatsächlich Tiere, wenngleich sie im Gegensatz zu Säugetieren nicht sehr komplex aufgebaut sind. Sie gehören zum Stamm der Porifera (= Porenträger) und sind vielzellige Tiere, die keine echten Gewebe ausbilden. Im Wesentlichen bestehen sie aus zwei Zellschichten, welche durch eine dickere, gelatinöse Matrix (Mesohyl) getrennt werden. Form, Farbe und Größe der Schwämme sind sehr variabel und zumeist abhängig von Ernährung und Lebensraum. Sie können sich sowohl als dünne Krusten auf Substrate legen als auch als Röhren, Trichter oder Schläuche in die Höhe und Breite wachsen als auch baum- und strauchartige Strukturen bilden. Auffallend ist die oft sehr kräftige Farbgebung – sie leuchten knallgelb, erstrahlen in sattem

Rot, erscheinen geisterhaft weiß oder sorgen für knallig orange Farbtupfer im Riff. Bezeichnend für Schwämme ist das Fehlen jeglicher Organe und eines Nervensystems. Sie besitzen viele Poren, die der Nahrungsaufnahme dienen und in denen das Wasser ein- und ausgestrudelt wird. Die meisten Schwämme sind Filtrierer; die eingetrudelten Nahrungspartikel werden mittels Phagozytose aufgenommen und verdaut. Die Mehrzahl der Schwammarten bilden mineralische Skelettelemente aus, die sowohl als Stützelemente als auch zum Schutz dienen. Diese sogenannten Spicula bestehen aus Calciumcarbonat oder Silikat und sind in das Schwammgewebe eingelagert. Dem Naturschwamm in Ihrem Badezimmer hingegen fehlen diese mineralischen Einlagerungen, sein Gewebe wird durch weiche Proteinfasern aus Spongin gestützt.

Schwämme gibt es vom Flachwasser bis in die Tiefsee. Als sessile, d.h. »festsitzende« Organismen sind sie den Angriffen ihrer Fressfeinde ausgesetzt, ohne den Standort wechseln zu können. Daher mussten sie sich im Laufe der Evolution wirkungsvolle Verteidigungsstrategien ausdenken, um ihr Überleben zu sichern und nicht als Snack in den Mägen von Fischen und Nacktkiemerschnecken (siehe Foto Seite 11 unten) zu landen. Zeit dafür hatten sie genug, denn es gibt sie schon seit über 600 Millionen Jahren, und damit sind sie um einiges älter als Dinosaurier und andere Urzeittiere! Zwar sieht ein Schwamm nicht besonders gefährlich aus – man denke nur an SpongeBob oder einen Duschschwamm im Badezimmer. Nichtsdestotrotz sind diese Tiere oftmals bis an die (nicht vorhandenen) Zähne bewaffnet: mit bioaktiven Substanzen, die häufig eine antibiotische oder fungizide Wirkung haben, also Bakterien und Pilze abtöten, sowie weiteren Abwehrmechanismen. Genau solche Abwehrstoffe sind es, welche diese Organismen für die pharmazeutische Forschung so interessant machen! In den 1950er-Jahren wurden erstmals antivirale und antileukämische, d.h. gegen Viren und Blutkrebs wirkende Nucleotide in Schwämmen entdeckt – eine Hoffnung im Kampf gegen Krebs. Seitdem werden jährlich um die 800 weitere Subtanzen in marinen Organismen entdeckt, die Hälfte davon in Schwämmen. Tumorwachstums- und entzündungshemmende, antivirale, fungizide und bakterizide Wirkungen machen die Tiere zu begehrten Lieferanten. Da aber die Entwicklung neuer Medikamente ein zeit- und kostenintensiver Prozess ist und man Schwämme nicht in den benötigten Massen aus dem Meer entfernen kann, ohne Ökosystem und Bestand zu gefährden, versucht man sich an der Nachzucht der Tiere. Außerdem wird an der synthetischen Herstellung dieser Substanzen gearbeitet. Von über 10 000 untersuchten Substanzen aus marinen Organismen landet im Schnitt nur eine einzige auf dem Markt.

Auch die Toxine anderer Riffbewohner sind von großem Interesse. Die Gifte von **Kegelschnecken**, Conotoxine, sind Nervengifte und dienen dem Beutefang. Da diese schleimigen Meeresbewohner nur sehr langsam unterwegs sind, hat sich Mutter Natur eine wirkungsvolle Jagdstrategie für sie ausgedacht. Die Kegelschnecken (Conidae) leben in tropischen und subtropischen Meeren und ernähren sich von Fischen, Würmern und anderen Weichtieren. Mittels ihrer zu einer Harpune umgewandelten Raspelzunge, die bis zu einem Zentimeter lang sein kann, schießen sie das Gift in ihre nah vorbeischwimmende

Beute, die daraufhin binnen Sekunden gelähmt oder getötet wird. Für Menschen können die Toxine der fischfressenden *Conus*-Arten durchaus gefährlich werden, da die Gifte sehr schnell wirken müssen, um einen schnell schwimmenden Fisch auf der Stelle zu töten. Kommt der Mensch in Kontakt mit diesen Nervengiften, kann dies im ungünstigsten Fall zum Tod führen. Aber diese Fälle sind höchst selten, und die Tiere attackieren Menschen nicht ohne Grund. Wegen der oftmals sehr schönen Musterung ihrer Schalen sind die Schnecken leider beliebte Urlaubssouvenirs. Sammelt man sie ein oder tritt aus Versehen auf sie, können sie sich bedroht fühlen und sich mithilfe ihrer Waffe zur Wehr setzen. Diese Giftigkeit traut man diesen kleinen Meeresbewohnern gar nicht zu. Während meiner Zeit auf den Malediven kam eines Tages ein stolzer Schnorchler zu mir, zeigte mir ein Foto und fragte mich, um was für ein schönes Tier es sich dabei handele. Auf dem Foto war eine hübsch gemusterte Kegelschnecke zu sehen, die gemütlich und sehr lebendig auf seiner Hand saß. Ich war, um ehrlich zu sein, sprachlos ob der aus Unwissenheit geborenen Unvorsichtigkeit dieses Gastes. Als ich ihm sagte, dass er Glück gehabt habe, dass dieses Tier sich nicht aus Angst zu Wehr gesetzt und ihn harpuniert hätte, wurde er sehr blass um die Nase. Noch blasser wurde er, als ich ihm von den wahnsinnig spannenden und sehr effektiven Giften der Schnecken erzählte. Deswegen meine Bitte an alle: nicht immer alles anfassen! Anschauen reicht auch – ansonsten ist das Geschrei nachher groß.

Aber nun zur heilsamen Wirkung der Conotoxine. Das Schmerzmittel Ziconotid, welches zur Behandlung starker chronischer Schmerzen eingesetzt wird, ist ein synthetisch hergestellter Wirkstoff des ursprünglich aus der Kegelschnecke *Conus magus* isolierten Omega-Conotoxins. Ziconotid war das allererste Medikament aus marinen Organismen, das 2004 erstmals in Amerika (unter dem Namen Prialt) zugelassen wurde; 2005 folgte die Zulassung auf dem europäischen Markt.

Eine Substanz, die aus einer anderen Meeresschnecke gewonnen wurde und heute ebenfalls synthetisch hergestellt wird, ist Dolastatin-10. Dieses tumorhemmende Medikament wurde aus Extrakten des **Seehasens** *Dolabella auricularia* gewonnen, der im Indischen Ozean und im Nordwestpazifik heimisch ist. Schon 1972 wurden antineoplastische, also das Geschwulstwachstum hemmende Eigenschaften für Dolastatin-10 beschrieben. Später stellte man fest, dass die bioaktive Substanz nicht vom Seehasen selbst, sondern von Cyanobakterien stammt, die dieser mit der Nahrung aufnimmt. Es ist schon erstaunlich, dass man aus einem Bakterium, welches von einer Schnecke mit der Nahrung aufgenommen wird, ein Medikament im Labor entwickelt, das in Studien erfolgreich gegen Gehirn-, Nieren- und Dickdarmtumorzellen wirkt! Das geht natürlich nicht von heute auf morgen, und tatsächlich dauerte es fast 40 Jahre von der Entdeckung bis hin zur chemischen Synthese dieses Wirkstoffs.

Eine weitere Substanz, welche ebenfalls antikarzinogene Eigenschaften aufweist und zur Bekämpfung von Krebstumoren dient, wird aus einer **Seescheide** gewonnen. Diese sessilen Manteltiere sehen auf den ersten Blick zwar aus wie Schwämme, sind aber näher mit uns Menschen verwandt, denn sie gehören – wie wir – zu den Chordatieren. Eine Chorda ist eine stabförmige Stütze im

Rücken, um die sich bei den Wirbeltieren im Laufe der Evolution die Wirbelsäule gebildet hat. Aus diesen in der Karibik vorkommenden Tieren, genauer aus der *Ecteinascidia turbinata,* wird die Antitumorsubstanz Trabectedin oder ET-743 gewonnen. Das Medikament wird in der Chemotherapie zur Behandlung von fortgeschrittenen Weichteilsarkomen und Eierstockkrebs eingesetzt.

Bakterien, aus denen bioaktive Substanzen gewonnen werden, findet man nicht nur in Tieren, die in Korallenriffen leben, sondern auch auf Riffsedimenten. Aus diesen Bakterien wurden schon Enzyme gewonnen, welche in der Krebstherapie eingesetzt werden können. Eine dieser gewonnenen Substanzen ist Curacin A. Curacin A wird aus dem Cyanobakterium *Lyngbya majuscula* gewonnen und erweist sich in Laborversuchen als wirksam gegen das Wachstum von Nieren-, Dickdarm- und Brustkrebszellen. Das Curacin-A-Toxin erfüllt im Bakterium *Lyngbya majuscula* wahrscheinlich eine Abwehrfunktion gegen Fressfeinde. **Cyanobakterien** gehören zu den ältesten Organismen auf unserem Planeten, und wir haben ihnen eine Menge zu verdanken, da sie vor ca. 2,5 Milliarden Jahren anfingen, den für uns lebensnotwendigen Sauerstoff zu produzieren. Dieser war, wie wir alle wissen, der Grundstein für die Entstehung weiterer und wesentlich komplexerer Lebewesen.

Marine Organismen sind also eine reiche Fundgrube an Wirkstoffen für uns Menschen, deren Möglichkeiten wir erst langsam erschließen. Ein weiterer Grund dafür, warum es in unserem ureigensten Interesse liegen sollte, diesen Reichtum nachhaltig zu schützen und nicht wie Parasiten nur auf das eigene Wohl bedacht zu sein.

Symbiose, Parasitismus und andere Wechselbeziehungen

Bei den Putzerfischen haben wir bereits gesehen, dass im Meer oft eine Flosse die andere wäscht. Dort haben beide – Putzerfisch wie Kunde – von diesem Zusammenspiel Vorteile. Wie bereits erwähnt, könnte man dies im deutschsprachigen Raum schlicht eine Symbiose nennen. International jedoch bezeichnet eine Symbiose jegliches Zusammenleben von Organismen unterschiedlicher Art. Das schließt den Parasitismus mit ein sowie den Kommensalismus, den Mutualismus und den Neutralismus. Parasitismus ist den meisten wahrscheinlich ein Begriff. Man versteht darunter das Zusammenleben von zwei artverschiedenen Organismen, von denen die eine Art profitiert und die andere Schaden nimmt. Beim Kommensalismus profitiert die eine Art, während die andere keinen Schaden nimmt, aber auch nicht von der Beziehung profitiert. Profitieren beide Arten von der Wechselbeziehung, spricht man von Mutualismus. Sind die Wechselbeziehungen zwischen den Arten neutral, wird es Neutralismus genannt. So weit die Theorie. Im wirklichen Leben ist es – wie immer – nicht so einfach, denn oftmals ist nicht ersichtlich, welche Art des Zusammenlebens beide Organismen entwickelt haben, da es viele Abstufungen und Übergänge in den Wechselbeziehungen gibt. Also ganz ähnlich wie bei unseren zwischenmenschlichen Beziehungen.

Die Beziehung zwischen Eingeweidefischen (Carapidae) und Seewalzen (auch Seegurken genannt) ist von sehr einseitiger Natur, ein klassischer Fall von **Parasitismus**.

Eine Seegurke gehört zu den Stachelhäutern (Echinodermata) und erinnert in ihrer äußeren Form an einen auf dem Meeresgrund spazierenden Darm – und so ähnlich funktioniert sie auch (siehe Foto Seite 16). Vorne nimmt sie Nahrung auf, die hinten wieder ausgeschieden wird. Zwischen Schlund und Kloake erstreckt sich ihr Körper, den sie zur Fortbewegung kontrahiert, also streckt und zusammenzieht. Den meisten von uns mag sich die Schönheit der Seegurken vielleicht nicht auf den ersten und nicht einmal auf den zweiten Blick erschließen, aber es gibt Fische, denen Äußerlichkeiten egal sind und für die nur das Innere zählt. Im Falle dieser Beziehung ist das wörtlich gemeint, da manche Arten der Gattung *Encheliophis* – im englischen poetisch als *pearlfish* bezeichnet, im Deutschen prosaisch als **Eingeweidefische** – sich in den Schutz der unglücklichen Seegurke zurückziehen. Genaugenommen in ihren Rektalbereich. Dort ist es sicher und offenbar so gemütlich, dass sich die länglich aussehenden, transparenten und bis zu 35 Zentimeter langen, an Aale erinnernden Fische manchmal sogar zu zweit niederlassen. Zum Leidwesen der Seegurke ernähren sie sich von den inneren Organen, den Geschlechtsdrüsen (Gonaden), ihrer Wirte. Diese Beziehung ist klassisch parasitär: Während ein Organismus profitiert, hat der andere von der Beziehung nur Nachteile.

Ebenfalls von einseitigem Nutzen, doch ohne dass der andere Part Schaden nimmt, ist das Zusammenleben von Schiffshaltern (Echeneidae) und ihren Wirten – ein Paradebeispiel für **Kommensalismus**. Ihren Namen verdanken die **Schiffshalter** der Tatsache, dass sie sich manchmal (wer hätte das vermutet) an Schiffsrümpfe ansaugen.

Meistens aber findet man diese seltsam aussehenden Fische angedockt an Mantarochen, Haien, Meeresschildkröten und Meeressäugern. Statt einer Rückenflosse besitzen die Fische eine Saugplatte, die ihren Kopf abgeplattet erscheinen lässt. Mithilfe dieser Saugvorrichtung erzeugen sie einen Unterdruck und heften sich an ihre Transporteure an. So festgesaugt, lassen sie sich von A nach B ziehen, oft kopfüber. Die Fische könnten zwar auch ohne Wirt auskommen, aber so ein Wassertaxi ist für sie natürlich vorteilhaft, weil sie sich selber nicht bewegen müssen und wertvolle Energie sparen. Außerdem verspricht das Zusammenleben mit den größeren Transporteuren Schutz vor Fressfeinden. Und nicht zuletzt fällt sogar Futter dabei ab, denn nimmt ihr Wirt eine Mahlzeit ein, zweigen die Schiffshalter einen Happen für sich selber ab. Außerdem reinigen manche Schiffshalter ihre Wirte von Ektoparasiten – ebenfalls eine kleine Zwischenmahlzeit und die einzige leise Andeutung eines Nutzens für den Wirt, der abgesehen von solch einer gelegentlichen Reinigung kaum bis gar nicht von seinen anhänglichen Mitbewohnern profitiert.

Unter Meeresbewohnern gibt es eine Vielzahl von teils skurrilen Interaktionen. Eines der wohl bekanntesten Beispiele für **Mutualismus** ist das Zusammenleben von **Seeanemonen** und Anemonenfischen *(Amphiprion)*, auch Clownfische genannt. Die wunderschön anzuschauenden, bunten und in den Tropen vorkommenden Anemonenfische sind leider schlechte Schwimmer und dementsprechend leichte Beute für Raubfische. Um nicht als nächste Mahlzeit im Bauch eines hungrigen Fisches zu landen, haben sie eine interessante Überlebensstrategie entwickelt: Sie wohnen zwischen den giftigen Tentakeln von Seeanemonen. Diese gehören zu den Nesseltieren und sind verwandt mit Korallen und Quallen. Das Erstaunliche an dieser Wohngemeinschaft ist die Tatsache, dass es den Clownfischen nichts auszumachen scheint, sich in die nesselnden Tentakel der Anemone zurückzuziehen, während andere Fische diese tunlichst meiden. Der Trick der Clownfische besteht darin, dass sie sich schon als Jungtiere gegen das Anemonengift immunisieren, indem sie sich wiederholt mit ihrem Körper an den stechenden Tentakeln der Anemone reiben. Nach und nach bauen sie einen Schutzpanzer aus Schleim auf, der sie vor den nesselnden Kapseln schützt. Und was hat die Anemone davon? Nun, sie profitiert ebenfalls, denn ihre Mitbewohner schützen sie vor Fressfeinden. Anemonenfische treten sehr bestimmt auf, um die Feinde ihrer Wirte zu verscheuchen, und schrecken auch nicht vor großen Gegnern wie Meeresschildkröten und Tauchern zurück.

Andere Mitbewohner von Anemonen besitzen Scheren und einen kräftigen Panzer. Garnelen und einige Krebsarten leben, wie die Clownfische, im Schutz der Anemonententakel. Die Yukatan-Partnergarnele *(Periclimenes yucatanius)* aus der Karibik bietet ihre Reinigungsdienste aus dem Schutz ihrer Wirtsanemone heraus an. Indem sie ihren Körper wild hin und her schwingt und mit ihren langen, weißen Antennen winkt, macht sie vorbeiziehende Fische auf ihre Putzerstation aufmerksam. Ist ein Fisch interessiert, bleibt er vor der Anemone stehen, und die Putzergarnele kommt aus ihrer Deckung, um Parasiten und abgestorbene Hautpartikel des Kunden zu entfernen.

Nicht alle Garnelen leben in Symbiose mit Anemonen. Es gibt auch Scherenträger, die sich mit Fischen zusammengetan haben. Manche Knall- oder Pistolenkrebse *(Alpheus sp.)* machen gemeinsame Sache mit **Grundeln** (Gobiidae). Sollten Sie das nächste Mal tauchen gehen, halten Sie Ausschau nach kleinen Fischen, die vor einem Loch auf dem sandigen Grund liegen. Die kleinen Fische, Wächter- oder Partnergrundeln genannt, ruhen sich dort nicht etwa aus, sondern sie halten Wache. Ganz wie ein aufmerksamer Hofhund schauen sie aus nach möglichen Fressfeinden – nicht nur für sich selbst, sondern auch für den Architekten der Höhle, welche die Grundel bewacht. Der Erbauer dieser Höhle ist der sehr emsige Pistolenkrebs, welcher unaufhörlich an seiner Behausung arbeitet und Sand durch die Stollen nach draußen transportiert. Im Eingangsbereich seiner Höhle entlädt er seine sandige Fracht, während er mit seiner Wächtergrundel über seine Antennen Kontakt hält. Sobald sich eine potenzielle Gefahr der Höhle nähert, verschwinden beide blitzschnell in den Schutz des Höhlensystems. Dieses Zusammenleben hat den Vorteil, dass die Grundel einen Rückzugs- und Fluchtort hat und der Pistolenkrebs eine hauseigene Alarmanlage.

Apropos Rückzugsort, Schrebergärten haben ja mittlerweile etwas von ihrem Gartenzwergcharme verloren, und es zieht immer mehr jüngere Großstädter zurück in die Natur, wo sie ihr eigenes Obst und Gemüse anbauen können. Unseren Cousins unter Wasser geht es ähnlich, denn einige von ihnen legen in einem Riff, in welchem es mindestens so geschäftig zugeht wie in einer Großstadt, ihren eigenen Garten an. So kultivieren manche Arten von Riffbarschen eine bestimmte Fadenalgenart. Der Grund dafür liegt in ihrem Verdauungssystem. Riffbarsche können die Zellulosefasern vieler Algenarten nicht zermahlen und verdauen, die Fadenalgen jedoch schon. Die am häufigsten angepflanzten Algen sind Fadenalgen der Gattung *Polysiphoni,* welche allerdings auch gerne von anderen Fischen gefressen und von anderen Algenarten leicht verdrängt werden. Um ihre Vorräte nicht zu verlieren, kümmern sich die Riffbarsche daher intensiv um Pflege und Schutz ihrer Gärten. Kommt man ihrem Garten als tauchender Mensch zu nahe, bauen sich die nur wenige Zentimeter großen Fische drohend vor einem auf und versuchen einen knurrend zu verscheuchen. Dabei sind die kleinen Gärtner, welche weltweit in tropischen und subtropischen Gewässern des atlantischen und des indopazifischen Ozeans vorkommen, nicht zimperlich und können mitunter richtig aggressiv werden. Der Riffbarsch *Stegastes nigricans,* auch Farmerfisch oder Schwarzer Georg genannt, lebt in tropischen Riffen, wo er regelrechte Monokulturen von seinen bevorzugten Algen anlegt, aus denen er gewissenhaft anderes Grünzeug entfernt. Fresskonkurrenten wie die herbivoren Doktorfische verjagt er rigoros von seinem Grund und Boden. Verirren sich algenfressende Schnecken und andere Wirbellose in sein Gebiet, nimmt er diese kurzerhand ins Maul und lässt sie weit außerhalb des Feldes fallen. So profitieren sowohl die gezüchteten Fadenalgen als auch die gärtnernden Riffbarsche von dem Zusammenleben: Die Algen wachsen ungestört und vermehren sich, die Riffbarsche ebenfalls.

Doch so friedlich diese mutualistische Gärtnerei auch

anmuten mag – für andere Lebewesen birgt sie durchaus Schattenseiten. Denn um einen geschützten Algengarten im Riff anzulegen, müssen die kleinen Barsche zuvor beste Bedingungen schaffen. Das erreichen sie, indem sie mit kleinen Bissen das Gewebe der Korallenpolypen Stück für Stück entfernen. Auf der so frei gewordenen Fläche siedeln sich dann die erwünschten Algen an. Die emsigen kleinen Gärtner können auf diese Weise mit der Zeit eine ganze Korallenkolonie abtöten – es herrscht ein stetiges Fressen und Gefressenwerden.

Kampfzone Korallenriff

Wenn man durch ein Riff schnorchelt, mag es einem auf den ersten Blick friedlich erscheinen im Vergleich zur hektischen Überwasserwelt. Bunte Korallen und noch buntere Schwämme protzen mit ihren Farben, Algen wiegen sich hypnotisch in der leichten Strömung hin und her, bunte Fischschwärme ziehen an einem vorbei, hie und da entdeckt man eine schlafende Meeresschildkröte (siehe Foto Seite 6 oben) unter einer Tischkoralle und einen kleinen Fischschwanz, der aus einer Spalte im Riff lugt, in die sich der Fisch zum Schlafen zurückgezogen hat. Doch der friedliche Anblick täuscht. In Wirklichkeit befindet man sich mitten in einem Kriegsgebiet, in dem mit perfiden Mitteln Gegner ausgeschaltet werden. Es geht um nichts anderes als um Fressen und Gefressenwerden, und wenn der aufmerksame Betrachter Glück hat, kann er taktische Kriegsführung live erleben. Auf den Malediven konnte ich bei Schnorchelexkursionen einige spannende

Jagdszenen beobachten. Oft kam es vor, dass Schwärme von Rifffischen in unsere Richtung geschossen kamen, um dann unter uns zu stoppen und zu verweilen. Für mich waren das immer besondere Momente, da die Fische uns natürlich nicht zum Spaß besuchten, sondern bei uns Schutz vor ihren Räubern wie Haien, Makrelen und Thunfischen fanden. Je windiger und welliger es über Wasser zuging, desto spannender war es unter Wasser, da das Leben dort oftmals nur so tobte. Die Chance war dann relativ groß, auf ein oder zwei Mantarochen zu treffen, die mit weit aufgerissenem Maul nach Plankton fischten. Manchmal konnte man Thunfische beobachten, die wie silbrige Torpedos durch das Wasser schossen auf der Jagd nach der nächsten Mahlzeit. Das Vergnügen, bei rauem Wetter zu schnorcheln, hatte ich jedoch nicht so häufig, da wir die Exkursionen mit Blick auf die Sicherheit der Gäste abbrechen oder ganz absagen mussten. An meinen freien Tagen konnte ich in Ruhe tauchen und mich ganz meinen Entdeckungen unter Wasser widmen. Wenn ich Glück hatte und den Meeresgrund aufmerksam absuchte, wurde ich mit einem ganz speziellen Tier belohnt, das in vielerlei Hinsicht ein Rekordhalter ist. Es handelt sich dabei um den ungeschlagenen Unterwasser-Boxchampion, der seine Beute mit einem Schlag ausknockt.

Der **Clown-Fangschreckenkrebs** *Odontodactylus scyllarus* (siehe Foto Seite 5 unten) ist der Weltmeister unter den Boxern, denn sein K.-o.-Schlag ist der schnellste der Welt! Mit der Kraft und Schnelligkeit einer 22-kalibrigen Schusswaffe gehört die Vorwärtsbewegung seiner Keulen (in der Fachsprache *Dactylus* genannt), welche sich aus dem zweiten Beinpaar entwickelt haben, zu den schnellsten Bewegungen im Tierreich überhaupt und schickt jede Beute auf die Bretter. Innerhalb von nur 2,7 Millisekunden beschleunigen die Keulen auf eine Geschwindigkeit von 23 Metern pro Sekunde (zum Vergleich: Ein menschlicher Wimpernschlag dauert etwa 100 bis 150 Millisekunden und damit 40 Mal länger) – das entspricht einer Geschwindigkeit von 82,8 Kilometern pro Stunde! Die Bewegung ist so schnell, dass sie mit dem menschlichen Auge nicht wahrnehmbar ist. Seinen Namen verdankt der Fangschreckenkrebs übrigens seiner Ähnlichkeit mit den an Land lebenden Fangschrecken, zu denen die Gottesanbeterinnen gehören. Diese jagen ihre Beute, indem sie ihre zusammengeklappten Vorderbeine blitzartig nach vorne schießen lassen und die Beute in einen Klammergriff nehmen. Im Gegensatz zu den Fängen der Gottesanbeterin wird der Dactylus von starken, kontrahierenden Muskeln und einer Art Klickmechanismus am Körper arretiert. Die so gespeicherte Energie wird dann bei einem Schlag, ähnlich wie bei einer Spannfeder, freigesetzt. Hartschalige Beute wie zum Beispiel ein Krebs wird durch solch einen Schlag ohnmächtig geschmettert und ihre Schale gesprengt. Doch damit nicht genug. Bei der schnellen Bewegung entstehen zwischen der Keule und der getroffenen Beute Blasen aus Wasserdampf, hervorgerufen durch einen großen Druckunterschied. Diese implodieren und setzen dabei Energie in Form von Wärme, Lichtblitzen und einem lauten Knall frei. Die so generierte Schockwelle ist noch einmal mindestens halb so stark wie der eigentliche Hieb mit der Keule, ja, sie kann diesen sogar an Kraft übertreffen. Sollte also der Hieb nicht ausreichen, um die Beute zu sedieren oder zu töten, ist die Kombination aus Schlag und Kavitation (so nennt man das Zusammenfallen der Dampfblasen) ganz sicher erfolgreich. Diese Art der Beutejagd bezeichnet man als »keulen« oder »schmettern«.

Einige Arten unter den Fangschreckenkrebsen haben eine etwas andere Jagdmethode entwickelt. Ihr zweites Beinpaar hat keine Keulen ausgebildet, sondern ihr Fangwerkzeug ist mit Dornen besetzt. Anstatt ihre Beute zu erschlagen, schießen ihre Fangarme wie bei den »Schmetterern« hervor, spießen diese aber auf. Man zählt diese Arten zu den sogenannten »Speerern«.

Einen Fangschreckenkrebs bei einem Tauchgang zu finden ist ein besonderes Erlebnis, da die Tiere nicht einfach zu finden sind. Sie graben sich ihre Behausungen in losem Substrat nahe von Korallenblöcken und sind oftmals nur bei zweimaligem Hinsehen sichtbar. Entdeckt man ein Exemplar, wird man mit einer wahren Farbexplosion belohnt, neben der jeder Clown zu Karneval farblos erscheint. Ihr lang gestreckter Körper hat eine grünliche bis oliv-braune Grundfarbe und ist vorne gesprenkelt wie ein Leopardenfell. Er endet in einem kräftigen Schwanzfächer, der der ruckartig schwimmenden Fortbewegung dient. Das erste Beinpaar vorne ist grün-gelblich, am Kopf mit Bürsten besetzt und dient als Putzorgan. Dahinter folgen die Fangorgane – die Keulen bzw. Speere – sowie drei weitere Fangarme. Zwischen Schwanzfächer und Fangarmen befinden sich noch drei Paar Schreitbeine und fünf Paar Schwimmbeine, alle orangerot mit lila Elementen, während die Stielaugen der Krebse oft bläulich schimmern. Da diese Tiere eine große Farbpalette aufweisen, ist es nicht einfach, sie richtig zu beschreiben. Vielleicht fällt es uns aber auch deswegen so schwer, weil unsere Augen im Vergleich zu denen der Fangschreckenkrebse regelrecht primitiv aufgebaut sind. Diese Tiere sind nämlich nicht nur Boxweltmeister, sie haben auch Superaugen! Mit ihren zwölf (!) Farb- bzw. Fotorezeptoren können die Tiere bis zu 100 000 Farben und sogar polarisiertes und ultraviolettes Licht wahrnehmen. Ihre auf Stielen sitzenden Komplexaugen, die voneinander unabhängig beweglich sind, weisen die größte Anzahl an Fotorezeptoren im gesamten Tierreich auf! Während wir Menschen mit nur drei Fotorezeptoren, den Zapfen (blau, grün und rot), klarkommen müssen, können Fangschreckenkrebse Farben wahrnehmen, neben denen die wildesten LSD-Trips verblassen. Diese enorme Farbwahrnehmung dient wahrscheinlich der internen zwischenkrebslichen Kommunikation, da die Krebse mit fluoreszierendem und polarisiertem Licht zum Beispiel die Bereitschaft zur Paarung oder Drohungen gegenüber Artgenossen austauschen. Die Augen der meisten Fangschreckenkrebse sind zudem in drei Abschnitte geteilt, die ihnen ein separates räumliches Sehen in alle Richtungen mit jedem Auge ermöglichen. Auch anhand der Augen kann man Schmetterer und Speerer voneinander unterscheiden: Die Augen der Keulenträger sind rund, die der Speerer sind länglich und nierenförmig. Schauen Sie einem der Krebse also tief in die Augen, falls Sie wissen möchten, ob er Sie boxt oder sticht, wenn Sie ihn ärgern.

Einen anderen sehr farbenprächtigen Zeitgenossen habe ich während meiner Zeit als Tauchguide in Ägypten besonders schätzen gelernt, da er sich immer so geduldig fotografieren ließ. Der Panther-Forellenbarsch, auch

Rotmeer-Forellenbarsch *(Plectropomus pessuliferus ssp. marisrubi)* genannt, ist ein Bewohner der Korallenriffe und Lagunen im Indopazifik. Er hat einen rötlichen, manchmal lilafarbenen oder bläulichen Körper, der mit blauen Punkten und Flecken gesprenkelt ist. Von Kopf bis Rücken verlaufen mehrere vertikale dunkle Bänder, die eher an einen Tiger als an einen Panther erinnern. Der sehr fotogene und bis zu 120 Zentimeter große Zackenbarsch ist nicht nur ein beliebtes Motiv für Unterwasserfotografen, er hat auch eine besondere Strategie der Jagd entwickelt, welche in den Korallenriffen des Roten Meeres beobachtet wurde: Er bildet zusammen mit einem anderen gefürchteten Jäger, der Riesenmuräne *(Gymnothorax javanicus)*, eine Jagdgemeinschaft. Die Riesenmuräne kann bis zu drei Meter lang und stolze 30 Kilogramm schwer werden. Der nachtaktive Fisch kann sich mit seinem langen und biegsamen Körper in kleine Spalten im Riff zwängen, um dort nach Beute zu suchen, während der tagaktive Zackenbarsch im Freiwasser jagt. Die Jagdstrategien der beiden Räuber sind also sehr unterschiedlich. Während uns klar ist, dass wir Menschen unsere Kooperationspartner nach bestmöglicher Eignung für den Job auswählen, trauen wir diese Fähigkeit Fischen eher nicht zu. Und doch wurde genau dieses Verhalten bei Fischen beobachtet. Wenn der Zackenbarsch nicht an seine Beute kommt, weil diese im Riff Zuflucht gesucht hat, bittet er eine Riesenmuräne um Hilfe – nicht jede Muräne aus der Nachbarschaft, sondern nur die, die sich vorher schon als kooperativ erwiesen hat. Dazu schwimmt der Zackenbarsch vor das Versteck der Muräne und führt ein kleines Tänzchen auf, indem er mit seinem Körper hin und her wackelt.

Ist er erfolgreich und die Muräne gewillt, ihren Schlaf zu unterbrechen, kommt sie aus ihrer Deckung, und die beiden gehen zusammen auf die Jagd. Der Zackenbarsch zeigt dabei auf den in einer Riffspalte versteckten Fisch, indem er sich vertikal stellt und mit dem Kopf wackelt. Die Muräne tritt dann in Aktion und schlängelt sich in die Spalte. Erwischt sie die Beute, frisst sie diese auf. Schafft es der Fisch aber, ins Freiwasser zu entfliehen, schlägt der Zackenbarsch zu und sichert sich sein Essen. Diese Kooperation zwischen verschiedenen Arten ist bemerkenswert und wurde bisher von Fischen kaum beschrieben.

An einem sehr berühmten Tauchplatz in Dahab in Ägypten, dem Blue Hole, gab es einen Einstieg, an dem ich regelmäßig von einem Fisch begrüßt wurde. Als Tauchguide habe ich dort die tauchenden Gäste an einem wunderschön bewachsenen Riffhang vorbeigeführt. In ca. 20 Metern Tiefe schob sich meistens eine längliche kleine Gestalt ins Blickfeld, die sehr an einen schwimmenden Stock erinnerte. Wie aus dem Nichts schwamm ganz langsam und sehr nah an meinem Gesicht ein **Glatter Flötenfisch** *(Fistularia commersonii)* – meist direkt neben meiner Tauchermaske, sodass unsere Augen auf gleicher Höhe waren. Nachdem wir uns beide kurz gemustert hatten, konzentrierten wir uns wieder ganz auf das Wesentliche: ich aufs Tauchen und er aufs Jagen. Diese schwimmende Flöte nutzte mich nämlich jedes Mal als taktische Deckung, um aus ihrem »Versteck« plötzlich hervorzuschießen und kleine Fische und andere Beute in ihr längliches Maul einzusaugen. Ob es immer dasselbe Individuum war, darüber kann ich nur spekulieren, aber da es immer das gleiche Verhalten an den Tag gelegt hat, gehe ich davon aus, dass es immer derselbe Fisch war.

Andere erfolgreiche Jäger nötigen so manchem Betrachter entweder Begeisterungsschreie ab oder jagen einen Schauer über den Rücken: Riffhaie. Auf Kuramathi, einer maledivischen Insel, konnte ich **Schwarzspitzenriffhaie** *(Carcharhinus melanopterus)* (siehe Foto Seite 13) sogar vom Landungssteg und vom Ufer aus beobachten. Es gab nicht einen einzigen Tauchgang oder eine Schnorcheltour ohne diese wunderschönen Tiere. Nie zuvor und auch niemals danach habe ich so entspannte und neugierige Haie erlebt, die manchmal sogar bis auf wenige Zentimeter an einen heranschwammen, ohne Anzeichen von Aggression oder Angst zu zeigen. Nicht selten waren mehrere Tiere in der Nähe, und manchmal kam es sogar vor, dass bis zu 15 Tiere um mich herum schwammen. Die größten waren etwa 1,50 Meter lang, die kleinsten nur wenige Zentimeter. Dabei hielten sich die Jungtiere stets von den Älteren entfernt, um nicht doch von ihnen gefressen zu werden. Bei Strandspaziergängen konnte man deshalb quasi neben den kleinen Haien laufen, die sich im Flachwasser aufhielten und sich um ihre Angelegenheiten kümmerten; beim Schwimmen, Tauchen und Schnorcheln war man dann von ihren größeren Artgenossen umgeben. Ihren Namen verdanken die Haie übrigens ihrer ersten Rückenflosse, deren Spitze aussieht, als hätte man sie in einen Topf mit schwarzer Farbe getaucht (siehe Foto Seite 12 unten). Diese besagte Rückenflosse ragt auch öfters aus dem Wasser, da Schwarzspitzenriffhaie Flachwasser bevorzugen und nahe der Wasseroberfläche schwimmen. Die graue, manchmal ins Bräunliche gehende

Grundfärbung ihres Körpers lässt die Haie perfekt mit der Umgebung verschmelzen, ihr Bauch dagegen ist weiß. Diese exzellente Tarnung hat mir mehrere Fastherzinfarkte beschert, da die Tiere von einem Moment auf den anderen plötzlich neben mir schwammen. Es ist ein kaum zu beschreibendes Gefühl, wenn Haie einen mit ihren intelligenten Augen mustern, und ich hätte gerne gewusst, was in diesem Moment wohl durch ihre Köpfe ging. Wahrscheinlich haben sie sich die gleiche Frage gestellt. Die Begegnungen mit den Haien auf Kuramathi waren jedenfalls etwas ganz Besonderes, denn auf anderen Inseln waren die Haie eher schüchtern, hielten Abstand und schwammen weg, sobald man sich ihnen näherte. Während dieser Zeit konnte ich mehrmals beobachten, wie Gruppen von Schwarzspitzenriffhaien Schulen von Meeräschen im Flachwasser zusammentrieben, um sie dann zu fressen. Auch wurden die Haie immer dann sehr aktiv, wenn andere Fische mit dem massenhaften Ablaichen ihrer Eier und Spermien beschäftigt waren. Vom Geruch der Gameten wurden die Haie unwiderstehlich angezogen und machten sich zunutze, dass die Fische viel zu sehr mit der Fortpflanzung beschäftigt waren, als sich um ihre Fressfeinde zu kümmern. Wie alle Haie haben Schwarzspitzenriffhaie ein außergewöhnliches sensorisches System, das sie zu ausgezeichneten Jägern macht. Zum einen haben sie hoch entwickelte Augen, die es ihnen ermöglichen, Restlicht zu verstärken, sodass sie bei fast völliger Dunkelheit noch sehen können. Mit ihrem präzisen Geruchssinn können sie selbst kleinste Mengen Blut in einer Konzentration von 1:10 Milliarden im Wasser wittern. Zudem informiert ihr Seitenlinienorgan sie über kleinste

Druckunterschiede im Wasser – sie ertasten und hören quasi selbst kleinste Bewegungen. Auch schwache elektrische Felder wie den Herzschlag eines sich versteckenden Fisches werden mit einem darauf spezialisierten Organ, den Lorenzinischen Ampullen, wahrgenommen. Ausgestattet mit dieser geballten Ladung an Supersinnen, geben sie der Beute kaum eine Chance zu entrinnen.

Wenn einen nicht gerade ein Hai ablenkt, so fällt einem auf, dass es viele, ganz unterschiedliche Geräusche gibt. Hört man genau hin, wird man vielleicht knurpsende oder schabende Geräusche ausmachen. Oftmals sind es Fresslaute von **Papageifischen** (siehe Foto Seite 2 bis 3), die mit ihrem Papagei-ähnlichen Schnabel Algen von den Korallen abweiden, wobei manche Arten sich auch von den Korallenpolypen ernähren. Beim Abweiden hinterlassen sie in den Korallen typische Fraßspuren, da sie Teile des Kalkskelettes dabei mit aufnehmen. Mit dieser Ernährungsweise tragen sie nicht nur zur natürlichen Erosion der Riffe bei, sondern sind zugleich für die Sandproduktion der Strände mitverantwortlich. Wenn wir auf den Malediven an einem knallbunt aussehenden Schwarm von Papageifischen vorbei schnorchelten, kam es nicht gerade selten vor, dass wir durch die kleinen weiß-braunen Wolken ihrer Ausscheidungen schwammen. Den sich ekelnden Gästen musste ich dann erklären, dass sie ihren gesamten Urlaub lang über ebendiese Ausscheidungen liefen und sich für ihre Urlaubsfotos darin rekelten. Die weidenden Fische tragen zwar zur Erosion der Riffe bei, erfüllen aber eine wichtige Funktion: Sie unterstützen den Erhalt des natürlichen Gleichgewichts zwischen Korallen und Algen. Steigen allerdings die Populationszahlen von

Polypen fressenden Papageifischen, können die Korallen Schaden nehmen, und das natürliche Gleichgewicht wird gestört. Das passiert oftmals dann, wenn die natürlichen Fressfeinde der Papageifische, wie Haie und Muränen, aus dem Riff gefischt wurden. Dann kann es sein, dass die sich auf den toten Korallen ansiedelnden Algen überhandnehmen.

Ein anderer Räuber im Riff, der sich ebenfalls gerne von Korallenpolypen ernährt und ganze Riffe in kurzer Zeit kahlfressen kann, ist der **Dornenkronenseestern** *(Acanthaster planci)*. Sein Name kommt nicht von ungefähr, denn diese Seesternart erinnert mit ihrem roten Körper, der mit langen Giftstacheln besetzt ist, an die Dornenkrone Christi. Ein anderer passender Vergleich wäre der mit einer von Kinderhand gemalten Sonne, von der in alle Richtungen Strahlen, im Falle des Seesterns: Arme abgehen. Erwachsene Tiere erreichen eine stattliche Größe von bis zu 40 Zentimetern und haben sechs bis 23 stachelbewehrte Arme. Die Seesterne besiedeln die tropischen Riffe des Indopazifiks. Einzeln sind diese Tiere wunderschön anzuschauen, kommen sie aber in großen Gruppen in einem Riff vor, können sie Schäden anrichten, von denen sich die Korallen nur schwer erholen. Auch hier ist das massenhafte Auftreten der für die Korallen bedrohlichen Tiere oft auf das Entfernen ihrer Fressfeinde zurückzuführen. Das Tritonshorn *(Charonia tritonis)*, eine wunderschöne große Meeresschnecke, wird leider in großen Mengen aus den Riffen gefischt, da die Schalen dieser so wichtigen Räuber begehrte Souvenirs für Touristen sind. Anstatt dass die Schnecken im Riff die Populationen von Dornenkronenseesternen in Schach halten, dekorieren ihre

Schalen dann die Badezimmer der Republik, damit sich der naturliebende Tourist bei seinem nächsten Bad in der Wanne zurück ans Meer träumen kann. Die Auswirkungen ihres Handelns machen sich die wenigsten Käuferinnen und Käufer von Souvenirs aus dem Meer bewusst: Das Entfernen und Töten von Tieren für Schmuck, Souvenirs und anderen Krimskrams hinterlässt große Lücken im Ökosystem. Doch auch andere Faktoren tragen zu solchen Seesterninvasionen bei. Das Große Barriereriff in Australien wird immer wieder von diesen Invasionen heimgesucht, bei denen schon mehrere Millionen Dornenkronenseesterne gezählt wurden. Neben dem Überfischen der Seesternräuber ist der Eintrag von Düngemitteln aus der Landwirtschaft, welche bei Regen von den Feldern in die Flüsse und von da aus ins Riff gespült werden, ein weiterer begünstigender Faktor. Der Stickstoff, der auf diesem Weg ins Meer gelangt, »düngt« das Phytoplankton und trägt zur Vermehrung der Algen bei. Mehr Algen bedeuten aber mehr Nahrung für Seesternlarven, die sich schnell zu ausgewachsenen und sehr hungrigen Seesternen entwickeln. Larven der Dornenkronenseesterne gibt es reichlich, denn ein einzelnes Weibchen kann bis zu 65 Millionen Eier pro Jahr produzieren! Wenn dann eine Dornenkronenseesternarmee zum Angriff auf Hartkorallenpolypen bläst, greifen inzwischen oft Tauch- und Meeresbiologenteams ein, um das Korallenriff vor weiterer Zerstörung zu retten. Im Kampf gegen die Seesterne gibt es verschiedene Methoden: Zum Teil injiziert man den Tieren ein für sie schädliches Gift und entfernt sie dann per Hand. Dabei muss der Mensch mit großer Vorsicht vorgehen, da der Stich einer dieser giftbewehrten

Stacheln tagelange Übelkeit und Schwellungen, starke Schmerzen und sogar Lähmungen hervorrufen kann. Leider haben die Seesterne einen unersättlichen Appetit, und ausgewachsene Exemplare können pro Tag eine tellergroße Fläche Korallenpolypen verspeisen, das macht in einem Jahr eine Fläche zwischen 5 und 13 Quadratmeter. Handelt es sich dann um mehrere Hunderttausend Tiere, ist ein Korallenriff stark gefährdet. Hinzu kommt, dass die vielarmigen Seesterne relativ flink unterwegs sind und sich mit einer Durchschnittsgeschwindigkeit von 35 Zentimetern pro Minute durch das Riff fressen. In den 1970er-Jahren kam es am nördlichen Großen Barriereriff zu einem Dornenkronenseesternausbruch, der ganze acht Jahre dauerte und seinen Höhepunkt mit etwa 1000 Seesternen pro Hektar erreichte! Gesunde Riffe sind in der Lage, sich nach einem solchen Ausbruch innerhalb von zehn bis 20 Jahren zu regenerieren. Leider sind die meisten Riffe jedoch nicht mehr gesund, sondern haben gleichzeitig mit anderen Problemen wie den Auswirkungen des Klimawandels zu kämpfen (mehr dazu in »Das blaue Wunder in Gefahr«).

Korallenpolypen werden nicht nur von ihren natürlichen Fressfeinden bedroht, sondern es toben auch heftige Kämpfe mit Konkurrenten, und zwar um den besten Platz im Riff. Dieser Kampf findet leise und langsam statt, oft unbemerkt von vorbeischnorchelnden Touristen. Wie in jeder Großstadt, denn nichts anderes ist ein Korallenriff, ist der Immobilienmarkt heiß umkämpft, und die Konkurrenz um den besten Platz ist hoch. **Schwämme** haben eine perfide Strategie entwickelt, um die Macht im Riff an sich zu reißen: Sie sind Meister der chemischen

Kriegsführung und überwachsen zielstrebig ganze Korallenkolonien. Der Spruch »Schwamm drüber« erhält daher in einem Korallenriff eine ganz neue Bedeutung, und Korallenpolypen wären wohl die Letzten, die ihn, lässig mit ihren Tentakeln abwinkend, benutzen würden. Schwämme wie *Terpios hoshinota* aus dem Indischen Ozean überziehen Steinkorallen wie Krusten. Werden dann zugleich die Fische aus einem Riff gefischt, welche die Schwammpopulationen in Schach halten, haben die Korallen natürlich einen Wettbewerbsnachteil. Zudem gibt es immer weniger Meeresschildkröten, die sich unter anderem von Schwämmen ernähren; sie werden gejagt und für den menschlichen Verzehr getötet, verenden als Beifang in Fischernetzen, und ihre Eier werden gegessen. Fehlen die natürlichen Fressfeinde von Schwämmen, können diese die Macht im Riff übernehmen. Das ist schon in verschiedenen Riffen in der Karibik geschehen. Dennoch kann ich nicht anders, als Schwämme zu bewundern. In Guadeloupe, einer zu Frankreich gehörenden Inselgruppe in der Karibik, durfte ich durch ganze Wälder voller Schwämme schnorcheln. Große, knallgelbe Schwämme, die wie Trichter oder lange Röhren aussahen, wuchsen im kristallklaren Wasser zwischen Weichkorallen (siehe Foto Seite 17). Einfach nur spektakulär!

Nicht nur Schwämme kämpfen mit **Korallen** um den besten Platz, sondern auch Korallen untereinander. Ähnlich wie die Schwämme setzen sie dabei chemische Kampfstoffe ein. Einer Schätzung zufolge befinden sich in einem Riff zwischen 22 und 38 Prozent der Korallen im Krieg oder schicken sich an, ihren Nachbarpolypen zu bekämpfen, um seinen Platz einzunehmen oder nicht von ihm überwachsen zu werden (siehe Foto Seite 4). Eine dieser Strategien ist, wenigstens für uns Menschen, vielleicht etwas … ungewöhnlich: Die Korallen erbrechen sich auf ihren Nachbarn. Dabei werden Verdauungssäfte auf den Feind gespien, die Nesselzellen enthalten und den Feind »verdauen«. Bei einer anderen Methode kommen spezialisierte Tentakel zum Einsatz, die länger sind als die normalen Tentakel und als »Spürhunde« eingesetzt werden. Diese durchsuchen den umliegenden Bereich nach Eindringlingen und brechen bei Kontakt ab. Dabei schütten sie Ladungen von Nesselzellen aus, deren Gift den Eindringling schädigt. Arten der Gattungen *Euphyllia* und *Galaxea* sind dafür bekannt, sehr lange und starke Tentakel zu bilden, die im englischen *sweeper tentacles,* also »Besententakel« genannt werden. Ihre Länge beträgt ein Vielfaches von dem der »normalen« Tentakel, und sie sehen Spinnenfäden, die in der Luft wehen, nicht unähnlich. Für den Kampfeinsatz auf kurze Distanz werden aber für gewöhnlich die mit Gift beladenen Nematocysten, bzw. Nesselkapseln, welche in allen Tentakeln sitzen, abgefeuert. Diese durchbohren das Gewebe des Angreifers und entladen dort ihr Gift, was normalerweise zum Absterben der betroffenen Stelle führt. Eine weitere Taktik, die für gewöhnlich zwischen Korallen derselben Art eingesetzt wird, ist das Abscheiden von Schleim. Der Schleim, Mukus genannt, der Gift oder Nematocysten enthalten kann, überzieht den Feind und schädigt ihn so. Und nicht zuletzt ist das Überwachsen von weniger schnell wachsenden Nachbarpolypen eine wirksame Methode, um sich den besten Platz im Riff zu sichern. Man kann, wenn man aufmerksam ist, Korallen im Krieg miteinander beobachten. Für gewöhnlich reicht die Luft in der Pressluftflasche aber nicht bis zum erfolgreichen Sieg des Angreifers, denn dieser Krieg findet in Zeitlupe statt.

Leuchtende Korallen

Dass Korallen clever sind, ist ja mittlerweile deutlich geworden, doch dass sie sogar in der Lage sind, zu leuchten, ist wahrhaftig sensationell. Im Gegensatz zu Glühwürmchen und anderen biolumineszierenden Tieren wie dem Tiefsee-Anglerfisch (mehr zu Biolumineszenz in Kapitel »Funkeln im Dunkeln«) erzeugen die Polypen von Steinkorallen ihr Licht jedoch nicht mittels einer chemischen Reaktion selbst, sondern sie absorbieren das Licht der Sonne und geben es wieder ab. Dieser Vorgang wird als Fluoreszenz bezeichnet.

Trifft Sonnenlicht auf Wasser, wird es zum Teil reflektiert, zum Teil absorbiert und auch gestreut. Bei der Reflexion wird der auf der Wasseroberfläche auftreffende Lichtstrahl abgelenkt, und das Wasser spiegelt so zum Beispiel die Farben des Himmels wider. Langwelliges Licht wird am stärksten im Wasser absorbiert (verschluckt), kurzwelliges Licht reicht bei klarem Wasser noch bis in Tiefen von 100 bis 150 Metern. Die langen Wellenlängen des Lichtspektrums – infrarot, rot, orange und gelb – können jeweils etwa 10, 15, 30 bzw. 50 Meter durchdringen; die kurzen Wellenlängen des Lichtspektrums – grün, violett und blau – dringen weiter vor bis an die unteren Grenzen der lichtdurchfluteten Zone. Blau dringt am tiefsten ein, weshalb tiefes, klares Meerwasser und einige tropische

Gewässer die meiste Zeit blau erscheinen. Darüber hinaus haben klarere Gewässer weniger Partikel, die die Lichtübertragung beeinflussen. Die Streuung durch das Wasser selbst steuert die Farbe ebenfalls: Wasser in flachen Küstengebieten neigt dazu, eine größere Menge an Partikeln zu enthalten, die Lichtwellenlängen unterschiedlich streuen oder absorbieren, weshalb Meerwasser in Küstennähe aufgrund der Sedimentpartikel im Wasser grüner oder brauner erscheinen kann.

Fluoreszierende Objekte absorbieren Licht bestimmter Wellenlängen und geben es dann wieder ab – sie emittieren es. Dabei geht etwas Energie als Wärme verloren. So hat das ausgehende Licht weniger Energie – und eine längere Wellenlänge – als das einfallende Licht. Die Änderung der Wellenlänge bedeutet eine Änderung der Farbe. Viele in tropischen Flachwassern vorkommende Steinkorallenpolypen besitzen spezielle fluoreszierende Pigmente im Gewebe, die das Licht absorbieren und es als rosa, violettes, grünes oder gelbes Licht wieder abgeben. Warum sie das tun, darüber gibt es bisher nur Vermutungen. So scheinen fluoreszierende Korallen resistenter gegen Korallenbleiche zu sein als andere: Je höher die Dichte an fluoreszierenden Pigmenten ist, desto größer ist die Widerstandsfähigkeit (mehr zur Korallenbleiche in »Das blaue Wunder in Gefahr«). Die fluoreszierenden Pigmente sind Fotoproteine, und eine aktuelle Theorie lautet, dass diese als eine Art Sonnenschutz wirken, der verhindert, dass zu viel UV-Licht die Zooxanthellen schädigt. Die Fotoproteine liegen hier im Gewebe über den Zooxanthellen und schützen diese so vor den schädlichen Wellenlängen, die sie als Licht wieder abgeben.

Da in Tiefen ab 15 Meter die Korallen diesen Sonnenschutz nicht mehr brauchen (weil das UV-Licht im Wasser absorbiert wird), dachte man, dass tiefer gelegene Korallen nicht fluoreszieren würden. Umso erstaunlicher ist es, dass selbst in Tiefen von 50 Metern manche Korallen in kräftigen Farben erstrahlen. Dieses Phänomen hat Forschern lange Zeit Rätsel aufgegeben, denn es war nicht klar, was der Sinn und Zweck dieses Leuchtens ist. An dem National Oceanography Centre in Southampton in England wurde das Rätsel von dem Korallenexperten Jörg Wiedemann gelüftet. Sein Team und er fanden nämlich heraus, dass die Korallen sich ihr eigenes Licht erzeugen, um ihre symbiontischen Algen zur Fotosynthese anzuregen. Die algigen Mitbewohner der Steinkorallen, die Zooxanthellen der Gattung *Symbiodinium,* brauchen ja wie alle Pflanzen Sonnenlicht, um Fotosynthese betreiben zu können. In Tiefen von mehr als 100 Metern gelangen aber nur die blauen Teile des Sonnenlichts, die mit Wellenlängen um 470 Nanometer die größte Reichweite haben. Die Forscher fanden heraus, dass die Fotoproteine der fluoreszierenden Korallen in diesem Fall *unter* den Zooxanthellen lagen, wo sie das blaue Licht absorbierten und als orange-rotes oder grünliches Licht, also Licht mit einer längeren Wellenlänge, emittierten. Diese Anpassung ermöglicht es den Korallen, sich in tieferen Gewässern anzusiedeln und trotzdem ihre algigen Symbionten mit dem für die Fotosynthese nötigen Licht zu versorgen. Eine Win-win-Situation!

Um das Farbspektakel der Korallen tauchend betrachten zu können, bedarf es eines speziellen Equipments. Am besten kann man das Leuchten der Korallen bei Dunkelheit bewundern. Dafür braucht man neben einer normalen Unterwasserlampe, um sich den Weg zu beleuchten, eine spezielle UV-Licht-Unterwasserlampe und einen Gelbfilter für die Tauchmaske. Strahlt man die Korallen dann mit dem UV-Licht der Lampe an, fühlt man sich, als sei man plötzlich in einem surrealistischen Gemälde gelandet oder auf einer Raveparty in den 1980ern, denn das Korallenriff erstrahlt in voller Pracht: Neonfarbene Korallen, die grün, lila, gelb, orange und ab ca. 20 Meter Tiefe in Rot erstrahlen. Die Farben werden erst für das menschliche Auge sichtbar, wenn ein Gelbfilter vor die Tauchmaske gesetzt wird – quasi eine Brille vor der Taucherbrille. Der Gelbfilter sorgt dafür, dass das blaue bzw. das UV-Licht herausgefiltert wird und wir die Farben so sehen können, wie die Fische es tun. Würden wir den Filter nicht benutzen, würde alles, was von der UV-Lampe angestrahlt wird, blau erscheinen. Viele Rifffische haben einen solchen Gelbfilter von Natur aus vor ihrer Linse im Auge eingebaut. Außerdem gehören sie zu den Tetrachromaten (griech. *tetra* = vier und *chroma* = Farbe), die neben den drei Farbrezeptoren Rot, Blau und Grün noch einen vierten Farbrezeptor für UV-Licht haben. Wir Menschen dagegen sind Trichromaten und haben, wie schon beim boxenden Fangschreckenkrebs erwähnt, nur drei Farbrezeptoren. Um leuchtende Korallen bewundern zu können, brauchen wir einen künstlichen Farbrezeptor, also eine UV-Lampe, gepaart mit einem Filter vor der Tauchmaske. Die Farbe des Filters muss Gelb sein, da dies die Komplementärfarbe zu blauem bzw. ultraviolettem Licht ist. Tauchcenter bieten immer öfter sogenannte »Fluodives« an, das sind Nachttauchgänge mit UV-Lampen, für die man sich dort das benötigte Equipment leihen kann. Wer keine Lust auf einen Nachttauchgang hat, kann auch mit einer roten Folie auf der Tauchmaske ab 15 Meter Tiefe rot fluoreszierende Korallen mit bloßem Auge bewundern. Das Rot des Sonnenlichts ist vollständig absorbiert, und die Korallen, die rot fluoreszieren, heben sich vom Untergrund deutlich ab.

Perfekt versteckt

Wie oft kommt es vor, dass man mit einer Tauchgruppe unterwegs ist und jemand deutet aufgeregt auf eine Stelle. Man schwimmt näher und sieht – nichts. Man guckt zum zweiten Mal hin und sieht – immer noch nichts. Natürlich ist es möglich, dass man endlich einen Termin bei der Augenärztin ausmachen sollte. Wahrscheinlicher aber ist, dass man das Tier aufgrund seiner guten Tarnung nicht entdecken kann. Manche Camouflagekünstler, wie zum Beispiel der Anglerfisch *Antennarius sp.* (siehe Foto Seite 10), verschmelzen regelrecht mit ihrer Umgebung und sind nur sehr schwer von dieser zu unterscheiden – denn wer sich vor aller Augen versteckt, hat weniger Ärger mit Fressfeinden. Strengt man seine Augen richtig an, kann man vielleicht eine winzige Bewegung erkennen, eine Unregelmäßigkeit im Gesamtbild und dann … schält sich ein Umriss aus dem Bild. So ist es mir oft ergangen, und jedes Mal habe ich mich riesig gefreut, den Tarnungskünstler demaskiert zu haben.

Wahrscheinlich haben die meisten von uns schon Bekanntschaft mit ihm gemacht, ob im Wasser oder gegrillt auf dem Teller: Der **Oktopus** (siehe Foto Seite 20 unten), auch Krake genannt, ist einer der erfolgreichsten Tarnungskünstler im gesamten Tierreich. Acht mit Saugnäpfen bestückte Arme, drei Herzen, Augen, so hoch entwickelt wie die unsrigen, ein komplett knochenloser Körper, ein Gehirn, das sich als neuronales Netzwerk durch den ganzen Körper zieht, und die Eigenschaft, sich unsichtbar zu machen, zeichnen diese faszinierenden Tiere aus. Kraken gehören zu den sogenannten Kopffüßern, in der Fachsprache Cephalopoda. Der Name passt wie die Faust aufs Auge, da die Arme an einen sackförmigen Körper anschließen, der aussieht wie ein großer Kopf: Das ist der sogenannte Mantel, in dem die inneren Organe sitzen. Zwischen Armen und Mantel sitzen rechts und links am Kopf die Linsenaugen. Die Arme gruppieren sich rund um das Maul, das mit einem papageiartigen, scharfen Schnabel ausgestattet ist. Außerdem besitzen Kraken einen Düsenantrieb, das Trichterorgan oder Siphon. Dieses röhrenförmige Organ gewährleistet unter anderem die Fortbewegung, da Wasser aus der Mantelhöhle nach draußen gepumpt wird und die Tiere sich so per Rückstoß fortbewegen. Aber es dient ebenso der Atmung, der Abgabe von Abfallprodukten und von Tinte bei Gefahr. Dass die Tiere in der Lage sind, sich ihrer Umgebung in Sekundenbruchteilen anzupassen, indem sie Hautfarbe und -struktur ihrem Umfeld angleichen und mit diesem verschmelzen, liegt an dem speziellen Aufbau ihrer Haut. Ihre enorme Wandlungsfähigkeit verdanken sie spezialisierten Zellen, den Chromatophoren. Diese Pigmentzellen liegen nahe der Hautoberfläche, beinhalten verschiedenfarbige Pigmente und sind dehnbar. Indem die Tiere aktiv, durch Muskelkontraktionen, die Größe dieser Zellen verändern, entstehen Farbwechsel und sich verändernde Muster auf der Haut. Zudem können Oktopusse sogar die Oberflächenstruktur ihrer Haut ändern – das Repertoire reicht von warzig bis glatt und allen Stadien dazwischen. Die Farbänderungen dienen nicht nur dem Versteckspiel, sondern auch der Kommunikation und als Drohgebärde. Treffen zwei männliche Rivalen aufeinander, beginnt das Farbduell. Für gewöhnlich gewinnt das Männchen, welches den dunkleren Farbton annimmt und nahezu schwarz wirkt.

Der absolute Gewinner im Unterwasser-Camouflagewettbewerb ist eindeutig der **Chamäleon-Oktopus** *Thaumoctopus mimicus.* Diese erst in den 1990ern entdeckte Art ist in tropischen Gewässern zu finden – sollte man denn in der Lage sein, einen Chamäleon-Oktopus zu sehen. Das ist nämlich alles andere als einfach, da sich diese Tiere zum einen meist an Flussmündungen aufhalten, wo es schlammig und die Sicht schlecht ist, und der *T. mimicus* zum Zweiten täuschend echt andere Tiere imitiert. Und wenn ich von anderen Tieren spreche, meine ich nicht nur zwei oder drei. Ich spreche von über fünfzehn dokumentierten Imitationen so verschiedener Tiere wie Seeschlangen, Feuerfischen, Quallen, Flundern oder Krabben – je nach Situation. Diese Fähigkeit, sich als etwas anderes zu tarnen, wird in der Wissenschaft als Mimikry bezeichnet.

Die Fähigkeit, ihre Farbe zu ändern, ist nicht nur den echten Kraken (die mit acht Armen) zu eigen, sondern auch ihren nahen Verwandten, den Kalmaren und Sepien, welche ebenfalls zu den Kopffüßern gezählt werden, aber zwei Arme mehr haben. Die in Bodennähe lebenden Sepien sind nicht weniger als die Kraken Meister der Tarnung. Je nachdem, wo sie sich verstecken, sehen sie aus wie der Sand, auf dem sie liegen, oder wie Steine am Grund. Es gibt sogar **Sepien**, die ihre eigenen Artgenossen überlisten, indem sie sich als Weibchen tarnen. Wenn ein männlicher Tintenfisch der Art *Sepia plangon* eine Dame umwirbt, geht er strategisch sehr geschickt vor. Um die Sepie seiner drei Herzen zu beeindrucken, malt er sich mithilfe seiner Pigmentzellen ein männliches Muster auf seinen Körper, das an Zebrastreifen erinnert. Dieses Muster ist allerdings nicht auf dem ganzen Körper zu sehen, sondern nur auf der dem Weibchen zugewandten Seite. Auf der anderen Seite imitiert er die typische braunweiß gefleckte Zeichnung der Weibchen. Ist nun ein männlicher Rivale in der Nähe, denkt dieser, dass er zwei Weibchen vor sich hat, die miteinander rumhängen. Das gibt dem cleveren Männchen mehr Zeit, das Weibchen von sich als geeignetem Partner zu überzeugen und sich mit ihm zu paaren, bevor der Nebenbuhler ihn vertreibt. Dieses Verhalten ist nicht nur gewieft, sondern lässt auf eine hohe geistige Entwicklung schließen. Kaum zu glauben, dass diese Tiere mit Schnecken und Muscheln verwandt sind, oder?! Denn wie diese werden die Kopffüßer zu den Weichtieren (Mollusca) gezählt. Aber sie haben ihren Namen »Kopffüßer« eben zum Programm gemacht und das größte Gehirn aller Weichtiere entwickelt.

Ein anderer Tarnungskünstler ist etwas weniger charismatisch als Kraken oder Sepien und sieht immer schlecht gelaunt aus. Die Rede ist vom **Steinfisch** *(Synanceia verrucosa)*. Mit seinem plumpen Körper, dessen Haut warzig erscheint, seinem großen, mürrisch nach unten gezogenen Maul und dem riesigen Kopf ist er ziemlich hässlich. Dennoch sind diese Tiere wirklich faszinierend, da sich ihr gestauchter, mit Algen überwachsener Körper perfekt in die Umgebung einfügt. Nur mit viel Glück trifft man auf diese einzelgängerischen Bodenbewohner, die sich kaum von einem Fels unterscheiden lassen. Der Steinfisch ahmt mit seiner angeborenen Gestalt und Färbung, die er nicht aktiv verändern kann, Strukturen in seinem Lebensraum nach. In der Fachsprache wird diese Taktik als Mimese bezeichnet. Ihre Tarnung kommt den Fischen vor allem bei der Beutejagd zugute. Als schlechte Schwimmer verbringen sie nämlich die meiste Zeit ruhend auf dem Grund. Kommt aber ein kleiner Fisch, ein Krebs oder ein Tintenfisch vorbei, reißen sie ihr großes Maul auf und saugen die Beute ein. Ihr nicht sehr spektakuläres Äußeres täuscht außerdem darüber hinweg, dass diese Tiere zu den giftigsten Tieren im Meer gehören. Das Gift, welches in den Stacheln der Rückenflosse steckt, zählt zu den gefährlichsten tierischen Giften und kann auch für den Menschen tödlich sein. Menschen kommen jedoch nur sehr selten in Berührung damit und zumeist nur dann, wenn der oder die Unglückliche auf einen Steinfisch getreten ist. Manchmal nämlich sitzen die Tiere im Flachwasser des tropischen Indopazifiks und im Roten Meer, durch das ein unvorsichtiger Mensch watet. Aber auch hier ist anzumerken, dass die Tiere nicht aggressiv sind und das Nervengift nur zu ihrer eigenen Verteidigung vor Fressfeinden einsetzen – wobei das dem gestochenen Menschen wahrscheinlich völlig egal ist, wenn er sich vor Schmerzen windet.

Weniger gefährlich, wenigstens für den Menschen, sind da **Pygmäenseepferdchen** *(Hippocampus bargibanti).* Alleine der Name verleitet zu einem »Ach wie niedlich!«-Seufzer. Genauso geht es weiter. Die kleinen Seepferdchen, die nicht größer als zwei Zentimeter werden, leben in Gruppen in Gorgonien, in denen sie sich mit ihrem Schwanz festhalten, um nicht von der Strömung davongespült zu werden. Je nach Farbvariante (es gibt zwei) ist ihr kleiner Körper entweder hellgrau oder gelb und mit roten bzw. orangen Tuberkeln bedeckt. Tuberkel sehen aus wie Warzen, aber selbst die schauen bei diesen Tieren niedlich aus. Die Welt ist schon ein ungerechter Ort, liebe Steinfische! So ausgestattet von Mutter Natur ähneln die Seepferdchen dem Gorgonienfächer *(Muricella paraplectana),* in dem sie wohnen, so sehr, dass sie nur schwer zwischen den Verästelungen der Koralle auszumachen sind. Es gilt als eine der Königsdisziplinen unter Unterwasserfotografen, diese Tiere wenigstens einmal gefunden und abgelichtet zu haben.

Andere, wunderschön anzuschauende Riffbewohner, die sich perfekt ihrem Lebensraum angepasst haben, sind die **Geisterpfeifenfische** (Solenostomidae), welche mit den Seenadeln (Syngnathidae) verwandt sind. Geisterpfeifenfische sehen wunderschön, aber je nach Art auch sehr skurril aus. Es gibt Arten, die den Seegrasblättern gleichen, vor denen sie im Wasser stehen. Andere erwecken den Eindruck, als wären sie in einen Kaktus gefallen, denn von ihrem gemusterten Körper stehen Stacheln ab. Färbung und Hautfortsätze sind denen ihres jeweiligen Lebensraumes angepasst.

Ein ferner Verwandter des oben beschriebenen Rotmeer-Forellenbarsches ist der **Juwelen-Zackenbarsch** *(Cephalopholis miniata)*. Er macht seinem Namen alle Ehre, denn er sieht aus wie ein rotes Juwel. Ein Juwel, das am ganzen Körper mit kleinen blauen Punkten gesprenkelt ist. Schwanz-, After- und Rückenflossen sind blau-schwarz, die Brust- und Bauchflossen orange bzw. orange-rot. Mit diesem poppigen Muster, sollte man meinen, fällt er in einem Riff ganz besonders auf. Doch weit gefehlt. Es ist gerade dieses Muster, das ihn mit seiner Umgebung verschmelzen lässt. Die Farbe Rot ist nämlich die beste Tarnung im Wasser, denn was an Land auffallend erscheint, leuchtet unter Wasser schon ab wenigen Metern Tiefe nicht rot, sondern eher bräunlich aufgrund der Absorption des langwelligen Lichts. Der Rotmeer-Forellenbarsch hält sich tagsüber gerne unter Felsvorsprüngen oder Korallen auf, also da, wo nur wenig Licht hinfällt, was den Fisch braun erscheinen lässt. Aufgrund der Punkte hebt sich seine Silhouette auch kaum von dem dämmrigen Hintergrund ab, sodass er mit seiner Umgebung verschmilzt. Diese Form der Tarnung, bei der ein Tier optisch mit seiner Umgebung durch Körperzeichnung und Färbung verschmilzt, wird Somatolyse genannt. Viele Rifffische bedienen sich dieser Art der Tarnung, was der Grund für ihre oft sehr bunt gemusterten Erscheinungen ist.

Doch nicht nur Riffbewohner wie niedliche Seepferdchen, charismatische Tintenfische oder grimmige Steinfische tarnen sich, sondern tatsächlich die Mehrzahl der Meeresbewohner. Vielleicht nicht so ausgeklügelt, aber dennoch wirkungsvoll. So ist die blau-silbrig glänzende Färbung vieler im offenen Ozean lebender Fische nichts anderes als Tarnung. Sehr oft ist ihre Unterseite weißlich und hebt sich zur farblichen Oberseite ab. Kommt ein Räuber von unten, sind die Fische mit ihrer hellen Unterseite im Gegenlicht nicht gut sichtbar. Kommt ein Räuber hingegen von oben, guckt er in einen immer dunkler werdenden Ozean, in den sich die blau-silbrige Silhouette des Fisches perfekt einfügt. Diese Tarnung beruht auf dem Prinzip der Gegenschattierung, auch Thayer-Prinzip genannt. Dabei ist die dem Sonnenlicht zugewandte Körperseite dunkler und die dem Licht abgewandte Seite heller. Auf diese Weise sind die Tiere quasi unsichtbar. Andere Tiere nehmen das mit der Unsichtbarkeit sogar wörtlich. Vielen Quallen, manchen Fischen und einem großen Teil des Zooplanktons fehlt die Farbe, und ihr Körper ist durchsichtig. Mit einem durchsichtigen Körper heben sie sich so gut wie gar nicht von dem sie umgebenden unendlichen Blau des offenen Ozeans ab.

(Un)endliches Blau

Der offene Ozean, das Pelagial, gleicht auf den ersten Blick einer Wüste – nur eben mit Wasser. Eintönige, unendliche Weite und kaum Versteckmöglichkeiten machen es den Meeresbewohnern schwer, dort zu überleben. So die gängige Meinung. Doch weit gefehlt! Der offene Ozean, der sich von der Wasseroberfläche bis in die tiefsten Tiefen zieht und in dem die Wassermassen ständig in Bewegung sind, birgt eine enorme Vielfalt an Leben, welches sich bestens an die Lebensbedingungen dort angepasst hat. Schnelle Jäger, Kommunikationsexperten und Langstreckenschwimmer – sie alle lassen sich mit den Strömungen treiben und schwimmen durch die verschiedenen Zonen der Wassersäule.

Viele Organismen des offenen Ozeans leben ihre Existenz, ohne jemals in Kontakt mit dem Ufer, dem Meeresboden oder der Wasseroberfläche zu kommen. Sie verbringen ihr gesamtes Leben umgeben von Wasser. Für uns landlebende Menschen, die wir Luft atmen, uns an der Sonne erfreuen und Gras unter unseren Füßen spüren, ist das kaum vorstellbar.

Das Pelagial ist der mit Abstand größte Lebensraum auf unserem Planeten, und um dieses riesige Ökosystem besser verstehen zu lernen, teilt die Fachwissenschaft es in verschiedene Zonen ein, von denen jede eine einzigartige Vielfalt an Organismen bietet. Plankton kommt, wie wir ja bereits gesehen haben, in der lichtdurchfluteten, oberen Schicht des Pelagials vor. Dieser Bereich wird als Epipelagial bezeichnet und reicht von der Wasseroberfläche bis zu einer Tiefe von etwa 200 Metern. Hier ist die Artenvielfalt auch am höchsten, und abgesehen vom Plankton tummeln sich in dieser Zone eine Menge Fische inklusive Haie, Meeressäuger wie Wale und Delfine, Schildkröten, Krebse und Kopffüßer. Alles, was unter 200 Metern liegt, zählt bereits zur Tiefsee. Von 200 Metern abwärts bis zu 1000 Metern Tiefe wird es zwielichtig. Diese Dämmerlichtzone wird als Mesopelagial bezeichnet. Aufgrund des Lichtmangels findet man hier kein Phytoplankton mehr, dafür aber bizarr aussehende Bewohner wie Borstenmäuler-Fische (Gonostomatidae), von denen viele grün oder rot schimmernde Leuchtorgane besitzen. In dieser Zone wird sowieso viel vor sich hin geleuchtet, denn hier sind die meisten biolumineszierenden Arten vertreten. Ab 1000 Metern Tiefe wird es dann zappenduster, und auch hier unterscheidet man noch verschiedene Zonierungen. Bis in 4000 Meter Tiefe spricht man vom Bathypelagial, darauf folgt das Abyssopelagial, das sich in 6000 Meter Tiefe erstreckt. Zu guter Letzt kommt die tiefste Zone, das Hadopelagial, welches bis zu den tiefsten Punkten der Ozeane, also bis ungefähr in 11000 Meter Tiefe reicht.

Viele Tierarten halten sich primär in der einen oder der anderen Zone auf, aber es gibt auch Grenzgänger, wie zum Beispiel den Pottwal *(Physeter macrocephalus)* oder die Lederschildkröte, die auf der Suche nach Beute auch mehr als 1000 Meter tief tauchen können.

Wasser – ein Stoff mit ganz besonderen Eigenschaften

Wasser, oder H_2O, ist ein sehr außergewöhnliches Molekül, denn als einziger Stoff kann es in den drei chemischen Zustandsformen flüssig, fest und gasförmig in unserer Erdatmosphäre auftreten. Dabei sind die zwei Wasserstoffatome (H) mit einem Sauerstoffatom (O) asymmetrisch zu einem Wassermolekül verbunden. Während das Sauerstoffatom negativ geladen ist, sind die zwei Wasserstoffatome positiv geladen, was das gesamte Molekül zu einem sogenannten Dipol macht. Wie kleine Magnete wenden sich die positiv bzw. negativ geladenen Enden jedes Wassermoleküls jeweils den gegenteilig geladenen Enden der Nachbarmoleküle zu, sodass ein loser Verbund entsteht. Wird es kälter, rücken die Moleküle, wie wir Menschen, zusammen: Die Dichte wird größer, das Volumen nimmt ab. Wird es wärmer, halten sie voneinander Abstand, die Dichte nimmt ab, der Zusammenhalt wird immer loser, bis das Wasser schließlich in den gasförmigen Zustand übergeht, in dem die Moleküle einzeln herumschweben. Am dichtesten zusammen lagern sich die Wassermoleküle bei 4 °C, d.h. bei dieser Temperatur hat Wasser seine größte Dichte und sein kleinstes Volumen. Wird es noch kälter, und das Wasser gefriert zu Eis, nimmt die Dichte jedoch, statt weiter zu, wieder ab – dieses Phänomen nennt man die »Anomalie des Wassers«. Die Folge dieser Anomalie ist, dass Eis immer auf der Wasseroberfläche schwimmt, auf Süßwasserpfützen ebenso wie im Atlantik – praktisch unter anderem für die Fische, die nicht von sinkenden Eisplatten erdrückt werden, und auch für uns, denn mit Tonnen von gesunkenem arktischem Eis auf dem Meeresboden läge der Meeresspiegel wohl deutlich höher … Beim Wechsel der Aggregatzustände reagieren die Moleküle jedoch relativ träge, und es braucht 0 °C, um Süßwasser zu Eis erstarren, und 100 °C, um es sieden zu lassen. Bei Meerwasser verhält es sich etwas anders aufgrund des erhöhten Salzgehaltes. Das Mittelmeer zum Beispiel, mit seinem durchschnittlichen Salzgehalt von 3,74 Prozent, gefriert erst bei –1,91 °C.

Nicht nur die Temperatur beeinflusst die Dichte und Gefrierpunkt des Wassers, sondern ebenfalls der Salzgehalt. Kurz gesagt: Je mehr Salz im Wasser ist, desto tiefer der Gefrierpunkt und desto höher die Dichte. Das Meer als Ganzes hat eine durchschnittliche Salinität von 3,47 Prozent und ist damit, bei gleicher Wassertemperatur, ungefähr drei Prozent dichter als Süßwasser. Die höhere Dichte ist auch der Grund, warum wir im Meerwasser weniger tief eintauchen und uns an der Wasseroberfläche leichter treiben lassen können als im Süßwasser. Dabei gibt es innerhalb der Meere deutliche Unterschiede: Im Toten Meer kann man auf der Wasseroberfläche liegend quasi nicht untergehen, während man in der Ostsee mit Armen und Beinen rudern muss, um an der Oberfläche zu bleiben. Doch nicht nur Menschen haben einen höheren Auftrieb in Salzwasser – auch Schiffe tauchen weniger tief ein und können so mehr Fracht laden als im Süßwasser.

Der Einfluss von Temperatur und Salz auf die Dichte des Wassers spielt im Pelagial eine zentrale Rolle. Da kaltes Wasser schwerer ist als warmes, salzhaltiges schwerer als weniger salzhaltiges, sinkt kaltes salzhaltiges Wasser nach unten ab. Dabei werden die Wassermassen umgewälzt. In der Fachsprache nennt man diesen Prozess Konvektion. Er lässt sich übrigens ganz einfach mit etwas Salz, warmem und kaltem Wasser und einem Glas in der Küche nachprüfen. Wer mag, kann noch etwas Lebensmittelfarbe hinzufügen, um die Umwälzung des Wassers besser zu visualisieren. Ganz abgesehen davon, dass es toll aussieht! Diese Konvektion der Wassermassen ist der wichtigste Faktor bei der Entstehung der Meeresströmungen. Doch bleiben wir vorerst noch kurz beim Salz.

Warum die Ostsee weniger salzig schmeckt als das Mittelmeer

Der ein oder andere mag sich schon die Frage gestellt haben, wieso das Meer salzig schmeckt und warum einem das Meerwasser des Mittelmeers mehr in den Augen brennt als das Wasser der Ostsee. Die Antwort ist komplex, und dazu muss ich etwas weiter ausholen. Die Oberfläche unseres Planeten besteht zu über siebzig Prozent aus salzigem Meer- oder Brackwasser. Dieses hat ein Gesamtvolumen von knapp 1,4 Mrd. Kubikkilometer und macht etwas mehr als 97 Prozent der gesamten Wassermenge auf der Erde aus. Der Rest ist Süßwasser wie Rinnsale, Bäche, Flüsse und Seen, Gletscher, polare Eisflächen und Grundwasser. Weniger als 1 Prozent von diesen knapp 3 Prozent Süßwasser wiederum kann der Mensch als Trinkwasser verwenden. Das Zentrum für Allgemeine Wissenschaftliche Weiterbildung der Universität Ulm hat einen schönen Vergleich gebracht: Wird der Gesamtwasservorrat der Erde mit einer Badewannenfüllung, also mit ca. 150 Litern Wasser, gleichgesetzt, dann entspricht der Süßwasservorrat auf der Erde einer Menge von 4,5 Litern, d.h. einem halben Putzeimer voller Wasser, und die für den Menschen nutzbare Süßwassermenge, »umgerechnet« 0,02 Liter, passt in ein Likörglas. Dieses Wasser, also die Gesamtheit des Süß- und Salzwassers, fließt seit ungefähr 4,5 Milliarden Jahren (seit der Geburtsstunde unseres Planeten), ständig seinen Aggregatzustand verändernd, durch die einzelnen Sphären. Dabei wird der Wasserkreislauf hauptsächlich durch zwei Kräfte aufrechterhalten: die Schwerkraft und die Sonne. Vereinfacht dargestellt, verdunstet das Wasser der Ozeane und gelangt so als Wasserdampf in die Atmosphäre. Dieser kondensiert dort und fällt als Niederschlag in Form von Regen, Hagel oder Schnee zurück auf die Erde. In einem stetigen Zyklus von Verdunstung, Kondensation, Gefrieren und Tauen verändert das Wasser seine Aggregatzustände: von flüssig zu fest oder gasförmig und wieder zu flüssig.

Die Antwort auf die Frage, warum die Ostsee weniger salzig schmeckt als das Mittelmeer oder der Atlantik, liegt also im Wasserkreislauf: Da Regenwasser geringe Mengen an Kohlendioxid enthält und deswegen leicht sauer ist, kann es, wenn es auf Boden und Gestein trifft, die dort gespeicherten Mineralsalze lösen, welche dann mit dem ablaufenden Regenwasser über die Flüsse ins Meer transportiert werden. Die im Meerwasser gelösten Salze bestehen zu über 90 Prozent aus den Ionen Chlorid und Natrium. Wenn Meerwasser verdunstet, bleibt Natriumchlorid zurück, auch Kochsalz genannt, mit dem wir gerne unsere Speisen würzen. Der Salzgehalt der Ozeane, die Salinität, schwankt je nach Meer und liegt, wie schon erwähnt, im

Durchschnitt bei 3,47 Prozent Massenanteil; also bei 34,7 Gramm NaCl pro Kilogramm Meerwasser. Die Unterschiede im Salzgehalt der Meere entstehen vorwiegend durch die Menge an Niederschlägen, die Anzahl an Zuflüssen und den Grad der Verdunstung. Die Ostsee schmeckt deswegen weniger salzig als das Mittelmeer, weil dort der Süßwasserzufluss wesentlich größer ist und es weiter nördlich öfter regnet als am subtropischen Mittelmeer. Zudem ist die Verdunstungsrate des Meerwassers aufgrund der meist höheren Temperaturen im Mittelmeerraum deutlich höher als an der Ostsee. Nur um ein paar wenige Beispiele zu bringen: Der durchschnittliche Salzgehalt der Ostsee liegt bei 0,8 Prozent, in der Nordsee sind es 3,5 Prozent, das Mittelmeer hat eine durchschnittliche Salinität von 3,74 Prozent, der Atlantik liegt bei 3,54 Prozent und das Rote Meer bei 4 Prozent. Das salzhaltigste Gewässer ist allerdings kein Meer, sondern der Don-Juan-See in der Antarktis mit einem Salzgehalt von über 40 Prozent, der selbst bei knackigen –40 °C nicht einfriert. Platz zwei der salzhaltigsten Gewässer belegt der Assalsee im ostafrikanischen Dschibuti mit knappen 35 Prozent. Auf Rang drei liegt das Tote Meer, welches entgegen seinem Namen kein Meer, sondern ein Binnensee ist und mit 28 Prozent Salzgehalt punktet. Doch nicht alle im Meer gelösten Salze stammen vom Land. Hydrothermale Quellen und unterseeische Vulkanausbrüche, bei denen Salze aus der austretenden Lava ins Meerwasser gelöst werden, sorgen ebenso für eine stete Zufuhr an Mineralsalzen.

Vielleicht ist es ja der Salzgehalt, beziehungsweise der Mineraliengehalt, der uns so mit dem Meer verbindet. Ich habe oft das Gefühl, dass mir Meerwasser anstatt Blut durch die Adern rinnt, was nach einer Theorie des Evolutionsbiologen Martin Neukamm durchaus einen Funken Wahrheit enthalten könnte. In seinem Buch *Darwin heute* vergleicht Neukamm die Mineraliengehalte in menschlichem Blut und Meerwasser und stellt fest: Das Stoffmengenverhältnis in unserem Blutplasma zwischen den biologisch wichtigen Ionen Natrium, Kalium, Calcium und Chlorid ist 94:3:2:70. Das bedeutet, dass auf 94 Natrium-Ionen jeweils 3 Kalium-, 2 Calcium- und 70 Chlorid-Ionen kommen. Das Stoffmengenverhältnis dieser Ionen im Meerwasser ist mit 94:2:2:100 mit dem unseres Blutes fast identisch – das sei Beweis, so Neumann, für unsere Abstammung aus dem Meer. Ob man dieser Theorie Glauben schenken mag oder nicht, sei dahingestellt. Ich für meinen Teil finde sie in jedem Fall sehr spannend und plausibel, und wäre es tatsächlich so, würde es für mich meine tiefe Verbundenheit zum Meer erklären.

Klimaküche Ozean und das marine Förderband

Es gibt wohl kaum einen Small Talk, der sich nicht kurz mit dem Wetter befasst. Die ungekrönten Meister des Wetter-Small-Talks sind in meinen Augen eindeutig die Briten. Ich habe wohl noch nie so oft über das örtliche Wetter gefachsimpelt wie während meiner Zeit in England. Man kam einfach nicht weg ohne wenigstens ein paar Wörter über Regen, Sonne und wieder Regen gewechselt zu haben, und wenn man es dennoch versuchte, kam das einer Majestätsbeleidigung gleich. Sollten Sie also in Zukunft nach Großbritannien fahren, informieren Sie sich täglich, am besten mehrfach, über das lokale Wetter, und Sie werden in jedem Small Talk obenauf sein!

Wie aber entsteht das Wetter, was versteht man unter Klima und welche Rolle spielt das Meer dabei? Zuallererst ist es wichtig, den Unterschied zwischen **Wetter und Klima** zu begreifen. Unter Wetter versteht man einen kurzfristigen Zustand der Atmosphäre an einem bestimmten Ort zu einem bestimmten Zeitpunkt. Wetter wird persönlich und unmittelbar erlebt und empfunden. Wenn Sie also draußen spazieren gehen und in einen Regenschauer kommen, dann empfinden Sie den Regen. Zum Glück kann sich das Wetter schnell ändern, und der Regenschauer, in dem Sie sich eben noch befunden haben, weicht schönstem, wärmendem und trocknendem Sonnenschein. Unter Klima versteht man jedoch einen langfristigen Zustand, welcher als der Mittelwert des Wetters in einem Zeitraum von mehreren Jahrzehnten, mindestens aber von 30 Jahren, definiert wird. Dabei werden alle möglichen Wetterparameter langfristig gemessen und statistisch ausgewertet. Das Klima ist also nicht unmittelbar fühlbar.

Bestimmend für unser Klima ist das Meer – und hier kommen wir zurück auf die Rolle der oben beschriebenen Konvektion. Unterschiede in der Dichte des Wassers, hervorgerufen von Unterschieden in Temperatur (griech. *thermos* = Wärme) und Salzgehalt (griech. *halas* = Salz), unterstützt von Winden, wirken als die hauptsächlich treibenden Kräfte für weltumspannende Umwälzbewegungen des Wassers, die »**thermohaline Zirkulation**«, auch »marines Förderband« genannt. Initiiert wird diese Zirkulation im Wesentlichen im Winter durch das Absinken des schwereren kalten, salzreichen Wassers bis in etwa 2000 Metern Tiefe. Das Absinken, also die Konvektion des Wassers, tritt nur begrenzt, nämlich in den Konvektionsgebieten der Pole auf: im Nordatlantik in der Grönlandsee und der Labradorsee sowie in der Antarktis im Weddelmeer und im Rossmeer. Etwas vereinfacht gesagt, fließen die kalten, salzhaltigen Wassermassen dann als Tiefenströmung Richtung Äquator, wo sie sich erwärmen und, leichter geworden, wieder aufsteigen. Das warme Wasser fließt dann als Oberflächenwasser wieder gen Norden, wo es verdunstet und abkühlt, wieder absinkt und so einen in sich geschlossenen Kreislauf bildet, welcher die drei Ozeane (Atlantik, Pazifik und Indik) miteinander verbindet.

Die Wassermassen dieses globalen Förderbandes werden außerdem, wenngleich zu einem deutlich geringeren Teil, durch Winde sowie durch die Corioliskraft angetrieben. Die Corioliskraft ist benannt nach dem Franzosen Gaspard Gustave de Coriolis, der sie im Jahr 1835 als Erster mathematisch untersuchte. Sie ist als die ablenkende Kraft der Erdrotation definiert. Geradlinige Bewegungen wie Wasserströmungen werden auf der Nordhalbkugel Richtung Osten (nach rechts) und auf der Südhalbkugel nach links abgelenkt. Die Gesamtmenge des am Kreislauf beteiligten Wassers beträgt 400 000 Kubikkilometer und entspricht damit in etwa einem Drittel des gesamten Ozeanwassers. Die Wasserströmungen an der Oberfläche transportieren gigantische Mengen an Wärme. Ein wesentlicher und bei uns sicher der bekannteste Teil der weltweiten thermohalinen Zirkulation ist das **Golfstromsystem**, auch die »Heizung Europas« genannt. Es ist mitbestimmend für das gemäßigte Klima in West- und Nordeuropa im Vergleich zu anderen Gebieten mit gleicher geografischer Breite. Ohne den Wärme transportierenden Golfstrom wäre es bei uns im Schnitt 5 bis 10 °C kälter. Bei dem Golfstromsystem handelt es sich um eine schnell fließende warme Oberflächenströmung im Atlantischen Ozean mit durchschnittlich 26 °C Wassertemperatur. Von der Karibik bis nach Nordeuropa transportiert sie mehr Wasser als alle Flüsse der Welt zusammen und kann an der wärmsten Stelle Temperaturen von bis zu 30 °C erreichen. Gespeist wird das System durch die warmen Wassermassen des Nord- und des Südäquatorialstromes. Beginnend im Atlantik vor der Westküste Afrikas, wird der Strom mithilfe der Passatwinde durch die Karibik gelenkt, wo er seine höchsten Temperaturen erreicht. Durch den namengebenden Golf von Mexiko geht es weiter durch die Straße von Florida, wo er als Floridastrom bis zu 30 Millionen Kubikmeter Wasser pro Sekunde befördert. Nach der Vereinigung von Florida- und Antillenstrom wird der eigentliche Golfstrom gebildet, der dann entlang der amerikanischen Ostküste gen Norden fließt. Durch die Corioliskraft und durch die in der Gegend vorherrschenden Westwinde wird der Strom beim Kap Hatteras in North Carolina Richtung Nordosten abgelenkt. Dort trifft er auf den kalten, aus dem Norden kommenden Labradorstrom und verbindet sich mit diesem zum Nordatlantikstrom, welcher jedoch merklich an Wärme und Kraft eingebüßt hat. Im östlichen Atlantik zweiteilt sich der Strom: Der Kanarenstrom biegt nach Süden ab und fließt entlang der westafrikanischen Küste zurück in den Nordäquatorialstrom. Der erste Kreis schließt sich. Der andere Teil fließt als Nordatlantikstrom an den Küsten Irlands und Schottlands vorbei ins Europäische Nordmeer. Dort sinkt das Wasser, nun wieder viel kälter und salzhaltiger, in die Tiefe, wo es als Tiefenströmung zurück in den Atlantik strömt. Der zweite Kreis schließt sich. Diese rotierende Umwälzbewegung des Wassers und der damit verbundene Transport von Wärme sorgen zum Beispiel dafür, dass die Iren an ihrer Südwestküste unter Palmen wandeln können.

Leider scheint die Heizung Europas im Nordatlantik zu schwächeln, wie gleich zwei neue Studien in der Fachzeitschrift *Nature* zeigen. Die Nordatlantische Umwälzströmung verliert an Kraft und das schon seit geraumer Zeit. Levke Caesar vom Potsdam-Institut für Klimafolgenforschung hat zwei Indikatoren ausgemacht, die charakteristisch für eine Verlangsamung der Umwälzströmung seien: eine Abkühlung des subpolaren Atlantiks sowie eine Erwärmung des Golfstroms. Auch eine Studie von David Thornalley und Kollegen kommt zu dem Ergebnis, dass die Umwälzströmung in den vergangenen 150 Jahren um etwa 15 bis 20 Prozent schwächer geworden ist. Schwächt die Umwälzpumpe weiter ab, kann sich das Wetter in Europa weiter verändern und die Folgen wären zum Bespiel steigende Temperaturen und ein erhöhtes Sturmrisiko, hervorgerufen durch veränderte Routen von Tiefdruckgebieten und Stürmen aufgrund der sich wandelnden Temperaturverteilungen im Meer.

Der Golfstrom transportiert jedoch nicht nur ungeheure Mengen an Wärme, sondern wird von kleinen wie großen Meerestieren auch als Transportmittel genutzt – quasi als öffentliches Verkehrsmittel, um ohne große eigene Anstrengung von A nach B zu kommen. Dass der Golfstrom so ein attraktives Transportmittel für Meerestiere wie die Unechte Karettschildkröte *(Caretta caretta)* und den Buckelwal *(Megaptera novaeangliae)* darstellt, liegt nicht nur an seinem zügigen Fluss, sondern ebenso am guten On-Board-Service, welcher ein reichhaltiges Buffet anbietet: Infolge von eingetragenen Nährstoffen aus der Sahara, die mit Ostwinden ins Meer geweht werden, gedeiht das Phytoplankton besonders gut – die Nahrungsgrundlage für das Zooplankton. Das Zooplankton wiederum, bestehend aus Larvenstadien verschiedenster Organismen und anderen Kleinstlebewesen, wird von kleinen Fischen gefressen, die wieder die Nahrung für größere Fische und anderes Getier darstellen und immer so fort entlang der marinen Nahrungskette. Damit ist für das leibliche Wohl aller Passagiere also bestens gesorgt.

Die Reise der Meeresschildkröten

Meeresschildkröten gehören wohl zu den Tieren, bei denen das Herz aller Meeresbegeisterten zu hüpfen anfängt. Wer schon einmal einer Meeresschildkröte beim Schlafen unter einer Tischkoralle oder einer anderen beim emsigen Fressen zugeschaut hat, weiß, wovon ich rede. Wenn die Tiere einen dann noch ohne Scheu und mit einer Portion Neugierde mustern, dann ist das wirklich eines der schönsten Erlebnisse der Welt. Zu den **Meeresschildkröten** werden zwei Familien gezählt. Die Familie der Cheloniidae umfasst sechs Arten: die Grüne Meeresschildkröte *(Chelonia mydas)*, auch Suppenschildkröte genannt, die

Unechte Karettschildkröte *(Caretta caretta)*, die Echte Karettschildkröte *(Eretmochelys imbricata)*, die Australische Suppenschildkröte *(Natator depressus)*, die Pazifische Bastardschildkröte *(Lepidochelys olivacera)* und die Kemp's Bastardschildkröte *(Lepidochelys kempii)*. Zur Familie der Lederschildkröten, den Dermochelidae, wird nur die Lederschildkröte *(Dermochelys coriacea)* gezählt. Allen Meeresschildkröten gemeinsam ist ihr im Vergleich zu den landlebenden Schildkröten stromlinienförmiger Körper mit einem deutlich abgeflachten Rückenpanzer. Zudem sind ihre Extremitäten dem Leben im Meer angepasst und zu kräftigen Flossen umgewandelt. Eine weitere Anpassung an ihren marinen Lebensraum sind Salzdrüsen an den Augen. Diese Drüsen geben beständig eine konzentrierte Salzlösung ab und helfen so den Nieren bei der Regulation des Salzgehaltes des Blutes.

Den **Lederschildkröten** fehlt, im Vergleich zu den Vertretern der Familie der Cheloniidae, der aus Knochen und Horn bestehende Rückenpanzer, der leider noch viel zu oft für die Gewinnung von Schildpatt missbraucht wird. Anstatt des soliden Panzers haben Lederschildkröten einen im Vergleich weicheren Panzer ausgebildet, der aus einer dicken, lederartigen Haut besteht, in welche kleine Knochenplatten eingebettet sind. Die Tiere können eine maximale Panzerlänge von etwas über zwei Metern erreichen und wiegen durchschnittlich 300 bis 500 Kilogramm; es wurden jedoch schon Tiere mit 700 Kilogramm gefunden. Damit sind Lederschildkröten die größten aller Meeresschildkröten. Ihr großer, tropfenförmiger Körper ist der stromlinienförmigste aller Meeresschildkröten, und die Vorderflossen, welche bis zu 2,70 Meter lang werden können, sind die längsten unter den schwimmenden Meeresreptilien. Der Körper der Lederschildkröten ist blauschwarz oder dunkelgrau mit weißen oder rosafarbenen Punkten. Über den Rücken ziehen sich vom Hals bis zum Schwanz sieben markante Längskiele. Doch nicht nur ihre enorme Größe ist beeindruckend oder ihr prähistorisches Äußeres, sondern ebenso ihre Fähigkeit, sehr tief zu tauchen. Normalerweise tauchen die Tiere im Epipelagial und selten tiefer als 250 Meter, aber es wurden schon Tiefen bis zu 1230 Metern gemessen, und somit gehört die Lederschildkröte zu den am tiefsten tauchenden Meerestieren der Welt. Damit nicht genug, sind Lederschildkröten zugleich die schnellsten Reptilien der Welt, denn sie können bis zu 35,28 Kilometer pro Stunde schwimmen und sind damit sogar im Jahr 1992 Guinnessbuch-Rekordhalter geworden! Man nimmt an, dass die Tiere tagsüber in diese großen Tiefen tauchen, um ihrer Nahrung, den Quallen zu folgen. Nachts steigen sie, ebenfalls ihrer Nahrung folgend, wieder an die Oberfläche. Da ihre Nahrung hauptsächlich aus Quallen besteht, halten die Lederschildkröten die Glibbertierpopulationen in Schach. Trotz ihrer unübersehbaren und enormen Größe weiß man verhältnismäßig wenig über diese Dinosaurier der Meere. Die Giganten bevölkern seit Urzeiten die Weltmeere, aber wie alt die Tiere werden können, weiß man bis heute nicht genau. Während manche von 30 Jahren ausgehen, denken andere, dass 50 Jahre wahrscheinlicher sind, und wieder andere gehen von bis zu 100 Jahren aus. Sie kommen in den tropischen und subtropischen Meeren vor und haben damit die größte globale Reichweite aller Meeresschildkröten. Im Norden erstreckt sich ihr Verbreitungsgebiet bis nach Alaska und Norwegen, im Süden sind sie bis zum südlichsten Punkt Afrikas, dem Kap Agulhas, und der südlichen Spitze Neuseelands zu finden. Ein Grund, warum die Lederschildkröten so erfolgreich fast die gesamten Weltmeere erobert haben, ist ihre Körpertemperatur. Denn obwohl sie wie alle Reptilien wechselwarm sind, können sie ihre Körpertemperatur bis zu 20 °C über der Temperatur des sie umgebenden Wassers halten. Die Tiere verbringen fast ihr gesamtes Leben im unendlichen Blau der Ozeane, nur die Weibchen kommen alle paar Jahre an ihren Geburtsstrand oder an einen sandigen Strand in dessen Nähe zurück, um dort selbst ihre Eier abzulegen. Dafür schwimmen sie Tausende von Kilometern von ihren Futtergründen zurück zu den Nistplätzen in tropischen und subtropischen Gebieten. Weltweit sind mehr als 60 solcher Brutstätten bekannt, welche sich an verschiedenen Küsten des Atlantiks, des Indischen Ozeans und des Pazifiks befinden. Zur Eiablage verlassen die Lederschildkrötenweibchen nachts das Wasser, krabbeln an die Strände und graben oberhalb der Hochwassergrenze mit ihren Flossen mühsam Löcher in den feinen Sand. Durchschnittlich werden um die 110 Eier gelegt, von denen sich nur ungefähr 15 Prozent nicht zu kleinen Schildkröten entwickeln. Nach der Eiablage schüttet das Weibchen das Nest wieder vorsichtig mit Sand zu und kehrt ins Meer zurück. Während der Eiablagesaison kann das Weibchen mehrmals an den Strand zurückkommen, um weitere Nester auszuheben und mit Eiern zu füllen. Nach ca. zwei Monaten schlüpfen dann die kleinen Lederschildkröten, graben sich im Schutz der Nacht zur Oberfläche und beginnen ihre lange, gefährliche Reise.

Wie bei allen Reptilien wird das Geschlecht durch die Umgebungstemperatur bestimmt. Eine in etwa gleiche Mischung aus männlichen und weiblichen Jungtieren tritt auf, wenn die Nesttemperatur um die 29,4 °C beträgt, während höhere Temperaturen mehr Weibchen, kühlere Temperaturen mehr Männchen hervorbringen. Nach Verlassen des Nests orientieren sich die kleinen Reptilien an der hellsten Richtung, die an natürlichen, unentwickelten Stränden zum offenen Horizont des Meeres führt. Einmal im Wasser, werden die Männchen das Meer nie wieder verlassen, während die Weibchen später den Zyklus schließen und zur Eiablage die Strände wieder aufsuchen werden. Die kleinen Schildkröten sind von da ab auf sich allein gestellt und unzähligen Gefahren ausgesetzt. Schon am Strand fallen hungrige Möwen über die Babys her, aber auch wilde Hunde, Kojoten, Echsen und Geisterkrabben schlagen sich den Bauch voll. Die Schildkrötenbabys, die es ins Wasser schaffen, sind immer noch weit davon entfernt, in Sicherheit zu sein, denn dort lauern weitere Gefahren: Im Meer stehen sie auf dem Speiseplan von Tintenfischen, Haien und anderen großen Fischen. Über die Kinderjahre von Meeresschildkröten, die auch als *lost years*, die verlorenen Jahre, bezeichnet werden, weiß man nur wenig. Man weiß, dass die Tiere mehrere Jahre lang Wanderrouten folgen, welche ganze Ozeane umspannen. Wo aber genau sie bleiben und was sie fressen, ist weitgehend unbekannt. Mehrere Jahre später und deutlich größer tauchen sie dann in der Nähe ihrer Futtergründe auf. Seit Jahrzehnten sammeln Forschungsgruppen kleine Puzzleteile von Informationen, die sie aus Schiffsbeobachtungen, Daten über Meeresströmungen,

Gewebeuntersuchungen und Satellitentracking zusammentragen.

Am meisten ist bisher über die Wanderung der **Unechten Karettschildkröte** bekannt, vor allem von der Population in Florida. Die Reise der kleinen Schildkröten startet an den Stränden Floridas. Nachdem sich die Schildkröten mühsam ihren Weg durch den Sand an die Oberfläche erkämpft haben, beginnt für sie der Spießrutenlauf zum Meeressaum. Die rund 40 Meter lange Strecke vom Nest zum Meer krabbeln die Tiere um ihr Leben. Die Schildkröten, die es geschafft haben, um hungrige Möwenschnäbel herum zu navigieren und schneller zu sein als Krabbe, Kojote und Co., schwimmen mehrere Tage und Nächte ohne Unterlass, um aus der Gefahrenzone der Küstengewässer in die relative Sicherheit des warmen Golfstroms einzutauchen und sich mit ihm treiben zu lassen. In der Sargassosee angekommen, finden sie Schutz und ein reiches Nahrungsangebot in den auf der Wasseroberfläche schwimmenden Braunalgen. Die *Sargassum-* oder Golftangalgen bilden dichte, floßähnliche Ansammlungen, in denen die kleinen Schildkröten sich erst mal ausruhen und zu Kräften kommen können. In den Algenmatten leben eine Vielzahl von Organismen, unter anderem Krebslarven, Seepocken, Fischeier und anderes Getier, von denen sich die Jungtiere ernähren. Die Schildkröten lassen sich dann mit dem Golfstrom Tausende Kilometer durch den Nordatlantik in Richtung Neufundland treiben. Von dort aus geht es in Richtung Azoren. Diese werden aber nicht direkt angesteuert, sondern die Schildkröten umschwimmen kältere Gebiete, um sich warm zu halten. Dabei verbringen sie die meiste Zeit an der Wasseroberfläche, um sich mithilfe des Sonnenlichtes aufzuwärmen. Von den Azoren aus geht es dann weiter in die Karibik, wo sie die nächsten 20 bis 30 Jahre bleiben, bevor die Weibchen an ihre Geburtsstrände zur Eiablage zurückschwimmen. Die Schildkröten haben einen regelrechten Supersinn, mit dem sie sich am Magnetfeld der Erde orientieren. Mithilfe ihres Magnetsinnes können sie sowohl die geografische Breite als auch die geografische Länge erkennen. Jede Region hat ihr typisches geomagnetisches Muster, und die Tiere benutzen dieses Muster, um durch die Ozeane zu navigieren und zurück zu ihren Geburtsstränden zu finden. Dort angekommen, graben die Weibchen bei Nacht ein Nest in den Sand und legen zwischen 23 und knapp 180 Eier ab. Nach 49 bis 80 Tagen, abhängig von der Inkubations- oder Brutzeit im warmen Sand, schlüpfen die Schildkrötenbabys und machen sich auf den Weg gen Meer. Der Kreis hat sich geschlossen. Die jahrelange Reise der *Caretta caretta* gehört zu den längsten im gesamten Tierreich, denn die Tiere können bis zu 15 000 Kilometer zurücklegen, bevor sie an den Ort ihrer Geburt an den Küsten Floridas zurückkehren. Das entspricht in etwa der Strecke, die ein Flugzeug aus Berlin zurücklegen muss, um in Adelaide in Südaustralien zu landen. Nicht alle geschlüpften Schildkröten erreichen das Erwachsenenalter: Man geht davon aus, dass es nur eine von 1 000 Schildkröten schafft, sich bis ins fortpflanzungsfähige Alter zu entwickeln. Dabei sind Möwen, Haie & Co. bei Weitem nicht die einzigen Feinde, denn der größte Feind aller Meeresschildkröten ist der Mensch. Auch wenn alle Arten durch das Washingtoner Artenschutzabkommen geschützt sind, sie weder gefangen noch getötet werden dürfen und der Handel mit Schildkrötenprodukten aller Art seit 1979 verboten ist, sterben jedes Jahr Zigtausende Tiere von Menschenhand. Sie sind vom Aussterben bedroht. Angefangen beim Bebau der Niststrände mit Hotelkomplexen über Raub und Handel mit den Eiern, bis hin zum Töten adulter Tiere für ihr Fleisch und das begehrte Schildpatt der Panzer. Außerdem verenden unzählige Tiere jährlich als Beifang in Fischernetzen, an Langleinen und durch die Verschmutzung der Meere. Weltweit arbeiten Tierschützer daran, die Nester vor Wilderei zu beschützen, die Jungtiere sicher zum Meer zu geleiten und so zum Fortbestand der Arten beizutragen.

Doch nicht nur Meeresschildkröten sind gefährdet, auch die größten Tiere in den Meeren, die Wale, wurden und werden bis heute von uns Menschen gejagt. Kaum ein Tier umranken mehr Mythen und Legenden als die Riesen der Meere, und seit Jahrhunderten sind wir Menschen auf die eine oder andere Art mit diesen Giganten der Meere verbunden.

Intelligente Sänger

Wale sind die größten auf unseren Planeten lebenden Säugetiere, und ihre Sozialstrukturen sind sehr komplex, ähnlich wie bei uns Menschen. Sie verfügen über einen großen Wortschatz und können sich sogar gegenseitig beim Namen nennen. Die unterschiedlichen Jagdstrategien verschiedener Arten sind clever und lassen auf ein hohes Maß an Intelligenz schließen. Wale leben ausschließlich im Wasser, und es gibt in etwa 90 Arten, welche in zwei Unterordnungen eingeteilt werden: in **Bartenwale** (Mysticeti) und in **Zahnwale** (Odontoceti), zu denen auch Delfine zählen. Erstere filtern mithilfe ihrer kammartigen Bartenplatten, welche vom Oberkiefer herunterhängen, Plankton und kleine Fische aus dem Wasser. Zu ihnen gehören die meisten der großen Walarten wie der Buckelwal und der Blauwal. Die Zahnwale besitzen statt der aus Horn bestehenden Barten Zähne, mit denen sie ihre Beute erlegen. Allen Walen gemeinsam ist ihre Schwanzflosse, die Fluke, welche im Gegensatz zu Fischen waagerecht verläuft und beim Schwimmen auf und ab bewegt wird. Zugegebenermaßen kann die Einordnung, ob Wal oder Fisch, durchaus etwas verwirrend sein, allein weil die Körperform der beiden Gruppen sehr ähnlich ist. Man denke auch an die Bezeichnung »Walfisch« für Wale und »Walhai« für die größte lebende Haiart – ein totales Wirrwarr! Aber die Fluke der Wale bzw. die Schwanzflosse der Haie sind eindeutige Unterscheidungsmerkmale. Die Schwanzflosse der Haie steht im Gegensatz zu der der Wale senkrecht und wird beim Schwimmen seitlich hin und her bewegt. Weitere Merkmale, welche die Zugehörigkeit der Wale und Delfine zu Säugetieren (und nicht zu den Fischen) einordnen, sind die Tatsache, dass sie Warmblüter und lebendgebärend sind und ihre Jungtiere mittels Milch säugen und dass sie Luft atmen und dazu an die Wasseroberfläche schwimmen müssen, während Fische, wie Haie, mithilfe ihrer Kiemen den Sauerstoff aus dem Wasser aufnehmen können.

Wale und Delfine sind sehr kommunikative Tiere, was in ihrem Lebensraum auch notwendig ist. Wie schon weiter oben in »Der Gesang der Fische« erwähnt, sind viele aquatische Tiere auf eine akustische Kommunikation angewiesen, da die Sicht unter Wasser oft sehr eingeschränkt ist und sich Gerüche dort langsamer verteilen. Somit sind Seh- und Geruchssinn oftmals nur von begrenztem Nutzen. Singen, Pfeifen, Knattern, Brummen und noch eine Menge anderer Laute dienen Walen und Delfinen daher zur Kommunikation. Dabei unterscheidet sich deren Tonbildung sehr von der unsrigen. Wir Menschen kommunizieren ja, indem wir die Luft, welche durch unseren Kehlkopf strömt, mittels unserer Stimmbänder, Lippenbewegungen und der Zunge zu Lauten und Worten formen. Bei Meeressäugern entstehen die Töne jedoch ganz anders, mit Unterschieden zwischen Zahn- und Bartenwalen. Zahnwale, zu denen unter anderem Delfine, Narwale, Schweinswale und Pottwale gehören, kommunizieren zumeist mittels hochfrequenter Klick- und Pfeiftöne, seltener mit lang anhaltenden Tonfolgen. Man nimmt an, dass die Klicks hauptsächlich der Echoortung dienen, um so akustische Informationen über die Umgebung zu erhalten. Dabei werden verschiedene Frequenzen eingesetzt – je nach Bedarf für die nahe und die weitere Umgebung. Die Echos der Klicks vermitteln nicht nur Informationen über die Entfernung zum Ziel, welches ein Beutefisch sein kann, sondern auch über die Form, Materialzusammensetzung, Größe und die Geschwindigkeit des sich bewegenden Zielobjektes. Die Tiere sind sogar in der Lage, ihr eigenes Echo so zu isolieren, dass es nicht die Echos anderer Individuen in der Gruppe stört. Die Pfeiftöne dagegen dienen der Kommunikation untereinander. Schon vier bis sechs Monate alte Kälber entwickeln einzigartige Pfeiflaute, die sie ihr ganzes Leben lang am häufigsten verwenden. Solche Laute sind unverwechselbare Signaturen der einzelnen Individuen. Sie dienen als Identifikationsmerkmal untereinander – die Tiere geben sich also selber ihre »Namen« und werden von anderen anhand dieser Laute identifiziert. Am Anfang des Buches habe ich von meiner Begegnung mit ungefähr 300 Spinnerdelfinen im Norden der Malediven berichtet. Noch bevor ich die Tiere überhaupt sehen konnte, hörte ich ihr Pfeifen und Zwitschern unter Wasser. Das ist mir nicht nur bei dieser Begegnung so ergangen, sondern viele Mal davor und danach. Nicht immer konnte ich die Tiere dann auch tatsächlich sehen, da sie manchmal zu weit weg waren oder die Sicht unter Wasser zu schlecht. Sie hingegen konnten uns mit Sicherheit wahrnehmen und mittels Echoortung unsere Anzahl und die Schnelligkeit unseres Fortkommens verfolgen. Wahrscheinlich haben sie sich dabei über diese langsamen, unbeholfenen und viel zu lauten Gestalten mit den vier langen und dünnen Flossen lustig gemacht.

Die Laute werden bei den Zahnwalen von spezialisierten Organen im Kopf der Tiere erzeugt. Der menschlichen Nasenhöhle entsprechend liegen zwischen mehreren Luftsäcken die sogenannten *phonic lips.* Wird Luft durch sie hindurchgepresst, fangen sie an zu vibrieren. Diese Vibration wird weitergeleitet in die Melone des Wals, wo die Klicklaute geformt und nach außen weitergegeben werden. Die Melone ist eine spezialisierte Struktur aus Fett- und Bindegewebe im vorderen Kopfbereich der Zahnwale und bildet die abgerundete Vorderseite des Schädels (quasi deren Stirn).

Bartenwale dagegen haben keine *phonic lips,* sondern

einen Kehlkopf, dem im Gegensatz zum menschlichen Kehlkopf die Stimmbänder fehlen. Bis heute kann man die Lautbildung bei Bartenwalen nicht vollständig erklären. Auch wenn die Tonbildung der Bartenwale mysteriös bleibt, so sind deren zum Teil sehr komplexe Gesänge Thema unzähliger Studien.

Der **Blauwal** *(Balaenoptera musculus)* mit seiner tiefen Stimme ist nicht nur das größte Tier dieser Erde, er kommuniziert auch über große Entfernungen mit seinen Artgenossen. Blauwale sind oft Einzelgänger, aber selbst die wollen sich ab und an miteinander unterhalten, und das können sie auch – über enorme Distanzen. Ihre lauten, niederfrequenten Rufe wie Grunzen, Summen, Stöhnen und Klicken sind zwar für das menschliche Ohr meistens unhörbar, gehören aber mit 180 Dezibel zu den lautesten Rufen im Tierreich und können über Tausende von Kilometern unter Wasser reisen. Zum Vergleich: Ein startender Düsenjet ist um die 140 Dezibel laut! Der Blauwal gehört ebenso wie der Buckelwal zu der Familie der Furchenwale (Balaenopteridae) und kann eine stattliche Größe erreichen. Mit einer Länge von 23 bis 33 Metern und einem Gewicht von 100 bis 180 Tonnen ist er das größte Tier, was jemals auf der Erde gelebt hat und immer noch lebt. Äußerlich ist die blaugraue Körperfarbe ausschlaggebend für den Namen, wobei die Unterseite eines Blauwals etwas heller ist. Der Kopf ist sehr groß, nimmt bis zu einem Viertel der Gesamtkörperlänge ein und erinnert von oben betrachtet an die Form eines gotischen Spitzbogens mit zwei auffälligen Blaslöchern. Ihr Blas, also die ausgeatmete Atemluft, kann bis zu zwölf Meter senkrecht in die Höhe schießen und erscheint als schlanke, mit Feuchtigkeit gesättigte Sprühsäule. Der Blauwal gehört, wie der Buckelwal, zu den Schluckfiltrierern und schwimmt mit weit geöffnetem Maul durch planktonreiches Wasser. An der Unterseite seines Mauls befinden sich die für die Furchenwale namensgebenden, längs verlaufenden Furchen. Diese dehnen sich bei der Nahrungsaufnahme um das Vierfache, sodass der Wal tonnenweise Wasser und Krill aufnehmen kann. Beim Schließen das Maules kontrahieren die Falten wieder, das Wasser wird durch die Barten nach draußen gepresst, die Nahrung aber bleibt in ihnen hängen. Auf diese Weise »erjagen« sie bis zu sieben Tonnen Krill am Tag!

Wahre Opernsänger unter den Bartenwalen sind die Männchen der **Buckelwale** *(Megaptera novaeangliae)*, deren Gesänge aus regelmäßig wiederkehrenden Einzelstrophen bestehen. Diese Strophen variieren von Individuum zu Individuum und können sich immer wiederholen – manchmal bis zu 30 Minuten am Stück. Diese Gesänge gehören zu den längsten und komplexesten Liedern im gesamten Tierreich und bestehen aus Quietsch- und Pfeiftönen sowie aus tiefen und harmonischen Lauten. Mit ihrem Gesang, der sich über mehrere Stunden und sogar Tage hinweg immer wieder wiederholt, wollen sie den Weibchen oder ihren männlichen Rivalen imponieren. Ganz genau ist das noch nicht geklärt. Die verschiedenen Populationen der Buckelwale, die in allen Ozeanen vorkommen, können unterschiedliche Dialekte haben – ganz ähnlich wie die Dialekte in den verschiedenen Regionen Deutschlands. Darüber hinaus können diese Minnesänger noch andere Töne produzieren, zur Abgrenzung ihrer Reviere etwa, und um zur gemeinsamen Jagd zu blasen.

Das mit dem Blasen ist dabei nicht nur im übertragenen Sinne gemeint, denn Buckelwale haben eine wirklich erstaunliche Jagdstrategie entwickelt, die im Englischen als *bubble net feeding* bezeichnet wird. Dabei schwimmt der Wal, manchmal auch eine Gruppe von mehreren Tieren, in immer enger werden Kreisen unter einen Fischschwarm und pustet Luftblasen von unten nach oben. Dadurch entsteht ein Vorhang aus Luftblasen *(bubble net)*, der die Beute an der Flucht hindert und auf ein immer kleiner werdendes Areal konzentriert. Der Wal schwimmt dann mit weit aufgerissenem Maul senkrecht von unten nach oben und »schluck-filtriert« seine Beute mit einem Happs.

Wer gerne einmal Buckelwale sehen, aber dafür nicht unbedingt weit reisen möchte, dem empfehle ich die Azoren. Die Azoren, eine zu Portugal gehörende Inselgruppe im Nordatlantik, gehören zu den besten Ausgangspunkten für Walbeobachtungen. Von März bis Oktober kann man dort bis zu 20 verschiedene Meeressäugerarten beobachten, von verschiedenen Delfinarten bis hin zum größten aller Wale, dem Blauwal. Aber auch hier gilt es, sich vorher nach Touranbietern zu erkundigen, die besonders auf das Wohl der Tiere achten. Gerade Buckelwale sind für ihr neugieriges Verhalten bekannt, und es kann passieren, dass die Tiere nahe an ein solches Walbeobachtungsboot heranschwimmen. Wenn dann der Bootsführer nicht gut aufpasst und zu wenig Abstand zu den Tieren hält, kann sich das Tier an der Schiffsschraube schwer verletzen. Buckelwale lassen sich besonders leicht von ihren Verwandten unterscheiden, da sie eine große Fluke (Schwanzflosse) mit einer knubbeligen Hinterkante und einer schwarz-weißen Zeichnung auf der Unterseite haben. Die Fluke ragt beim Abtauchen meist in die Luft und ist gut sichtbar. Experten dient ihre Zeichnung als individuelles Identifikationsmerkmal. Die Tauchgänge dauern in der Regel nur drei bis neun Minuten, können aber auch bis zu 45 Minuten anhalten. Beim Abtauchen krümmt sich der Körper, und es bildet sich ein Buckel, der namensgebend für die Art ist. Zudem haben sie einen großen Kopf mit Beulen auf der Oberseite und am Unterkiefer. Auffällig sind auch ihre langen Flipper (Brustflossen), welche eine weiße Unterseite und zumeist eine schwarze Oberseite haben. Buckelwale sind wahre Akrobaten, denn sie können mit ihren bis zu 30 Tonnen schweren Körpern aus dem Wasser springen, um dann mit einem lauten Platsch wieder im Wasser zu landen. Diese Sprünge dienen nicht nur der Freude der Touristen, sondern wahrscheinlich der Kommunikation unter den Tieren. Zudem schlagen sie häufig mit Fluke und Flipper auf die Wasseroberfläche, um Aufmerksamkeit zu erzeugen und um Rivalen zu beeindrucken. Auch hier gibt es jedoch, genau wie bei den Gesängen, noch mehr Fragezeichen als Antworten. Ein beeindruckendes Spektakel ist es aber allemal! Ich hatte einmal das Glück, auf den Bermudas neben zwei ausgewachsenen Buckelwalen zu schnorcheln, und kam mir neben diesen Giganten wie ein kleiner, sehr zerbrechlicher Zwerg vor. Das Vergnügen währte allerdings nur kurz, da sie mit drei Schlägen ihrer Fluken in der Tiefe des Ozeans verschwanden.

Von etwas längerer Dauer war eine Begegnung mit einer Schule Grindwale auf einer zehnwöchigen Segeltour mit der »Aquapower-Expedition«, auf die ich im letzten Kapitel noch näher eingehen werde. Viele Wale sind sehr gesellig und leben in Gruppen zusammen, welche als Schule bezeichnet werden und in denen eine feste Hierarchie herrscht. Ob es sich bei den von uns beobachteten Tieren um Kurzflossen-**Grindwale** *(Globicephala macrorhynchus)* oder um Langflossen-Grindwale *(Globicephala melas)* handelte, vermag ich leider nicht zu sagen, da sich die Arten sehr ähneln. Nachdem wir von den Bermudas abgelegt hatten und schon eine Woche Richtung Azoren durch den Nordatlantik gesegelt waren, wurde das Wetter ruhiger. Während dieser Woche hatten wir mit zum Teil sehr rauer See zu kämpfen und daher kaum Gelegenheit, uns richtig zu waschen, geschweige denn zu duschen. Auch wenn wir auf einem vergleichsweise luxuriösen Katamaran mit Süßwasserduschen unterwegs waren, wollten wir unsere Süßwasservorräte nicht unnötig verbrauchen. Zudem wurde zumindest mir immer schlecht, wenn ich mich zu lange unter Deck aufhielt, sodass ich es bei einer Katzenwäsche beließ. Auch wenn Sie bestimmt jetzt die Nase rümpfen, haben wir doch alle mirakulöserweise nicht gemüffelt – die salzige Atlantikluft scheint gut zu konservieren und vor allem zu deodorieren! Nachdem sich das Wetter also endlich beruhigt hatte, nutzten wir alle die Gelegenheit, um mitten im Atlantik, Hunderte Kilometer vom nächsten Festland entfernt, in den blauen Ozean zu springen. Der dabei von uns verursachte Lärm – wir hüpften ausgelassen immer wieder vom Boot ins Wasser – blieb nicht lange unbemerkt. Nach einiger Zeit sahen wir graue Rückenflossen an der Wasseroberfläche, die uns veranlassten, schnell wieder aufs Boot zu klettern. Unsere Sorge war aber unbegründet, da es sich um eine Schule Grindwale handelte, die, begleitet von ein paar

Delfinen, unser Boot neugierig umkreisten. Die ca. 20 Tiere blieben etwa 15 Minuten in unserer Nähe und musterten uns mit aus dem Wasser schauenden Augen. Dann wurden wir ihnen zu langweilig, und sie schwammen davon. Diese Begegnung war wirklich wunderschön, sogar ein Jungtier war mit dabei! Grindwale gehören zu den Zahnwalen und sind mit Schwertwalen *(Orcinus orca)*, auch Orcas oder Killerwale genannt, verwandt. Auch wenn es zugegebenermaßen verwirrend ist, aber Schwert- und Grindwale gehören zur Familie der Delfine (Delfinidae). Das »Wal« in ihrem Namen bezieht sich dabei wohl eher auf ihre Größe als auf ihre zoologische Verwandtschaft.

Schwertwale sind die größte Art innerhalb der Delfinfamilie und aufgrund ihrer sehr hohen, dreieckigen Rückenfinne und der kontrastreichen weiß-schwarzen Körperzeichnung sehr einfach zu erkennen. Kopf, Rücken und Flossen sind schwarz, die Bauchseite sowie ein elliptischer Fleck hinter jedem Auge sind weiß. Dabei sind die Konturen zwischen Weiß und Schwarz scharf voneinander abgegrenzt. Die Rückenflosse kann bei Männchen bis zu zwei Meter lang werden und sieht aus wie ein Schwert, das aus dem Wasser ragt – daher der Name Schwertwal. Weibchen und auch deren Rückenflossen sind im Allgemeinen kleiner als die Männchen, welche eine Länge von knapp 10 Metern erreichen können. Orcas werden, je nach Lebensraum und Ernährung, in drei verschiedene Hauptgruppen (Ökotypen) eingeteilt, die sich je nachdem hauptsächlich, aber nicht ausschließlich von 1) anderen Meeressäugetieren wie Robben und anderen Walen, 2) Fischen in Küstennähe oder 3) pelagischen Fischen und Tintenfischen ernähren. Schwertwale kommen in allen

Weltmeeren vor und bewegen sich zumeist in Gruppen von mehreren miteinander verwandten Tieren. An der Spitze einer Gruppe steht stets eine alte Kuh, die die Gruppe, bestehend aus ihren Kindern und Enkeln, anführt. Diese Grundeinheit wird als Mutterlinie bezeichnet und kann sich mit einer weiteren nah verwandten Gruppe zu einer Schule zusammenschließen. Man kann die Verwandtschaftsbeziehungen zwischen den Gruppen anhand ihrer Dialekte ableiten. Je ähnlicher ihre Lautäußerungen, desto enger sind sie verwandt. Diese Laute werden genau wie die zum Teil sehr komplexen Jagdtechniken von den Müttern an ihre Kälber weitergegeben. Schwertwale sind die Spitzenprädatoren im Meer und haben außer dem Menschen keine natürlichen Feinde. Je nach Lebensraum und Nahrungsangebot haben die verschiedenen Gruppen spezialisierte Jagdstrategien entwickelt. Schwertwale in der Antarktis zum Beispiel schwimmen gemeinsam und koordiniert auf eine Eisscholle zu, auf der ein oder mehrere Beutetiere sitzen. Das Schwimmen erzeugt eine Bugwelle, die im besten Falle (für die Orcas) ihre Beute, wie Seerobben oder Pinguine, von der schwankenden Scholle in die geöffneten Mäuler der Orcas spült. Schwertwale, die sich auf das Jagen von anderen Meeressäugern spezialisiert haben, kommunizieren während der Jagd nicht mittels Lauten zur Echoortung, auch wenn sie natürlich dazu in der Lage wären. Man nimmt an, dass sie ihre Beute nicht unnötig auf sich aufmerksam machen wollen. Ganz schön clever! Doch Orcas jagen nicht nur kleinere Tiere, sondern nehmen es selbst mit Haien wie dem Weißen Hai und dem Tigerhai und sogar mit Walen auf! Im Jahr 2017 wurden an den Stränden von Gansbaai in Südafrika mehrere tote Weiße Haie angespült, denen die Leber fehlte. Diese wurde nicht etwa nach dem Tod von anderen Tieren gefressen, sondern die Haie starben offenbar nur für ihre Leber, welche mit fast chirurgischer Präzision entfernt wurde. Der restliche Körper war mehr oder weniger intakt. Es wird gemutmaßt, dass Orcas scharf auf die Lebern waren, welche reich an Lebertran sind. Die tödlichen Attacken auf die Weißen Haie sprachen sich offenbar herum, denn die Haie verschwanden für einige Zeit von der Bildfläche. Tauchtouranbieter in Gansbaai, das sich selbst als »Hauptstadt der Weißen Haie« bezeichnet, vermeldeten keine Sichtungen mehr, sodass die extra wegen der Weißen Haie angereisten Taucher enttäuscht wieder von dannen zogen. Andere Beutetiere der Orcas sind unter anderem Pottwale. Werden diese von Orcas angegriffen, nehmen sie ihre Kälber und geschwächte Tiere in die Mitte und formieren sich in einem Kreis, mit dem Kopf nach innen und den Schwanzflossen nach außen. Mit dem Schlagen der kräftigen Flossen versuchen sie ihre Angreifer zu vertreiben. Auch wenn Schwertwale es mit Pottwalen aufnehmen können, so sind letztere ebenfalls berüchtigte Prädatoren.

Pottwale *(Physeter macrocephalus)* sind die größten bezahnten Jäger der Erde und damit selbst sehr furchteinflößend. Es gibt sie in allen fünf Ozeanen, und selbst auf den Malediven kann man sie beobachten. Nicht dass ich sie selber dort je im Wasser gesehen hätte, aber wir hatten ein Pottwalskelett in unserer Ausstellung im Eco Centre auf Kuramathi. Das Tier wurde vor einigen Jahren tot am Strand einer anderen Insel gefunden und dort im Sand vergraben. Nachdem es vollständig verrottet war, wurde das zurückgebliebene Skelett geborgen, gereinigt und professionell für die Ausstellung präpariert und kann bis heute dort bewundert werden. Sterben die Tiere eines natürlichen Todes, können Pottwale ein Alter von bis zu 60 Jahren erreichen. Pottwale sind die größten unter den Zahnwalen, und sie erreichen eine durchschnittliche Größe von 16 Metern, wobei die Weibchen etwas kleiner und leichter als die Männchen sind. Hervorzuheben ist, dass die Männchen den größten Kopf im gesamten Tierreich haben, welcher in etwa ein Drittel der gesamten Körpergröße ausmacht.

Abgesehen von der Bezahnung unterscheiden sich die Odontoceti von den Bartenwalen durch ihre auf dem Kopf sitzenden Blas- bzw. Nasenlöcher. Im Unterschied zu den filternden Verwandten haben Zahnwale nur ein Blasloch, während die Bartenwale zwei besitzen. Bei allen Arten wird aus dem Blasloch die angehaltene Luft nach einem Tauchgang ausgestoßen und ist als Nebelfontäne, der Blas, bei gutem Wetter gut sichtbar. Dabei sind Richtung und Form der mit Feuchtigkeit gesättigten Atemluftfontäne von Art zu Art verschieden und dienen Walbeobachtern als Bestimmungshilfe. Wie bereits erwähnt, können Pottwale auf der Suche nach Nahrung sehr tief tauchen. In Tiefen zwischen 300 und 800 Metern, also im Mesopelagial, jagen sie nach ihrer Lieblingsspeise, den Tintenfischen. Bei Untersuchungen des Mageninhalts von toten Pottwalen hat man allerdings festgestellt, dass die Tiere sogar bis in dunkle Tiefen von 3 000 Metern tauchen können. In ihrem Magen befanden sich nämlich Überreste von Fischen, die nur in diesen großen Tiefen vorkommen. Insgesamt kann ein solcher Tauchgang über eine Stunde dauern – dann müssen die Jäger wieder an die Oberfläche, um nach Luft zu schnappen. Pottwale haben eine sehr charakteristische Körperform. Der auffällig große Kopf, vor allem der der Männchen, ähnelt einem Rechteck und beherbergt ein bis zu 9,5 Kilogramm schweres Gehirn, das massigste im ganzen Tierreich! Zum Vergleich: Das menschliche Gehirn wiegt durchschnittlich 1,5 Kilogramm, wobei dessen Größe von Geschlecht und Körpergröße abhängt. Ihren Namen verdanken die Pottwale übrigens der Form ihres Schädels, der wie ein Topf, oder Pott, nach vorne gewölbt ist. Die stumpfe Schnauze steht manchmal bis zu 1,5 Meter über dem kaum sichtbaren Unterkiefer vor und erinnert an einen umgedrehten Pott. Der Kopf geht übergangslos, ohne Hals, in den lang gestreckten, massigen Körper über, dessen dunkle, faltige Haut aussieht wie eine verschrumpelte Pflaume. Der übergroße Kopf beinhaltet nicht nur ein großes Gehirn, sondern in einem Auto-großen Hohlraum ein weißliches Wachs, das Spermaceti-Öl bzw. Walrat. Dessen genaue Funktion ist nach wie vor nicht bekannt, man nimmt aber an, dass es zur Echoortung sowie zur Steuerung des Auftriebs beim Tauchen dient. Eine weitere Vermutung lautet, dass es den männlichen Pottwalen mehr Stabilität und Kraft verleiht und als Rammbock eingesetzt werden kann. Die Rammbockfunktion wird nicht nur in Kämpfen mit männlichen Rivalen eingesetzt, sondern es sind auch Fälle dokumentiert, in denen Schiffe absichtlich von Pottwalbullen gerammt wurden; mindestens ein Walfangschiff ist auf diese Weise gekentert und untergegangen! Pottwale, welche in der Vergangenheit fast bis zu ihrer Ausrottung von Menschen gejagt wurden, sind bis heute Lieferanten für eine Substanz, für die viel Geld bezahlt wird: Pottwalfäkalien. Ja, richtig gelesen: Der Kot von Pottwalen ist bares Gold wert und wird weltweit als eine der kostbarsten Substanzen (unter der Hand) gehandelt. Es kann durchaus sein, dass Sie sich damit schon einmal eingeduftet haben – mit einem kleinen Tupfer auf ihrem Handgelenk oder einem Sprühstoß in Ihr Dekolleté. Die Rede ist von Ambra, einer wachsartigen, grauen Substanz aus dem Enddarm eines Pottwals mit Verdauungsstörungen. Wie schon erwähnt, fressen Pottwale bevorzugt Tintenfische. Die unverdaulichen Teile der Kopffüßer wie z. B. deren Schnäbel stellen ein hohes Verletzungsrisiko für den Verdauungstrakt der Pottwale dar. Für gewöhnlich erbrechen sich die Pottwale regelmäßig, um diese scharfkantigen Nahrungsreste loszuwerden. Ein Teil der Schnäbel verbleibt jedoch im Magendarmtrakt und wird in einer ölige Masse verklumpt, um die empfindliche Darmwand zu schützen. Diese Masse ist die Ambra, von der man bis heute nicht genau weiß, wie sie in den Tiefen der Pottwalgedärme entsteht. Der Mensch kommt in Besitz der kostbaren Substanz, indem sie entweder auf natürlichem Weg den Darm verlässt, oder aber, wenn ein Wal verendet und der Kotbrocken nach Verwesen des Tieres an die Wasseroberfläche ploppt. In beiden Fällen kann es sein, dass die Ambra an einen Strand gespült wird, wo sie aufgelesen und später verkauft wird. Während ihrer Reise im Meer reift die Ambra durch die Einwirkung von Salzwasser, Licht und Luft – sie verändert ihre Konsistenz, Farbe und ihren Geruch und verwandelt sich im Laufe der Zeit in einen der teuersten Duftrohstoffe der Welt! Da dieser Rohstoff sehr rar ist und dementsprechend teuer, wird er mittlerweile synthetisch hergestellt. Nur noch in besonders kostbaren Parfums wird Ambra, unter dem Deckmantel der Verschwiegenheit, verwendet, da der Handel mit Pottwalprodukten nach dem Washingtoner Artenschutzübereinkommen CITES sowie der EU-Artenschutzverordnung verboten ist.

Neben den Walen und Delfinen gibt es aber noch andere große Jäger im Pelagial. Auch Fische sind erfolgreiche und gefürchtete Prädatoren, und der Fisch, der es den Menschen wohl am meisten angetan hat, ist zweifelsohne der Hai.

Gejagte Jäger

Haie sind fantastische und wunderschöne Tiere, deren Reputation durch Filme wie *Der weiße Hai* leider enorm gelitten hat. Dennoch kann sich kaum einer der Faszination entziehen, die diese eleganten Jäger ausüben. Die zwei größten Haiarten überhaupt, der Walhai und der Riesenhai, ernähren sich übrigens nicht von im Meer schwimmenden Menschen, sondern von den winzigsten Tieren im Ozean – dem Zooplankton. Aber auch sonst steht der Mensch nicht auf dem Speiseplan von Haien. Das Florida Museum führt eine Datenbank über weltweite Haiangriffe, die regelmäßig auf den neuesten Stand gebracht wird. Im Jahr 2017 gab es weltweit 155 Interaktionen von Mensch und Hai – nur fünf davon waren tödlich! Auch wenn es den meisten Menschen nicht bewusst ist, so sterben jährlich mehr Menschen an Moskitostichen und Hundebissen als durch die vermeintlichen Bösewichte

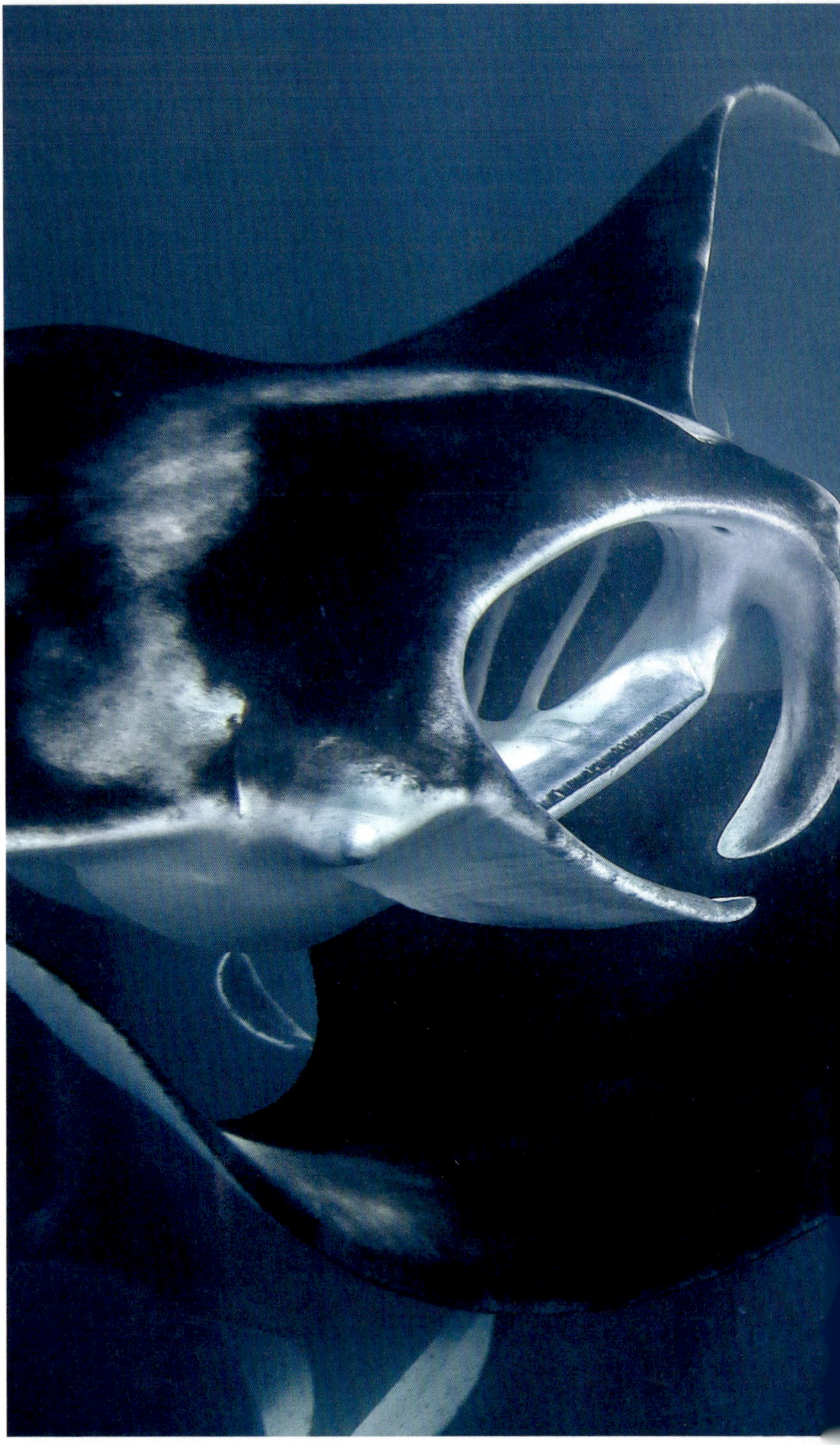

mares
Instinct

der Meere. Die Weltgesundheitsorganisation (WHO) geht von mehreren Hundert Millionen Todesfällen pro Jahr aus, hervorgerufen durch von Moskitos übertragene Krankheiten wie Malaria, Dengue- und Gelbfieber. Und Ihr Haushund – und meiner auch – ist potenziell gefährlicher als ein Hai, der mit Ihnen im Wasser schwimmt. Denn kommt der Speichel eines Haushundes mit einer offenen Wunde beim Menschen in Berührung, kann er gefährliche Bakterien übertragen, die schlimmstenfalls zur Amputation der betroffenen Gliedmaßen oder sogar zum Tod führen können. Natürlich möchte ich nicht den Haushund damit verunglimpfen, meiner wäre auch sehr unglücklich darüber, sondern nur hervorheben, dass es viel mehr Todesfälle durch Haustiere, Unfälle im Haushalt, Moskitos, Autos usw. als durch Haie gibt. Wie bereits erwähnt, bin ich auf den Malediven fast täglich mit Haien im Wasser gewesen, und an mir ist alles noch dran. Auch war ich regelmäßig im Wasser, wenn ich meine Periode hatte oder blutige Schrammen am Bein; diese »blutrünstigen Monster« waren völlig desinteressiert und haben mich nicht als nächsten Snack angesehen. Noch nicht einmal probiert haben sie! Genauso wenig ist meinen Kolleginnen, Tauchfreunden und -bekannten je etwas passiert. Tatsächlich habe ich mich bei schlechtem Wetter auf den Malediven an Land unsicherer gefühlt als im Wasser. Immer wenn ich zu meinem Büro gegangen oder mit dem Rad gefahren bin, habe ich einen großen Bogen um schwankende Kokosnusspalmen gemacht, da es immer wieder vorkam, dass ganze Trauben von Kokosnüssen mit lautem Getöse herunterkrachten. Wenn es richtig windig war, schlugen die Nüsse um einen herum wie Granaten ein. Ich kenne mehr Menschen, die schon mal eine gebrochene Nase und diverse Beulen von herunterfallenden Kokosnüssen hatten als solche, die von einem Hai auch nur schief angeguckt worden wären. Klingt nach Klischee, ist aber tatsächlich so. Haie dagegen werden jährlich millionenfach von Menschen getötet, und viele von ihnen sterben einen qualvollen Tod, da ihnen die Flossen bei lebendigem Leib abgeschnitten werden. Die noch lebenden Tiere werden dann zurück ins Meer geworfen, wo sie elendig sterben. Im Englischen wird das als *finning* bezeichnet. Und wofür? Damit sie in geschmacklosen Suppen landen oder Männern angeblich helfen, ihre Potenz zu fördern. Eine Forschungsgruppe um den Haibiologen Samuel H. Gruber von der Bimini Biological Field Station in Miami gibt an, dass, basierend auf Zahlen aus der Fischerei, jährlich weltweit etwa 100 Millionen Haie von Menschen getötet werden – nach konservativen Schätzungen. Das sind 11417 Haie pro Stunde. Wahrscheinlicher seien sogar 273 Millionen pro Jahr, so die Autoren der im Jahr 2013 in der Fachzeitschrift *Marine Policy* erschienenen Studie weiter! Das muss man erst einmal sacken lassen, und selbst dann ist es einfach unvorstellbar!

Haie sind keine blutrünstigen Monster, sondern für marine Ökosysteme von entscheidender Bedeutung. Sie stehen an der Spitze der marinen Nahrungskette (nach den Orcas) und tragen dafür Sorge, dass ein natürliches Gleichgewicht zwischen Fischpopulationen und deren Umwelt bestehen bleibt. Stellen Sie sich ein tropisches Korallenriff ohne Haie vor: In kürzester Zeit würden andere Raubfische, die zuvor von Haien bejagt wurden, die Bestände an pflanzenfressenden Fischen dezimieren. Das hätte zur Folge, dass sich Algen, welche zuvor von den Pflanzenfressern abgeweidet wurden, ungehindert im Riff ausbreiten und so Korallen überwachsen könnten, welche daraufhin absterben würden. Das ist längst keine Theorie mehr, denn es ist wissenschaftlich belegt, dass das Fehlen von Haien schädlich für die Gesundheit der Meere ist.

Zu trauriger Berühmtheit gelangt ist North Carolina. Die dortige Überfischung von großen Haiarten wie Hammerhaien, Bullenhaien und Großen Weißen Haien, welche sich vorwiegend von anderen Knorpelfischen wie zum Beispiel Rochen ernähren, führte zu einer unkontrollierten Zunahme der Rochenpopulationen. Zwischen den Jahren 1986 und 2000 gingen die Populationen von Hammerhaien aufgrund der starken Überfischung um 89 Prozent zurück. Hammerhaie haben sich auf die Jagd auf Rochen spezialisiert, die sie mit ihrem an einen Hammer erinnernden Schädel in den Meeresgrund rammen, auf diese Weise paralysieren und anschließend fressen. Nachdem der Druck durch die großen Raubfische wegfiel, konnten sich die Rochen explosionsartig vermehren. Vor allem der Atlantische Kuhnasenrochen *(Rhinoptera bonasus)* profitierte vom Wegbleiben der Haie, und die Population schwoll auf einen Bestand von über 40 Millionen Tieren an. Diese Armee von Rochen schaffte es tatsächlich, die 400 Jahre alte Muschelfischerei-Industrie bis zum Jahr 2004 zum vollständigen Erliegen zu bringen. Die Fische fraßen die Muschelbestände einfach auf. Wenn wir Menschen ganze Segmente von Ökosystemen, insbesondere solche Spitzenprädatoren wie Haie, ausrotten, kippt das Gleichgewicht zwischen den Arten, und die Auswirkungen machen sich durch den Dominoeffekt in der gesamten

Nahrungskette bemerkbar. Einige dieser Auswirkungen können dann langfristig auch für uns Menschen schädlich sein.

Es muss ganz dringend mehr gegen das schlechte Image von Haien getan werden, um deren Ausrottung zu stoppen. Glücklicherweise gibt es immer mehr seriöse und auf Mensch- und Tierwohl bedachte Touranbieter, deren Ziel es ist, interessierten Menschen Haie in ihrer natürlichen Umgebung nahezubringen. Die SharkSchool™ zum Beispiel bietet Workshops unter Leitung des renommierten Haiverhaltensforschers Erich Ritter an. Die Teilnehmer können auf der Bahamasinsel Eleuthera mit Haien tauchen und schnorcheln und lernen gleichzeitig mehr über das Verhalten und die Biologie der Tiere. Das ist Haischutz in der Praxis, denn wenn die Menschen lernen, Haie zu verstehen, verlieren sie die Angst vor ihnen. Der Wunsch, diese faszinierenden Tiere zu schützen, wächst.

Nach wie vor läuft sicher jedem Zweiten von uns ein Schauer über den Rücken, wenn er oder sie an den Weißen Hai *(Carcharodon carcharias)* denkt. Im Kopf spult sich dann die Titelmelodie des Filmes von Steven Spielberg *Der weiße Hai* aus dem Jahr 1975 ganz automatisch ab. Da dam, da dam, da dam, dadamdadam … und man sieht sich einem zähnefletschenden Monster gegenüber, das es auf einen abgesehen hat. Kein Boot, kein Schwimmer ist vor ihm sicher, denn laut Spielberg zertrümmern diese Tiere ganze Boote, um an die schmackhaften Menschen zu kommen. Schwimmt man nichts ahnend durch das Meer, schießt unweigerlich ein Schatten aus der Tiefe nach oben, beißt sich fest und zieht einen, in einem Vorhang aus blutigen Blasen, in die Tiefe. Auch ich habe diesen Film in meiner Jugend gesehen und mich gegruselt. Ab da hatte ich Angst vor Haien. Aber nur so lange, bis ich mit meinem ersten großen Hai, dem Großen Hammerhai *(Sphyrna mokarran)*, zusammen getaucht bin. Natürlich kann ich nicht behaupten, keine Beklemmung verspürt zu haben, aber diese schlug ganz schnell in totale Faszination für diese Tiere um. Und fasziniert bin ich bis heute. Es gibt weltweit über 500 beschriebene Haiarten, und wir finden sie in allen marinen Lebensräumen – in flachen Küstengewässern, in der Hochsee, der Tiefsee, in der Karibik genauso wie in der Arktis. Selbst in Süß- und Brackwasser finden wir sie! Und ja, es gibt tatsächlich auch Haie in Flüssen oder sogar in Seen! Keine Angst, weder im Boden- oder Chiemsee noch in der Müritz und schon gar nicht im Müggelsee werden Sie je auf einen Hai treffen. Anders sieht das in Flüssen in Indien, Südostasien und in Teilen Australiens aus, die im Meer münden. Aber selbst dort ist die Wahrscheinlichkeit höher, dem Ungeheuer von Loch Ness zu begegnen, als diesen scheuen Tieren. Bisher wurden fünf Arten von Flusshaien beschrieben, welche jedoch nach wie vor kaum erforscht sind, da man sie nur sehr selten zu Gesicht bekommt.

Die Gattung der **Flusshaie**, *Glyphis*, wird zu den Requiemhaien (Carcharhiniformes) gezählt. Man nimmt an, dass sie sich hauptsächlich von Fischen ernähren und die Weibchen lebendgebärend sind. Wahrscheinlich können Flusshaie eine Größe von bis zu drei Metern erreichen, aber da man bisher nur wenige ausgewachsene Exemplare zu Gesicht bekommen hat, lässt sich auch das nicht mit Bestimmtheit sagen. Ob wir je die geheimnisvolle Lebensweise dieser Tiere näher kennenlernen werden, ist fraglich. Dank des menschlichen Einflusses durch Überfischung, Verschmutzung und Verkleinerung ihres Lebensraumes gelten sie nämlich als gefährdet. Ein bisschen weiß man zum Glück: Der **Speerzahnhai** zum Beispiel *(Glyphis glyphis)* kommt vor allem in Flussbereichen im indopazifischen Raum vor, vorzugsweise in mit Mangroven gesäumten Flüssen in Nordaustralien und Papua-Neuguinea. Von der australischen Population ist bekannt, dass die Jungtiere nach ihrer Geburt zwischen Ende Oktober und Dezember im Mündungsbereich der Flüsse bis zu 80 Kilometer stromaufwärts wandern. In dieser Entfernung zum Meer, wo der Salzgehalt deutlich reduziert ist, verbringen sie ihre ersten drei bis sechs Lebensjahre. Da durch den jährlichen Monsun die Flüsse mit viel neuem Süßwasser versorgt werden, wandern die Jungtiere in dieser Zeit stromabwärts, wo der Salzgehalt wieder zunimmt und die von ihnen bevorzugten Werte hat. Zur Paarung wandern erwachsene Speerzahnhaie in die Mündungsgebiete der Flüsse und dann zurück ins Meer, wo sie sich, so nimmt man an, in den Küstengebieten Nordaustraliens aufhalten.

Eine andere Flusshaiart, der extrem seltene **Gangeshai** *(Glyphis gangeticus)*, lebt in großen Flüssen wie dem Ganges im Osten und Nordosten Indiens. Über diese Haiart ist nur wenig bekannt, sie wird öfters mit dem ähnlich aussehenden Bullenhai *(Carcharhinus leucas)* verwechselt, den man ebenfalls im Ganges findet. **Bullenhaie** sind in weiten Teilen der Welt in warmen, flachen Gewässern entlang der wärmeren Küsten Afrikas, Asiens, Nord-, Mittel- und Südamerikas zu finden. Aufgrund ihres bevorzugten Lebensraumes in trübem Flachwasser kommt es mit dieser Haiart sowie mit dem Weißen Hai und dem Tigerhai zu den meisten Unfällen mit Menschen. Bullenhaie verteidigen aggressiv ihr Revier und haben quasi eine Null-Toleranz-Grenze gegenüber Eindringlingen. Man vermutet, dass eine Vielzahl der Attacken, welche dem Weißen Hai zugeschrieben werden, tatsächlich von Bullenhaien begangen wurden. Bullenhaie kommen nicht nur im Meerwasser vor. Sie können aufgrund einer besonderen physiologischen Anpassung im Brackwasser von Mündungsgebieten sowie im Süßwasser von Flüssen überleben. Dabei passt sich der Stoffwechsel der Niere der jeweiligen Umgebung an und ermöglicht es ihnen, theoretisch ihr ganzes Leben im Süßwasser zu verbringen. Im Nicaraguasee, dem größten Binnensee Mittelamerikas nahe der Grenze zu Costa Rica, gibt es tatsächlich eine Population von Bullenhaien, die fälschlicherweise als eigene Unterart, *Carcharhinus nicaraguensis*, beschrieben wurden. Die Tiere verbringen allerdings nicht ihr gesamtes Leben im See, sondern wandern offenbar den Rio San Juan entlang in das Karibische Meer. Anhand von markierten Bullenhaien konnte festgestellt werden, dass die Tiere nur sieben bis elf Tage brauchen, um die 199 Kilometer lange Flussstrecke vom See bis ins Meer zu schwimmen. Leider ist die Population des Nicaraguasees durch Überfischung gefährdet, und selbst die Schutzmaßnahmen der costa-ricanischen Regierung scheinen nicht schnell genug zu greifen. Bis heute wurden Bullenhaie in vielen tropischen Flüssen und Seen in Australien, Neuguinea, auf den Philippinen, in Asien und Afrika sowie in Nord-, Süd- und Mittelamerika gemeldet. Selbst ganz weit im Landesinneren, 3800 Kilometer stromaufwärts im

Mississippi sowie 4200 Kilometer stromaufwärts im Amazonas, an den Ausläufern der Peruanischen Anden, wurden Bullenhaie gesichtet! Allen Bullenhaien gemeinsam ist ihre bullige und gestauchte Gestalt mit der breiten Schnauze. Weibliche Tiere werden durchschnittlich 2,4 Meter lang und um die 130 Kilogramm schwer, wobei auch schon ein vier Meter langes Tier gefangen wurde; das schwerste bisher gewogene Tier brachte sogar stolze 315 Kilogramm auf die Waage! Ihre männlichen Gegenstücke werden um die 2,25 Meter lang und 95 Kilogramm schwer. Wie die meisten Haiarten hat auch der Bullenhai mehrere Zahnreihen, sodass ausgefallene Zähne immer wieder von neuen ersetzt werden können. Diese Zähne beziehungsweise deren Besitzer waren wahrscheinlich auch für die Angriffe an der Küste von New Jersey im Jahr 1916 verantwortlich, bei denen innerhalb von elf Tagen vier Personen getötet und eine weitere verletzt wurden. Andere vertreten die Theorie, dass ein weiblicher Weißer Hai für die Attacken verantwortlich gewesen sei. Diese Angriffsserie inspirierte den Schriftsteller Peter Benchley 1974 zu seinem Roman *Der weiße Hai*. Die Folgen dieses Bestsellers hat er später bereut und sich fortan für den Hai- und Meeresschutz eingesetzt. Nur ein Jahr nach Erscheinen des Romans verfilmte Steven Spielberg diesen unter demselben Titel und löste damit eine weltweite und bis heute anhaltende Angst vor Weißen Haien und deren Verwandten aus.

Weiße Haie *(Carcharodon carcharias)* sind von Natur aus neugierige Tiere, und sie wurden schon mehrfach dabei beobachtet, dass sie ihre Köpfe neugierig neben Booten aus dem Wasser streckten, um die Menschen darauf zu beobachten. Spielberg würde das sicher als kalkulierte Vorbereitung auf einen bevorstehenden Angriff auf die hilflosen Menschen an Bord deuten. Diese Neugierde birgt tatsächlich Risiken, aber für beide: die Menschen und die Haie. Von den etwas mehr als hundert Haiangriffen pro Jahr weltweit gehen circa ein Drittel bis die Hälfte auf Angriffe des Weißen Hais zurück. Wie bereits erwähnt, sind die meisten Angriffe aber nicht tödlich. Man nimmt an, dass viele der Attacken auf den Menschen aus Neugierde geschehen: Der Hai nimmt lediglich einen »Testbiss« – der ihm bestätigt, dass wir zu Recht nicht auf seiner Speisekarte stehen. Zwar ist ein solcher Angriff traumatisch und in manchen Fällen leider auch tödlich, da so ein Haifischmaul eben nicht das einer kleinen Katze ist. Dennoch greift der Weiße Hai nicht an, um uns zu fressen – das entspringt lediglich der künstlerischen Freiheit von Spielberg. Die durch den Film geschürte Hysterie hat dem Weißen Hai stark geschadet und die Populationen seit den 1970er-Jahren so stark dezimiert, dass er als »gefährdet« eingestuft wird. Man schätzt, dass der weltweite Bestand nur noch aus 3500 Tieren besteht. Die Chance, zufällig auf einen zu treffen, ist dementsprechend gering. Wenn man dennoch einem Weißen Hai begegnet, ist alleine seine Größe schon Respekt einflößend und kann Ängste schüren. Nach dem Wal- und dem Riesenhai ist der Weiße Hai nämlich mit vier bis sechs Metern Körperlänge und einem Gewicht um die 2000 Kilogramm die drittgrößte Haiart. Aufgrund von Bissspuren an Walkadavern und gelegentlichen Fängen nimmt man an, dass die Tiere eine Maximalgröße von sieben und mehr Metern erreichen können. Sie sind damit die größten Raubfische der Erde.

Wie bei vielen Haiarten sind auch hier die ausgewachsenen Weibchen größer als die Männchen. Sie haben einen schiefergrauen Körper, der sich farblich perfekt in den felsigen Meeresboden der Küstengewässer einfügt; ihr Name jedoch leitet sich von der weißen Bauchseite ab. Ihr stromlinienförmiger Torpedokörper eignet sich hervorragend zum Schwimmen, und sie können Spitzengeschwindigkeiten von bis zu 56 Kilometer pro Stunde erreichen. Weiße Haie sind kosmopolitisch und kommen fast weltweit vor, halten sich aber bevorzugt in Küstengewässern sowie in der offenen See mit Temperaturen zwischen 12 und 24 °C auf. Größere Populationen findet man in Südafrika, im Nordosten Amerikas sowie vor der kalifornischen Küste, in Japan, Chile, Ozeanien … und vielleicht im Mittelmeer. Aber wenn Sie jetzt Ihr Tauchzeug packen, um ans Mittelmeer zu fahren und dort mit einem Weißen Hai zu tauchen, so machen Sie sich lieber auf eine Enttäuschung gefasst. Das Vorkommen dieser großen Fische im Mittelmeer ist nach wie vor etwas mysteriös. Man nimmt an, dass das Mittelmeer quasi die Kinderstube ist, da dort mehrere juvenile Tiere, die nur drei bis vier Tage alt waren, gefangen wurden. Wo sich die ausgewachsenen Tiere aufhalten und womit genau sie sich in dem überfischten Mittelmeer ernähren, weiß man nicht genau. Generell sind Weiße Haie opportunistische Jäger und verschmähen auch Aas nicht. Ihr Beutespektrum reicht von Wirbellosen über Thunfische bis hin zu kleineren Meeressäugern und anderen Haiarten. Messungen haben ergeben, dass der Weiße Hai die höchste Bisskraft aller Tiere hat, bei großen Exemplaren von bis zu 1,8 Tonnen!

Doch nicht alle Haie ernähren sich ausschließlich von

anderen Tieren. Unter den Haien hat sich offenbar die gesundheitsfördernde Wirkung von pflanzlicher Nahrung rumgesprochen. Auch wenn noch keine veganen Haie beschrieben wurden, hat man erst kürzlich entdeckt, dass es Haie gibt, die Grünzeug zu schätzen wissen. Der **Schaufelnasen-Hammerhai** *(Sphyrna tiburo)*, ein etwa ein Meter kleiner, an der tropischen US-Küste heimischer Hammerhai, hat in seinen Speiseplan Seegras eingebaut und das nicht etwa als Ausnahme, sondern in großen Mengen. Forschungsteams der University of California haben in Laborexperimenten, bei denen sie gefangene Schaufelnasen drei Wochen lang mit Seegras und Tintenfischen fütterten, erfolgreich nachgewiesen, dass diese Haie die erste bekannte allesfressende (omnivore) Art sind. In den Versuchen machte das Seegras ganze 90 Prozent der Futtermenge aus, Tintenfische nur 10 Prozent. Trotz der fast vegetarischen Diät legten die Hammerhaie an Gewicht zu und waren auch sonst quietschfidel. Die Gruppen fanden heraus, dass die Haie das Seegras genauso gut verdauten und verstoffwechselten wie adulte Grüne Meeresschildkröten *(Chelonia mydas)*, welche Seegraswiesen abweiden. Doch nicht nur ihre Ernährung ist ungewöhnlich für diese Haie, sondern ebenso ihre Vermehrung. Ein in dem US-amerikanischen Doorly Zoo in Omaha gehaltenes Weibchen brachte ein weibliches Jungtier per Lebendgeburt zur Welt und das ganz ohne die Mithilfe eines Männchens! Offensichtlich, so schlussfolgerte das Forschungsteam nach verschiedenen Tests, können die Hammerhaie sich bei Männermangel auch ungeschlechtlich fortpflanzen. Damit sind sie nicht alleine. Auch bei einer anderen Haiart wurde diese Art der Fortpflanzung festgestellt.

Leonie, ein Zebrahaiweibchen *(Stegostoma fasciatum)*, das ohne männlichen Partner in einem Aquarium in Townsville in Queensland, Australien, lebte, brachte ebenfalls Nachwuchs ohne das Zutun eines Männchens zu Welt.

Der schnellste unter den Haien ist der **Kurzflossen-Mako** *(Isurus oxyrinchus)*, der als das marine Pendant zum Geparden gilt, dem schnellsten Tier an Land. Er kann Spitzengeschwindigkeiten von über 75 Kilometern pro Stunde erreichen und gilt auch sonst als starker Schwimmer. Ein markiertes Tier legte 2 000 Kilometer in nur 37 Tagen zurück, was einer durchschnittlichen Strecke von 55 Kilometern pro Tag entspricht. Aufgrund ihrer Schnelligkeit sind sie in der Lage, andere schnelle Fische wie Thunfische, Makrelen, Schwertfische und sogar andere Haie zu jagen. Der schlanke Hai kann in Ausnahmefällen bis zu vier Meter groß und 500 Kilogramm schwer werden – für gewöhnlich bleibt er aber um die drei Meter groß und wiegt zwischen 60 und 135 Kilogramm. Der Kurzflossen-Mako fühlt sich in subtropischen und warm-gemäßigten Gewässern, vorzugsweise in einem Temperaturbereich zwischen 17 und 22 °C und in Tiefen bis zu 150 Metern zu Hause. Wie sein Cousin der Weiße Hai zählt er zu den Makrelenhaien (Lamnidae). Mit seinen großen schwarzen Knopfaugen könnte er richtig niedlich aussehen, wäre da nicht die spitze Schnauze mit den noch spitzeren dünnen Zähnen, die selbst bei geschlossenem Maul noch zu sehen sind. Aufgrund seiner Schnelligkeit und Kraft wird er leider sehr gerne von ambitionierten Sportfischern als »würdiger Gegner« angesehen, dessen präparierter Kopf oder Gebiss ihr Wohnzimmer verschönern soll. Doch nicht nur

Sportfischer stellen eine Gefahr für diese wendigen Jäger dar, sondern auch die Hochseefischerei – sie gelten weltweit als gefährdet.

Erstaunliche Auswüchse: Fächer, Speere und Flügel

Nicht nur Makohaie sind bei Sportfischern beliebt, sondern auch deren Beute, z.B. die Speerfische. Wie fast überall, kommen viele Besucher auf die Malediven, um große Fische zu landen. Das »Big Game Fishing« ist dort sehr beliebt, vor allem unter den männlichen Gästen. Insbesondere die sogenannten *billfishes,* zu denen die Schwert- und Segelfische sowie Marline gehören, sind beliebte Beute. Alle drei sind große, schnelle und starke Fische, die den Kampf mit den Anglern nicht scheuen, aber leider zu oft verlieren. Nach wie vor kann ich nicht nachvollziehen, was am Erlegen von Tieren als Trophäe und nicht als Nahrung so reizvoll ist. Schöner sind diese Tiere im Wasser, und da gehören sie auch hin – nicht an eine Wohnzimmerwand in Deutschland. Eine besondere Trophäe für die Gäste war der Fang eines **Fächerfisches** *(Istiophorus platypterus).* Mit dem toten Tier wurde dann auf dem Boot oder am Landungssteg für Erinnerungsfotos posiert. Fächerfische werden auch als Segelfische bezeichnet, sie sind mit Schwertfischen und Marlinen verwandt, welche ebenfalls eine verlängerte und speerartig-spitz zulaufende Schnauze haben und sehr schnelle Schwimmer sind. Sie leben pelagisch und halten sich in Tiefen bis zu 200 Metern auf, bevorzugen aber die oberen Wasserschichten mit Temperaturen zwischen 21 und 28 °C.

Fächerfische sind wahrhaftig beeindruckend und das in vielerlei Hinsicht. Alleine ihr Äußeres ist hervorstechend: Ihre Rückenflosse sieht aus wie ein Segel oder der Irokesenschnitt eines Punks, denn sie steht vom Körper nach oben ab und ist größer als der Körper an seiner höchsten Stelle. Man vermutet, dass diese segelartige Flosse als Kühl- und Heizsystem dient, da sie mit zahlreichen Blutgefäßen durchzogen ist und vor oder nach einer sehr schnellen Schwimmsequenz aus dem Wasser gehalten wird. Und schwimmen können die Punks der Meere: Auch wenn man sich über die Spitzengeschwindigkeit streitet – manche sprechen von über 100 Kilometer pro Stunde, andere von bis zu 45 Kilometer pro Stunde –, gilt der Fächerfisch als Speedy Gonzales der Meere. (Für diejenigen, die es nicht mehr wissen: Speedy Gonzales ist »die schnellste Maus von Mexiko« (laut den Warner Bros.)) Fächerfische schießen durch die Ozeane wie Torpedos, und man hat lange über den Sinn ihrer speerartigen Schnauze, des Rostrums, gemutmaßt. Da ein Speer meistens zum Aufspießen oder Erstechen von Gegnern oder von Beute genutzt wird, dachte man lange, dass Fächerfische ihr Rostrum zum Aufspießen ihrer Beute einsetzen. Diese Theorie wurde jedoch revidiert, da man viele äußerlich unverletzte Fische in den Mägen der Fächerfische fand. Offenbar nutzen die Tiere ihr Rostrum eher als Stabmixer denn als Speer. Dabei pirschen sich die 2,5 bis knapp vier Meter großen Tiere von hinten an den Schwarm Beutefische, z. B. Sardinen, heran und führen mit dem Kopf extrem schnelle Seitwärtsbewegungen aus, um das Wasser aufzuquirlen. Die Bewegungen, welche bis zu 20 Kilometer pro Stunde erreichen, sind mit dem bloßen Auge nicht sichtbar und können nur mit Hochgeschwindigkeitskameras aufgenommen werden. Mit diesen Bewegungen werden die angestoßenen Fische aus dem Gleichgewicht gebracht und dann vom Fächerfisch geschnappt und verspeist. Auch wenn Fächerfische oft in größeren Gruppen unterwegs sind, stößt immer nur ein Tier in den Beuteschwarm vor – mutmaßlich, um gegenseitige Verletzungen durch Aufspießen zu vermeiden.

Fische sind Bewohner des Wassers und schwimmen, um von A nach B zu kommen. Natürlich ist das richtig und stimmt für fast alle Fische, und doch gibt es Flossenträger, die das Unmögliche möglich gemacht haben – und fliegen. **Fliegende Fische** *(Exocoetidae)* kommen in allen Ozeanen vor, vor allem aber in den tropischen und den warmen subtropischen Regionen. Sie sind Bewohner des Epipelagials, welches ein außergewöhnlich reicher Lebensraum ist, der viel Leben hervorbringt. Doch das Epipelagial birgt auch viele Gefahren für kleine Fische, da sie von ungefähr allem, was größer ist als sie selber, gejagt werden. Die Flieger unter den Fischen sind relativ klein, und keine der 45 Arten wird größer als 45 Zentimeter. Fliegende Fische haben lange, schmale, stromlinienförmige Körper, um den Luftwiderstand zu minimieren. Ihre Augen sind in Relation zum Körper ziemlich groß und sorgen für gute Sicht sowohl unter als auch über Wasser. Unter Wasser wagen sie sich nie in tiefe Gewässer, da dies ihre besondere Fähigkeit zunichtemacht, sie halten sich daher meist nahe an der Oberfläche auf, ihre Flossen dicht an den Körper gelegt. Werden diese kleinen Fische gejagt, katapultieren sie sich aus dem Wasser und segeln mit steif ausgestreckten Flossen über die Wasseroberfläche. Um überhaupt fliegen zu können, bedarf es natürlich spezieller Anpassungen: Im Vergleich zu anderen Fischen setzen die stark vergrößerten Brustflossen der Fliegenden Fische sehr hoch am Körper an und werden durch eine ausgeprägte Brustmuskulatur sowie einem kräftigen Schultergürtel gestützt. Je nach Spezies haben die Tiere zwei oder vier flügelartige Flossen, die ihnen helfen, aus dem Wasser zu schießen und über die Wasseroberfläche zu »fliegen«. Die Flossen sind allerdings im Gegensatz zu den Flügeln von Vögeln nicht beweglich, sondern starr. Fühlen die Tiere sich bedroht, fangen ihre Schwanzflossen unter Wasser an, mit mehr als 50 Umdrehungen pro Sekunde zu rotieren, und erzeugen so die nötige Geschwindigkeit, um sich aus dem Wasser zu torpedieren. Einmal in der Luft, können sie bis zu 45 Sekunden parallel zur Wasseroberfläche gleiten und dabei eine Strecke von bis zu 400 Metern zurücklegen. Die durchschnittliche Flughöhe beträgt ungefähr 1,5 Meter. Drohen sie zurück ins Wasser zu fallen, hilft ein Schwanzschlag auf die Wasseroberfläche, und sie können ihre Etappe fortsetzen. Geht ihnen der Schwung aus und fallen sie ins Wasser zurück, legen sie ihre Flügelflossen wieder dicht an den Körper an und schwimmen weiter. Gelegentlich erreichen die Tiere sogar Spitzengeschwindigkeiten von bis zu 70 Kilometern pro Stunde, wobei eine Flughöhe von fünf Metern erreicht werden kann. Die Flugkünste dieser faszinierenden Fische durften wir fast täglich auf unserer Segelexpedition bewundern, da die Tiere in den tropischen und subtropischen Regionen von Atlantik, Indopazifik und im Mittelmeer vorkommen. Kamen wir morgens an Deck, fand sich manchmal der ein oder andere falsch gelandete

Fliegende Fisch an Bord unseres Katamarans, den wir rasch – und zum Glück meist noch rechtzeitig – wieder ins Meer zurückbeförderten.

Nach diesem Blick über die Weiten des offenen Ozeans folgt nun ein Tauchgang in die immer noch geheimnisvollsten Gegenden der Ozeane: in die weitgehend unerforschte Tiefsee.

Geheimnisvolle Tiefsee

Die Tiefsee ist ein Ort voller Geheimnisse. Voller großer Geheimnisse! Denn in den dunklen Teilen der Ozeane gibt es Organismen, die einer anderen Dimension entsprungen oder aus dem Jurassic Park entkommen zu sein scheinen. Erst seit einigen Jahrzehnten gelingt es uns Menschen, diese Geheimnisse mühevoll und eins nach dem anderen ans Tageslicht zu zerren. Wir wissen bis heute weniger über die Tiefsee als über den Mond und das, obwohl dieser Bereich den weitaus größten Teil der Meere ausmacht.

Der Grund dieser für uns lebensfeindlichen Welt ist – ähnlich wie die Erdoberfläche – von Gräben und Gebirgen durchzogen. Tatsächlich ist der tiefste Punkt der Erde, der Marianengraben, mit knapp elf Kilometern tiefer, als der Mount Everest hoch ist, denn der höchste Berg der Erde misst »nur« 8848 Meter. Mit zunehmender Wassertiefe steigt auch der Wasserdruck, pro zehn Meter um ein bar, was einem Kilogramm pro Quadratzentimeter entspricht. In zehn Kilometern Tiefe herrscht also ein Druck von einer Tonne pro Quadratzentimeter! Während der Druck steigt, fällt die Temperatur und liegt konstant zwischen –1 und 4 °C – und das alles in völliger Dunkelheit. Kaum vorstellbar, dass es Organismen gibt, die solche extremen Bedingungen ihr Zuhause nennen. Gespeist wird das Leben in der Tiefe unter anderem von dem, was von oben abfällt. Detritus, auch als *marine snow* (Meeresschnee) bezeichnet, sinkt in Flöckchen von den lichtdurchfluteten Zonen in die Tiefsee ab: Dieser Schnee besteht aus zerfallendem tierischen und pflanzlichen Material. Vom toten Wal, dessen Kadaver in der Tiefe versinkt, über den Kot von Zooplankton bis hin zu Algenresten – all das sind wertvolle Nährstoffe für die Organismen der Tiefe. Aber es gibt natürlich auch andere Orte, die das Leben in der Tiefe unterstützen: Unterseeische Thermalquellen sind wahre Oasen in dieser ansonsten kalten, sauerstoffarmen und dunklen Welt.

Leben in Extremen

Vulkanähnliche Gebilde, die an Schornsteinschlote erinnern, erheben sich inmitten der Dunkelheit und speien heißes Wasser aus. Diese **hydrothermalen Tiefseequellen** findet man hauptsächlich an den Mittelozeanischen Rücken zumeist in Tiefen zwischen 1000 bis 4000 Metern, wo sie in Clustern, also gehäuft, auftreten. Mittelozeanische Rücken sind vulkanisch aktive Gebirgszüge in der Tiefsee, welche sich durch alle Ozeanbecken ziehen und sich entlang aneinandergrenzenden Kontinental- bzw. Lithosphärenplatten erstrecken. An diesen Gebirgszügen also werden mit dem heißen Wasser Mineralien ins 2 °C kalte Umgebungswasser abgegeben und ausgefällt. Ausfällen bedeutet, dass die Mineralien, vor allem Sulfide, aber auch andere Salze von Eisen, Zink, Kupfer und Mangan als feine Partikel ausflocken. Lagern sich diese am Grund ab, bilden sie im Laufe der Zeit die so charakteristischen

Schornsteine, die eine durchschnittliche Höhe von 20 bis 25 Metern erreichen. Die Partikelwolken erinnern an Rauch, der aus Schornsteinen steigt – daher auch der Name »Raucher«. Ist die Wolke reich an Eisensalzen (z.B. Pyrit), sieht sie schwarz aus. Solche Thermalquellen werden daher **Schwarze Raucher** genannt. Das Wasser der Schwarzen Raucher erreicht Temperaturen von 300 bis 400 °C, weil das kalte Meerwasser, das durch Spalten und Risse mehrere Kilometer tief in den Ozeanboden gepresst wird, zirkuliert. Es fließt an Kammern vorbei, die mit heißer Magma gefüllt sind, und erwärmt sich. Der dabei entstehende Druck lässt das Wasser fontänenartig aus den Schornsteinen schießen.

Erst 1977 entdeckten Wissenschaftler während der »Galápagos Hydrothermal Expedition« 330 Kilometer nordöstlich der Galapagosinseln die ersten hydrothermalen Tiefseequellen. Das Tauchboot *Alvin*, bemannt mit drei Wissenschaftlern und bestückt mit Messapparaturen, Kameras und Greifarmen, wurde am 17. Februar 1977 von der Besatzung des Expeditionsschiffes in 2500 Meter Tiefe abgelassen. Dort unten, in der unterseeischen Wüste, erwartete die Mannschaft eine Überraschung. Mit den Temperaturmesssonden fanden sie Unterschiede in der Wassertemperatur, die auf heiße Quellen schließen ließen. In der eisigen Tiefsee lag eine wahre Oase, in der sich bei 8 °C Wassertemperatur ein ca. 50 Meter breites Feld voller weißer Muscheln vor ihnen erstreckte. Das Wasser, das aus Ritzen und Spalten in der ausgetretenen Lava strömte, verwandelte die Umgebung in einen blau-milchigen, schimmernden Nebel, der über die bis zu 30 Zentimeter großen Muscheln waberte. Auch braune Muscheln, weiße, gespensterhafte Krabben und sogar einen lila Oktopus, der sich an den Muscheln labte, entdeckten sie. Es war kaum zu glauben – sie hatten in rund 2500 Metern Tiefe die erste heiße Quelle gefunden, und es wimmelte dort von Leben! Sie tauften diese erste Quelle »Clambake 1«. Ein paar Tauchgänge und einige weitere heiße Quellen später entdeckten die Wissenschaftler eine Hydrothermalquelle, die sie wegen der dort angetroffenen Artenvielfalt »Garten Eden« nannten. Die faszinierten Forscher beobachteten bei angenehmen 17 °C Wassertemperatur eine Vielzahl an unterschiedlichen Organismen, die sich munter am und um den Schwarzen Raucher tummelten. In diesem Unterwasserparadies sahen sie zum ersten Mal **Röhrenwürmer**, deren Anblick an ein Feld voller Blumen erinnerte, die sich im Wind wiegen. Diese Röhrenwürmer wurden später als *Riftia pachyptila* identifiziert. Dicht an dicht saßen diese bizarren Kreaturen an der heißen Quelle in weißen, armdicken und bis zu drei Meter langen Röhren. Aus deren Enden schauten rote Kiemenbüschel, Federn nicht unähnlich, die bei Gefahr sofort in die Röhre eingezogen wurden. Die Röhrenwürmer waren nicht die einzigen Lebewesen in der Dunkelheit, sie teilten sich ihren Lebensraum mit kleinen weißen Krabben, die wie Geister umherhuschten, Schnecken, welche am Lavagestein saßen, und kleinen Fischen. Die Wissenschaftler waren hin und weg und »fühlten sich wie Columbus«, als sie diese bislang unbekannte Welt entdeckten. Um herauszufinden, wie es die Organismen schafften, in dieser unwirtlichen Umgebung zu überleben, nahmen sie Proben von Tieren und Wasser mit an die Oberfläche, um sie im Labor des Mutterschiffs zu untersuchen. Die Tiere fixierten sie kurzerhand in starkem russischem Wodka, weil ihnen das Formaldehyd ausgegangen war. Als sie die Wasserproben analysieren wollten, fielen sie fast in Ohnmacht, da sich ein Gestank nach faulen Eiern im Labor an Bord ausbreitete. Dieser Geruch nach Schwefelwasserstoff bestätigte den Wissenschaftlern ihre Theorie, nach der Meerwasser durch Ritzen in den Grund bis in die Nähe von Magmakammern sickert. Dort wird durch die Hitze das im Meerwasser reichlich enthaltene Sulfat zu Schwefelwasserstoff umgewandelt. Zusammen mit dem aus den Spalten im Lavagestein ausströmenden heißen Wasser vermischt sich der Schwefelwasserstoff mit dem sauerstoffreichen Meerwasser und erzeugt so den bläulichen Nebel über den Quellen. Bakterien und andere Mikroorganismen verstoffwechseln den austretenden Schwefelwasserstoff der Hydrothermalflüssigkeit, gewinnen auf diese Weise Energie beziehungsweise ihre Nährstoffe und wachsen und gedeihen. Der Prozess nennt sich Chemosynthese und ist quasi die Fotosynthese der Tiefsee. Diese Form der Energiegewinnung machen sich, wie sich zeigte, auch andere Organismen zunutze – zum Erstaunen der Wissenschaftler. Denn *Riftia pachyptila* hat kein Verdauungssystem, kein Maul und keinen Darmausgang – dafür jedoch ein ungewöhnliches Organ: das Trophosom, eine Ansammlung von vergrößerten Zellen, die Schwefelbakterien enthalten und von feinen Blutgefäßen durchzogen sind. Offenbar lebt *Riftia* ausschließlich von den Nährstoffen, die die Bakterien produzieren, und führt diesen im Gegenzug die dafür benötigten Verbindungen Schwefelwasserstoff und Sauerstoff zu. Auch die ansässigen Muscheln leben in Symbiose mit Schwefelwasserbakterien. Während die Bakterien das eingefilterte sulfidische Wasser von der Muschel enthalten, produzieren sie durch Chemosynthese im Gegenzug die Nährstoffe für die Muschel. Die Wissenschaftler hatten nicht nur die Schwarzen Raucher entdeckt, sie hatten auch herausgefunden, wie diese Oasen unter Wasser so viel Leben in einer eher lebensfeindlichen Umgebung hervorbringen können! Eine wirklich bahnbrechende Entdeckung, die Columbus' Entdeckung Amerikas in nichts nachsteht.

Neben den Schwarzen Rauchern gibt es noch einen anderen Typ Hydrothermalquelle: die **Weißen Raucher**, deren »Rauchwolke« reich an Sulfaten wie Gips und Anhydrit ist und daher hell erscheint. Das austretende Wasser dieser Schlote ist mit nur 40 bis 90 °C um einiges kälter als das ihrer schwarzen Verwandten. Diese Tiefsee-Hydrothermalquellen wurden erst im Jahr 2000 von Forschungsteams aus den USA und der Schweiz im mittleren Atlantik in 800 Metern Tiefe entdeckt. Dort fand die Gruppe eine Ansammlung von bis zu 60 Meter hohen, weißen Kalkschloten vor und nannte diese bizarre Unterwasserformation »Lost City«. Zwei Jahre und eine Expedition später konnten dieser geisterhaften Stadt unter Wasser die ersten Geheimnisse entlockt werden. Die Schlote der Weißen Raucher entstehen durch eine chemische Reaktion zwischen den eisenhaltigen Mineralien der Gesteine des Erdmantels und dem Meerwasser. Vereinfacht gesagt, bildet sich unter Freisetzung von Wärme bei dieser Reaktion das sogenannte Serpentin, welches sich nach und nach zu den weißen Schloten auftürmt. Dabei entstehen alkalische, ätzende Lösungen mit einem pH-Wert von 9 bis 11. Das Besondere ist, dass die Verlorene

Stadt schon seit ca. 100 000 Jahren existiert und immer noch weiter wächst! Tatsächlich geht man davon aus, dass der Prozess der Serpentinisierung genauso alt ist wie die Ozeane der Erde. Wie sich das für eine Stadt gehört, ist Lost City außerdem dicht besiedelt … von Bakterien nämlich. Diese Bakterien wandeln die aus dem Erdinneren ausgespienen Stoffe in Energie um, sie werden als chemoautotrophe Bakterien bezeichnet. Tiefsee-Hydrothermalquellen wie Lost City mit ihren urtümlichen Bakterienlebensgemeinschaften werden als möglicher Ursprung des Lebens angesehen, weil die Erde dort chemische Energie spendet, die die dort lebenden Organismen umwandeln, um Biomasse aufzubauen. Diese thermophilen (wärmeliebenden) chemoautotrophen Bakterien sind quasi die Primärproduzenten der Tiefsee und stehen am Anfang einer langen Nahrungskette.

Obgleich die heutige Technik meistens nur eine kurze Lebensdauer hat, gilt das offensichtlich nicht für *Alvin*. Das Tauchboot, in dem drei Personen Platz haben, ist nämlich immer noch im Einsatz, und erst im Jahr 2014 machten Forschungsteams auf der Suche nach hydrothermalen Quellen eine sensationelle Entdeckung. Während einer Tauchfahrt 240 Kilometer vor der pazifischen Küste Costa Ricas stieß die Crew in ungefähr drei Kilometern Tiefe auf etwa hundert blassblaue Gestalten, die sich nicht fortbewegten. Bei näherem Hinsehen erkannten sie Oktopusse der Gattung *Muusoctopus,* die quasi ausgestülpt von innen nach außen am Grund verteilt saßen. Die Forscher hatten eine **Oktopus-Geburtsstation** gefunden, denn die Tiere waren allesamt Weibchen, die ihre Eier beschützten. Da der Grund der Tiefsee zum größten Teil aus

Schlamm und *marine snow* besteht, die Tiere aber ihre Eier nicht auf weichen Boden legen, sind gute Brutstätten rar. In dieser Gegend jedoch, dem »Dorado Outcrop«, gab es aktive Tiefseequellen, die aus hartem Lavagestein sprudelten. Dieses harte Substrat bot den brütenden Oktopussen offenbar beste Bedingungen – zumindest auf den ersten Blick. Den Forschern fiel auf, dass die Tiere Anzeichen von Stress zeigten, denn die Weibchen hatten ihre Arme um ihren Körper und als Schutz um die Eier gelegt – möglicherweise vor dem viel zu warmen Wasser, wie die Wissenschaftler annahmen, da die Tiere normalerweise in kälterem Wasser leben, welches viel sauerstoffhaltiger ist als warmes Wasser. Das Expeditionsteam berichtete, dass sich in kaum einem der Eier etwas regte, und vermutete, dass die Mütter wohl nicht den Luxus gehabt hatten, einen besseren Geburtsort wählen zu können, da gute Brutstätten in der Tiefsee selten sind. Anfang 2018 stieß die Besatzung des amerikanischen Forschungsschiffs *E/V Nautilus* vor der Küste Kaliforniens dann auf die wohl größte Oktopusbrutstätte in der Tiefsee, mit über tausend Tieren der Art *Muusoctopus robustus*. Am Davidson Seamount saßen überall die brütenden Weibchen, auch hier war der Körper von innen nach außen ausgestülpt. Das aus den Spalten im Meeresgrund austretende vulkanische Wasser schien warm zu sein, da es auf den Videoaufzeichnungen um die Kraken herum schimmerte. Auch wenn bisher validierende Temperaturmessungen fehlen, nimmt man an, dass es gerade das wärmere Wasser ist, das die Oktopusse diese Brutstätten wählen lässt. Dies steht jedoch im Widerspruch zu den Untersuchungen aus dem Jahr 2014 in Costa Rica, und die amerikanischen

Forschungsgruppen glauben, dass ein anderer Faktor als Wärme die Doradoeier geschädigt haben könnte. Was genau die Tiere ihre Brutstätten wählen lässt, ob warmes Wasser oder ein anderer, noch unbekannter Faktor, bleibt wohl vorerst ein Geheimnis der Tiefsee.

Tiefseethermalquellen scheinen nicht nur eine Wiege für Krakenbabys zu sein, sondern ebenso für die Nachkommenschaft von *Bathyraja spinosissima*, einer Rochenart aus der Familie der **Weichnasenrochen** (Arhynchobatidae). Im Juni 2015 untersuchte eine Forschungsgruppe um Pelayo Salinas-de-León mithilfe des Tiefseeroboters »Herkules«, einem *Remote operated vehicle* (ROV), Schwarze Raucher im Meeresschutzgebiet der Galapagosinseln. In 1600 bis 1670 Metern Tiefe fand sie insgesamt 157 Rocheneikapseln, die nicht mehr als 150 Meter von zwei aktiven Hydrothermal-Tiefseequellen entfernt im Lavagestein eingebettet lagen. Mithilfe eines Roboterarmes sammelte das Team vier dieser elf Zentimeter langen Eikapseln für weitere Untersuchungen im Labor. Offenbar benutzten die Weichnasenrochen die Wärme der heißen Quellen, um ihre Eier ausbrüten zu lassen. Die Forschungsgruppe geht davon aus, dass dieses Verhalten darauf abzielt, die Entwicklungszeit der Tiefseerochenembryos zu verkürzen, die zu den längsten im Tierreich gehört. Eine Rochenart derselben Gattung, *B. parmifera*, die in der Beringsee vorkommt, hat eine Inkubationszeit von geschlagenen 1290 Tagen bei 4,4 °C Wassertemperatur! Angenommen, die Umgebungswassertemperatur für *Bathyraja spinosissima* bliebe konstant bei knapp 2,8 °C, dann würde sich daraus eine Entwicklungszeit von 1500 Tagen ergeben. Wärmere Temperaturen, so die Schlussfolgerung der Gruppe, könnte die Entwicklung deutlich beschleunigen.

Von einer schnelleren Entwicklung ihrer Nachkommenschaft können die Weibchen des **Tiefsee-Oktopus** *Graneledone boreopacifica* wohl nur träumen. Die kleinen, hübschen Tiefseekraken kommen im Nordpazifik und im Atlantischen Ozean in Tiefen zwischen 1000 und 3000 Metern vor. Mit durchschnittlich 15 Zentimetern Mantellänge und nicht viel längeren Armen, den großen runden Augen und einer Hautfarbe, die von Weiß bis hin zu Rotbraun reicht, wirken sie wie kleine, vornehme Gespenster im Dunkeln. Im April 2007 ließ ein amerikanisches Forschungsteam ein ROV vor der kalifornischen Küste in knapp 1400 Meter Tiefe hinunter – an einer Stelle, von der es wusste, dass dort Tiefsee-Oktopusse der Art *G. boreopacifica* ihre Eier bebrüteten. Die Gruppe wurde wieder fündig und konnte ein Weibchen beobachten, das anscheinend auf der Suche nach einer geeigneten Stelle war, um seine Eier abzulegen. Als das Team das ROV 38 Tage später zu genau derselben Stelle zurückschickte, waren alle überrascht, dasselbe Weibchen, welches sie anhand charakteristischer Narben identifizierten, dort wieder anzutreffen. Auf einem Felsvorsprung sitzend, bewachte es augenscheinlich sein Gelege. Für die Forschungsgruppe war das eine einmalige Gelegenheit, um herauszufinden, wie lange die Weibchen dieser Oktopusart ihre Eier bebrüteten. Ihr Ergebnis war überraschend und einmalig im Tierreich. Innerhalb von viereinhalb Jahren kehrten die Forscherinnen und Forscher noch 18 Mal zu dem Weibchen zurück, das sich in dieser Zeit nicht einmal vom Fleck zu bewegen schien. Während die

Jungtiere sich in den Eikapseln weiterentwickelten, wurde das Weibchen im Laufe der Jahre immer dünner und verlor an Farbe. Da die Gruppe beobachtete, dass das Weibchen sich annähernde Krabben nur verscheuchte, anstatt sie zu fressen, nahm sie an, dass das Weibchen während dieser langen Zeit keine Nahrung zu sich nahm. Selbst das mit einem Greifarm des ROVs angebotene Krebsfleisch verschmähte es. Generell vermutet man, dass Oktopusweibchen (egal welcher Art) wenig oder gar nicht fressen, während sie ihre Nachkommen ausbrüten und die Eier mit frischem, sauerstoffreichem Wasser versorgen. Überraschend für die Forschungsgruppe war allerdings die extrem lange Brutzeit, welche mit 53 Monaten die längste im gesamten Tierreich ist! Als sie das Tauchboot im September 2011 wieder hinabschickte, war von dem Weibchen nichts mehr zu sehen, und die rund 160 Jungtiere waren geschlüpft. Alles, was übrig geblieben war, waren Reste von Eikapseln, die am Grund lagen. Das Weibchen, das am Schluss nur noch an ein schlaffes Häutchen erinnerte, war vermutlich gestorben. Dass die Weibchen nach der Geburt sterben, ist an sich nicht ungewöhnlich in der Welt der Kraken, aber dass sie so lange leben, schon. Denn die meisten Oktopusse, die im Flachwasser vorkommen, haben insgesamt nur eine Lebensspanne von ein bis zwei Jahren – inklusive Eiablage! Mit ihrer aufopferungsvollen Fürsorge hatte die Oktopusmutter ihren Nachkommen den bestmöglichen Start ins Leben ermöglicht, da die Jungtiere beim Schlüpfen schon sehr weit entwickelt waren und sofort für sich selber sorgen konnten.

Im Jahr 2016 geisterte ein weiterer kleiner Tiefsee-Krake durch die weltweite Medienlandschaft und wurde zu einem YouTube-Star. Während einer Tauchfahrt mit dem Tauchroboter »Deep Discoverer« machte ein Forschungsteam der US-Behörde für Wetter und Ozeanografie (NOAA) eine Entdeckung, die die Welt begeisterte. In 4290 Metern Tiefe, vor der unbewohnten hawaiianischen Vulkaninsel Necker Island, schaute eine kleine Gestalt in die Kamera, die am ROV angebracht war. Das Video wurde später online gestellt, und die Internetgemeinde verpasste dem kleinen Kraken den Namen Casper – nach dem kleinen Gespenst aus einem Film in den Neunzigern. Einsam saß Krake Casper auf dem Boden und bewachte ihre Eier – denn Casper war ein Weibchen. Das kleine Krakenweibchen war eine unbekannte Art, und das machte die Entdeckung umso spannender. Das Tier erinnerte in seiner Anatomie an Kraken, von denen man annimmt, dass sie nicht in so großen Tiefen vorkommen. Der etwa zehn Zentimeter große Körper Caspers zeigte zudem keinerlei Hautpigmentierung – das Tier war geisterhaft weiß und leicht transparent. Später im selben Jahr machte eine andere Tiefseeexpedition eine weitere überraschende Entdeckung. In mehr als 4000 Metern Tiefe konnten sie zwei Krakenweibchen derselben, immer noch unbekannten Art beobachten, wie sie ihre Eier bewachten. Mit ihren großen, schwarzen Knopfaugen und den acht weißen Armen bewachten die Kopffüßer um die 30 Eier, die an Stielen bestimmter abgestorbener Schwämme angeklebt waren. Diese gestielten Schwämme brauchen Manganknollen als Hartsubstrat, um auf dem sonst schlammigen Grund wachsen zu können. In einem Experiment konnte gezeigt werden, dass die Schwammpopulation nach Entfernen der Manganknollen kollabierte – und das sind schlechte Nachrichten für das kleine Tiefseegespenst Casper. Denn entfernt man die Manganknollen, wachsen keine Schwämme mehr, und die Kraken können keine Eier legen. Warum aber sollte man diese Knollen entfernen, mögen Sie jetzt fragen. Nun, das in den Knollen enthaltene Metall Mangan und andere darin enthaltende Elemente werden für die Industrie immer wichtiger, und die Suche nach den mineralischen Rohstoffen der Tiefsee hat längst begonnen.

Goldrausch in der Tiefsee

Auf der Suche nach Rohstoffen dringt der Mensch in immer entlegenere Gebiete vor. Sand, Kies, Öl und Gas werden schon seit vielen Jahren aus den Ozeanen gefördert, aber jetzt hat es der Mensch auf ein anderes reiches Rohstofflager abgesehen – die Tiefsee. Dort unten, in der Dunkelheit, lagern Rohstoffe, die Billionen Euro wert sind, und die verschiedenen Nationen, allen voran die Industriestaaten, ölen ihre Maschinen, denn der Bedarf an wertvollen Metallen z.B. für Smartphones, Autos, aber auch Sonnenkollektoren ist hoch, und die Nachrichten von Vorkommen in der Tiefsee sind dabei, einen wahren Goldrausch auszulösen. Das Problem daran ist nur: Der Schaden, den die Meereslebewesen dabei nehmen können, ist derart groß, so die Weltnaturschutzorganisation IUCN, dass es dem Abholzen von Wäldern gleichkäme. Wir wissen einfach noch viel zu wenig über die Tiefsee, und die Tiefseefauna und -flora könnte durch die mechanische Einwirkung des Bergbaus für immer zerstört werden. Der Bedarf an den begehrten Mineralien wächst jedoch rasant. In immer kürzeren Entwicklungszyklen werden die neuesten Smartphonemodelle mit geringer Lebensdauer auf den Markt geworfen, und die kaputten Telefone, die unter anderem Kupfer, Kobalt und Aluminium enthalten, landen auf dem Müll. Ein neues Telefon muss her, und auch dieses enthält seltene und wertvolle Rohstoffe – Rohstoffe, die in der Tiefsee darauf warten, gefördert zu werden. Der kommerzielle Abbau soll bereits im Jahr 2025 beginnen.

Im Perubecken im Südpazifik, dort, wo die zwei brütenden Casper-Kraken beobachtet wurden, gibt es, wie schon erwähnt, **Manganknollen**. Das größte und damit wirtschaftlich wichtigste Vorkommen an diesem Metall liegt jedoch im äquatornahen Nordpazifik. Das knapp fünf Millionen Quadratkilometer große Gebiet zwischen Hawaii und Mexiko wird als Manganknollengürtel bezeichnet. Zum Vergleich: Die EU ist mit 4381324 Quadratkilometer Fläche etwas kleiner. In Meerestiefen zwischen 4000 und 6000 Metern bedecken die Knollen in diesem Gebiet etwa 60 Prozent des Meeresbodens. Dort liegen sie auf dem Grund herum wie Kartoffeln auf einem Acker. Auch äußerlich ähneln sie Kartoffeln, nur wachsen sie um einiges langsamer als die Erdäpfel: Manganknollen wachsen durchschnittlich 0,5–1 Zentimeter pro eine Million Jahre! Die Knollen, die sich um einen Kristallisationskeim herum bilden, bestehen zu etwa einem Viertel aus Mangan und enthalten weitere reine Metalle wie Eisen, Nickel, Kupfer und Kobalt. Um zu wachsen, werden die chemischen Elemente aus dem Meerwasser bzw. zum größten Teil aus dem Porenwasser der unterliegenden Sedimente aufgenommen.

Diese seltenen und sehr wertvollen Metalle in den drei bis acht Zentimeter großen Knollen machen sie so begehrenswert für die immer schneller wachsende Hightechindustrie. Um an die Knollen zu kommen, müssen sich die Länder Schürfrechte lizenzieren lassen. Deutschland hat sich ein Areal im Manganknollengürtel gesichert, das mit 75 000 Quadratkilometern etwas größer ist als Bayern. Das Gebiet wurde 2006 für 15 Jahre und einen Betrag von 250 000 Euro von der UN zum Erkunden der Vorkommen gepachtet. Seit 2015 hat Deutschland jedoch außerdem eine Abbaulizenz und wartet nur auf den Startschuss. Um eine Abbaugenehmigung zu erhalten, muss das jeweilige Land diese bei der Internationalen Meeresbodenbehörde ISA beantragen. In dem von Deutschland gepachteten Gebiet liegen in 4 000 Metern Tiefe Millionen von Manganknollen am Grund. Die in ihnen enthaltenen Rohstoffe sind viele Millionen Euro, wenn nicht gar Billionen wert. Rein technisch ist die Förderung der Knollen möglich, da schon 1978 die ersten an die Oberfläche geholt wurden, aber die Folgen für die Umwelt werden vom Umweltbundesamt als »erheblich« eingeschätzt. Die Förderung der Tiefseekartoffeln würde nach Schätzungen den Meeresgrund von einer Fläche der Stadt Trier verbrauchen – pro Jahr! Dabei würde nicht nur Sediment aufgewirbelt, sondern der Meeresgrund würde zusammen mit Wasser und den dort lebenden Organismen, auch kleinen Geister-Kraken, nach oben gefördert. Das gesamte Ökosystem würde Schaden nehmen. Natürlich würde sich die Artenzusammensetzung ändern, denn Arten könnten, wie das Beispiel der Schwämme zeigt, verschwinden. In der Tiefsee brauchen alle Prozesse sehr, sehr lange, und was zerstört wird, wird viele Jahrzehnte, wenn nicht Jahrhunderte brauchen, um sich zu regenerieren.

Nicht nur Manganknollen sind in den Fokus der Industrie gerückt, auch andere mineralische Rohstoffe wecken Begehrlichkeiten. An den Schwarzen Rauchern entstehen mineralische metallhaltige Schwefelverbindungen, auch **Massivsulfide** genannt. Genaugenommen bestehen die Kamine der Schwarzen Raucher aus ebendiesen schwefelhaltigen Erzen: Das aus den Quellen austretende, bis zu 400 °C heiße Wasser transportiert auf seinem Weg durch das vulkanische Gestein gelöste Metalle, die sich am Meeresboden ablagern und mit der Zeit zu einem Kamin auftürmen. Während die Schwarzen Raucher des Atlantischen Ozeans wirtschaftlich eher unbedeutend sind, da sie nur geringe Mengen an wertvollen Metallsulfiden enthalten, gilt das Interesse den Schwarzen Rauchern des Südwestpazifiks. Dort nämlich werden vermehrt Kupfer, Zink und Gold ausgefällt und das in vergleichsweise geringen Tiefen von bis zu 2000 Metern. Zudem fallen einige der Gegenden in die Wirtschaftszonen der am Meer gelegenen Staaten, sind also nicht der ISA untergeordnet, sodass diese Staaten sich nicht um Schürflizenzen kümmern müssen. Die Idee ist, zunächst die Metalle an erloschenen Schwarzen Rauchern abzubauen, da diese kaum oder gar nicht mehr von den typischen Lebensgemeinschaften aktiver Hydrothermalquellen besiedelt sind. Die Technologien dafür sind noch limitiert, werden aber vorangetrieben. Es ist also nur eine Frage der Zeit, bis in der Tiefsee großflächig und in großindustriellem Ausmaß geschürft wird.

Von wirtschaftlichem Interesse sind weiterhin **Kobalt-**

krusten, die sich in Tiefen zwischen 1000 und 3000 Metern an den Flanken submariner Vulkane bilden. Ausfällungen von Mangan und in sehr geringen Mengen von Eisen, Platin, Nickel, Kobalt und Kupfer lagern sich auf dem Vulkangestein ab und überziehen es im Laufe von Jahrmillionen mit einer Kruste. Die Spurenmetalle sind zwar nur in solch geringen Mengen in den Krusten enthalten, dass tonnenweise davon gefördert werden müsste, um relevante Mengen auszulösen. Die instabile politische Lage vieler Länder, in denen die Metalle gefördert werden, wie zum Beispiel im Kongo, lassen die Tiefsee als neue Rohstoffquelle jedoch attraktiv erscheinen. Bisher fehlt es allerdings an der Fördertechnik – ganz abgesehen davon, dass es auch hier große Bedenken bezüglich der Bodenökologie gibt, die durch den Abbau in Mitleidenschaft gezogen würde.

Nicht nur Metalle lagern in der Tiefsee, sondern auch eine mögliche Energiequelle von morgen: **Methanhydrat.** An den Kontinentalschelfen rund um den Globus gibt es reiche Vorkommen an in Meereis eingeschlossenem, gefrorenem Erdgas oder Methan. Man schätzt, dass die Methanvorkommen der Tiefsee mehr als doppelt so viel Energie bereitstellen würden wie alle Kohle-, Erdgas- und Erdölvorkommen der Welt zusammen. Natürlich wäre die Förderung von Methan von großem wirtschaftlichem Interesse, doch die Gefahren für die Umwelt sind groß. Zum einen wären wir damit weiterhin von einem fossilen Energieträger abhängig, und zum anderen ist Methan ein Treibhausgas, das etwa 23 Mal so stark wirkt wie Kohlenstoffdioxid. Die berechtigte Sorge, die in zahlreichen wissenschaftlichen Studien geäußert wird, ist daher, dass beim Abbau Methan freigesetzt wird und den Treibhauseffekt intensivieren könnte. Eine daraus folgende weitere Erwärmung der Meere würde wiederum zu einer Kettenreaktion führen, bei der weiteres Methan aus dem immer instabiler werdenden Meereis in die Atmosphäre gelangt, sodass es zu einem Klimakollaps kommt. Gleichzeitig könnte außerdem der mechanische Abbau zur Instabilität des Bodens an unterseeischen Steilhängen führen, die von den Hydraten stabilisiert werden. Die instabilen Hänge könnten abrutschen, wie in Frank Schätzings Roman *Der Schwarm* verheerende Tsunamis auslösen und ganze Küstenstreifen, auch die in Nordeuropa, vernichten. Befürworter der Methanförderung argumentieren hingegen, dass die beim Methanabbau entstehenden Hohlräume im Eis mit Kohlendioxid aus Industrie und Kraftwerken gefüllt und so wieder stabilisiert werden können. Dass auf natürlichem Weg nur wenig Methanhydrat aus dem Meer freigesetzt wird, verdanken wir übrigens methanfressenden Bakterien, die dafür sorgen, dass nur zwei bis vier Prozent des entweichenden Methans in die Atmosphäre gelangen.

Die Idee, Rohstoffe aus dem Meer als Energielieferanten zu nutzen, ist nicht neu. Schon Jules Verne ließ in seinem 1870 erschienenen Roman *20 000 Meilen unter dem Meer* seinen Romanhelden Kapitän Nemo die Tiefsee mit einem Tauchboot erkunden, das von marinen Rohstoffen angetrieben wurde. Damit war er seiner Zeit voraus, und was damals Fiktion war, wird bald Realität. An Bord der *Nautilus* entdeckten Nemo und seine Besatzung allerlei Getier in den dunklen Tiefen der Meere. Auch wenn Vernes sich das wohl nicht hätte träumen lassen – hier war (und ist) die Realität seiner Fiktion voraus. Denn so unglaublich und fantastisch alle literarischen Schilderungen oder Gemälde von der Tiefsee auch sein mögen, sie verblassen fast immer vor dem, was die Tiefsee in Wirklichkeit verbirgt.

Meeresungeheuer, Tiefseemonster und Seemannsgarn

Versteckt in den dunklen Gewässern der Tiefsee, beflügelt er die menschliche Fantasie seit Tausenden von Jahren – *Architeuthis dux*, der **Riesenkalmar**. Kein anderes Weichtier umranken so viele Mythen wie diesen zehnarmigen Giganten. Schon um 77 n. Chr. wurde er von dem römischen Gelehrten Plinius dem Älteren in seinem Werk *Naturalis historia* erwähnt. Doch seinen triumphalen Einzug in die Weltliteratur erhielt er 1870 mit *20 000 Meilen unter dem Meer*. Jules Verne beschreibt ihn als ein Meeresungeheuer, das sich mit Kapitän Nemo einen Kampf auf Leben und Tod liefert. Geschichten über angreifende Riesenkalmare gibt es Dutzende, sie wurden aber immer als Seemannsgarn abgetan. Im Jahr 2003 hatte die Crew des Trimarans *Geronimo* eine Begegnung der dritten Art. Während eines Segelrennens, bei der die »Jules Verne Trophy« für die schnellste Weltumseglung vergeben wird, bekam die *Geronimo* in der Straße von Gibraltar plötzlich Besuch. Zwischen der Oberseite des Ruderblattes und dem Rumpf klammerte sich mit einem Mal ein Riesenkalmar an. Ein Crewmitglied beschrieb die Situation als beängstigend, da das Tier mit seinen kräftigen Armen das Boot durchgerüttelt habe. Die Crew schätzte die Gesamtlänge des

Kalmars auf etwa zehn Meter, die Saugnäpfe seien im Durchmesser etwa sechs Zentimeter groß gewesen. Um den ungebetenen Gast wieder loszuwerden, hätten sie ihre Fahrt verlangsamt und nach einer Stunde Schwarzfahren sei der Riesenkalmar in den Tiefen des Meeres verschwunden. Fotomaterial über den Zwischenfall gibt es nicht, und so darf gerätselt werden, ob die Mannschaft die Verbindung zu Jules Vernes Roman und der Trophy vielleicht etwas zu ernst genommen hat oder ob diese Begegnung tatsächlich der Wahrheit entspricht. Die Wahrscheinlichkeit, dass ein Riesenkalmar überhaupt gesichtet wird, ist sehr gering. Nur wenige hatten bisher das Glück, ein lebendiges Exemplar zu sehen.

Den größten Teil dessen, was über die Tiere bekannt ist, hat man aus angespülten Kadavern und aus den Überresten in Pottwalmägen gelernt. Im Jahr 1856 rekonstruierte der dänische Forscher Japetus Steenstrup anhand von angespülten Überresten erstmals einen Riesenkalmar. Mehr als anderthalb Jahrhunderte und einige Kalmarkadaver später nimmt man an, dass die *Architeuthis*-Weibchen eine Länge von bis zu 13 Metern inklusive Armen erreichen können, während die Männchen mit maximal 10 Metern etwas kleiner sind. Trotz dieser enormen Größe ist der Riesenkalmar nur der Zweitgrößte unter den Wirbellosen. Der Titel des »größten Wirbellosen Tieres der Welt« gebührt nämlich dem **Kolosskalmar** *Mesonychoteuthis hamiltoni*. Über den Kolosskalmar weiß man jedoch noch weniger, da es kaum Fänge oder Strandungen gibt, die Aufschluss geben könnten. Mit 12 bis 14 Metern und bis zu 750 Kilogramm ist er jedoch größer und vor allem schwerer als der Riesenkalmar, dessen Weibchen wahrscheinlich bis zu 275 Kilogramm erreichen können. Auch wenn es Berichte von Riesenkalmaren gibt, die angeblich bis zu 20 Meter lang gewesen sein sollen, konnte dies bisher nicht wissenschaftlich bestätigt werden. Beide Riesenmollusken haben einen stromlinienförmigen Körper, wobei der Kolosskalmar wesentlich kompakter und gedrungener aussieht.

Man mag es kaum glauben in unserer hochtechnologischen Welt, aber das erste Foto eines lebenden Riesenkalmars wurde erst Anfang dieses Jahrtausends geschossen. Am 15. Januar 2002 gelang es einer Gruppe japanischer Forscher, ein ausgewachsenes Tier von vier Metern Gesamtlänge in der Nähe des Strandes von Amino Cho in der Präfektur Kyoto zu fangen und zu fotografieren. Das Tier wurde kurzerhand mit einem Seil an einem Kai festgebunden, um es zu studieren, doch leider verstarb es über Nacht. Der Körper wurde später präpariert und im Japanischen Naturhistorischen Museum ausgestellt. Im Jahr 2004 gelang es dann einem japanischen Forschungsteam mit einem Trick, einen lebenden Riesenkalmar in seiner natürlichen Umgebung zu filmen. Nach zweijähriger Vorbereitung stach die Gruppe in See und nahm Kurs auf eine rund 970 Kilometer entfernte Position südlich von Tokio. Der Ort, den sie ansteuerte, war ein bekanntes Jagdrevier von Pottwalen – den Todfeinden der Riesenkalmare. Wo Pottwale jagen, so die Vermutung,, musste sich auch ihre Beute befinden. Die Gruppe ließ eine 900 Meter lange Angelleine, bestückt mit Köder, Kamera und Blitz hinab in die Tiefe. Nach mehreren gescheiterten Versuchen hatte sie endlich Glück: Ein Riesenkalmar zeigte Interesse am Köder aus Garnelen und Tintenfischen. Das hungrige Tier schnappte sich mit der Beute auch den Angelhaken und hing für rund vier Stunden fest, bevor es sich befreien konnte. Innerhalb dieser Zeit prasselte ein wahres Blitzlichtgewitter auf den unglücklichen Tintenfisch ein, und die Forschungswelt war um 500 Bilder reicher. Eine absolute Sensation, die weltweit Beachtung fand! Aufgrund von Beifängen von Fischtrawlern und den Magenresten von toten Pottwalen geht man davon aus, dass Riesenkalmare sich zumeist in Tiefen von 300 bis 1000 Metern aufhalten, aber auch tiefer tauchen können. Bei Kolosskalmaren spekuliert man, dass sie noch tiefer abtauchen – bis in Tiefen von mehr als 2,2 Kilometern. Während Riesenkalmare in allen Ozeanen zu Hause sind, mit Ausnahme der tropischen und polaren Regionen, hat man Kolosskalmare bisher nur in der Antarktis und den weiter nördlich gelegenen Meeren bis nach Südamerika und Südafrika entdeckt.

Die Mollusken können nicht nur mit ihrer enormen Körpergröße und ihren Tieftauchkünsten punkten, sondern warten noch mit anderen Rekorden auf. Vor etlichen Jahren habe ich das Ozeaneum in Stralsund besucht, und eines der eindrücklichsten Ausstellungsstücke war ein präparierter, sechs Meter langer männlicher Riesenkalmar. Was mich an dem Tier am meisten beeindruckt hat, waren seine riesengroßen Augen. Tatsächlich haben *Architeuthis* und *Mesonychoteuthis* die größten Augen im gesamten Tierreich. Bei Exemplaren von *Architeuthis* wurden schon Augen mit einem Durchmesser von 27 Zentimetern mit einer neun Zentimeter großen Pupille gemessen. Damit haben die Augen in etwa die Größe eines Fußballs oder eines Pastatellers! Man nimmt an, dass die

Tiere solch große Augen entwickelten, damit sie die Silhouetten sich anschleichender Pottwale wahrnehmen können. Silhouetten in der dunklen Tiefsee – wie kann das sein, mögen Sie jetzt fragen. Wie schon erwähnt, gibt es sehr viele biolumineszierende Organismen in der Tiefsee, und wenn diese gestört werden, zum Beispiel durch einen heranschleichenden Pottwal, leuchten sie als Abwehrreaktion auf und machen so die Silhouette des Wals sichtbar. Die Riesenaugen der beiden Mollusken, mit denen sie laut einer Modellrechnung mehr als 120 Meter weit sehen können, haben sich also wahrscheinlich als Anpassung an den Räuberdruck entwickelt. Diese 120 Meter entsprechen in etwa der Reichweite des Sonars, mit dem der Pottwal seine Beute aufspürt, und das zeigt wieder einmal, wie genial Mutter Evolution die Tiere gegeneinander wettrüsten lässt. Die Kämpfe zwischen diesen Giganten haben die Fantasie der Menschen immer beflügelt, und die Neugier wird durch große Abdrücke von Saugnäpfen auf der Haut von Pottwalen nur noch geschürt. Offenbar ergeben sich die Kalmare nicht kampflos, wenngleich der Mageninhalt auf eine hohe Siegerquote seitens der Pottwale schließen lässt. Die Pottwale tragen von diesen Kämpfen auf Leben und Tod oft Narben durch die Saugnäpfe davon. Wie genau solch ein Kampf abläuft, darüber kann man bisher nur spekulieren – allein die Tatsache, dass er stattfindet, wird einstweilen für weitere Mythen und Geschichten sorgen.

Ein anderes sehr skurriles Wesen der Tiefsee ist ein Verwandter der Assel, die Sie in Ihrem Keller finden. Nur ist die Assel der Tiefsee um ein Vielfaches größer als Ihr kleiner Kellerbewohner und sieht aus wie ein Alien aus dem Film *Men in Black*. Die **Riesenassel** *Bathynomus giganteus* kann ein Gewicht von 1,7 Kilogramm und eine Maximalgröße von knapp 70 Zentimetern erreichen! Zum Vergleich: Reisetrolleys oder ein einjähriges Kind bewegen sich in dieser Größenordnung. Im Jahr 1879 entdeckte der französische Zoologe Alphonse Milne-Edwards das Asselmonster im Golf von Mexiko. Die Tiere kommen in Tiefen zwischen 365 und 730 Metern vor, können aber auch wesentlich tiefer gefunden werden. Dort warten sie vorwiegend am Meeresgrund darauf, dass ihnen die Nahrung von oben auf den Kopf fällt … oder vor eine ihrer 14 Klauen. Die Riesenasseln sind in erster Linie Aasfresser, die sich vor allem von *marine snow* ernähren, wobei Wal- und andere Kadaver nicht verschmäht werden. Doch sie gehen auch selber aktiv auf die Jagd. Dabei konzentrieren sie sich auf langsame oder sessile Tiere wie Seegurken bzw. Schwämme und andere auf und im Boden lebende Organismen. Während des Drehs einer Episode von *Shark Week* für den Discovery Channel im Jahr 2015 wurde eine Riesenassel gefilmt, die sogar einen Dornhai attackierte. Der Hai war in eine Falle gegangen, und die Assel nahm ihre Chance wahr und fraß dem armen Hai sein Gesicht weg.

Informationen über Lebensweise und Fressverhalten der Riesenasseln werden übrigens nicht nur durch Tiefseeexpeditionen gesammelt, sondern man kann die Tiere auch in Aquarien bewundern und studieren. Das Aquarium of the Pacific in Kalifornien beherbergt in seiner »Wonders of the Deep-Gallery« vier dieser Tiefseebewohner. Dort führt man genauestens Protokoll über das Fressverhalten der Tiere und hat herausgefunden, dass ihre

Lieblingsspeise Makrele ist. Natürlich ist den Tieren in der Wildnis nicht so ein Luxus vergönnt, denn sie müssen von dem leben, was sie bekommen können. Den Aquariumsasseln jedoch, die quasi per Hand gefüttert werden, bietet man einmal täglich diese Fische an – und das, obwohl die Tiere nur sehr unregelmäßig fressen. Laut Tierpflegerin Dee Ann Auten fraß eine der Asseln im Jahr 2013 nur zweimal, eine andere viermal, eine dritte sogar zehnmal und die vierte siebenmal. In einem japanischen Aquarium hatte das Pflegepersonal offensichtlich nicht den Geschmack einer dort lebenden Assel getroffen, denn die verweigerte jedwede Nahrung und starb nach einem vierjährigen Hungerstreik. Normalerweise sind die Tiere aber nicht wählerisch mit dem, was sie fressen, und fressen so lange, bis sie sich nicht mehr bewegen können. Drei Riesenasseln, welche im Golf von Mexiko gesammelt und untersucht wurden, hatten große Mengen Plastikmüll in ihren Mägen.

Man nimmt an, dass die Riesenasseln ihre enorme Größe in Anpassung an ihren sauerstoffarmen und dunklen Lebensraum entwickelt haben. Man bezeichnet dies als **Tiefseegigantismus**. Eine Theorie lautet, dass die Asseln so groß werden, damit ihr Körper mehr Sauerstoff aufnehmen und ihr Körper dem extremen Druck standhalten kann. Ein weiterer möglicher Faktor für das Riesenwachstum ist, dass es umso weniger Raubtiere gibt, je tiefer ein Tier lebt. Im Falle der Riesenasseln könnte das bedeuten, dass die Tiere es sich einfach leisten können, in relativer Sicherheit zu dieser beachtlichen Größe heranzuwachsen. Da aber an den Riesenasseln sowieso nicht viel Fleisch ist (sogar weniger als an einer Krabbe) und sie fast nur aus einem harten Exoskelett bestehen, sind sie unattraktive Beute für die meisten Räuber. Werden sie doch einmal angegriffen, rollen sie sich, genau wie ihre Cousins an Land, zu einem Ball zusammen und schützen ihre verwundbare Unterseite. Die Segmente des abgeflachten, harten Rückenpanzers überlappen einander und bilden einen undurchdringlichen Schutzschild. Ihre im Verhältnis zum blassrosa Körper großen Facettenaugen, mit denen sie wahrscheinlich so gut sehen können wie Katzen im Dunkeln, liegen weit auseinander und verstärken das alienartige Aussehen. Um in der Dunkelheit vorwärts zu kommen, haben sie zudem Antennen, die in etwa halb so lang wie der gesamte Körper sind. Mit diesen großen Sinnesorganen können sie sich durch die Dunkelheit tasten. Die kleinen Krallen an ihren Klauen sorgen zudem für erhöhte Stabilität am Meeresboden.

Nicht nur die Anatomie vieler Tiefseebewohner hat sich an die ewige Dunkelheit angepasst. Viele von ihnen, die nicht darauf warten, dass ihnen das Essen auf den Kopf fällt, haben darüber hinaus besondere Strategien entwickelt, um zu jagen – oder um nicht zum Gejagten zu werden. Für beides kann Licht sehr hilfreich sein.

Funkeln im Dunkeln

Tief unten im Meer ist es zwar stockdunkel, aber die Dunkelheit wird regelmäßig durch blitzende, flackernde und funkelnde Morsezeichen durchbrochen. Und bei genauerer Betrachtung ist die Tiefsee gar nicht so dunkel wie angenommen, denn man geht davon aus, dass mehr als

76 Prozent der Tiefseebewohner in der Lage sind, ihr eigenes Licht zu erzeugen! Unter Wasser gibt es jedoch das Problem mit den unterschiedlichen Wellenlängen des Lichts: Der blau-grüne Bereich hat die größte Reichweite mit einer Wellenlänge um 470 Nanometer, und die meisten Tiere können auch nur dieses Lichtspektrum wahrnehmen. Ihnen fehlen die Pigmente, um andere Wellenlängen zu sehen. Anders als biolumineszierende Tiere der Erdoberfläche, wie zum Beispiel die gelb leuchtenden Glühwürmchen, funkeln die Tiere der Tiefsee daher meist in blau-grünem Licht vor sich hin. Das tun sie natürlich nicht aus Spaß, denn das wäre Energieverschwendung, sondern um Feinde zu irritieren, Partner oder Beute anzulocken und um sich zu tarnen. Biolumineszenz erzeugt ein sogenanntes kaltes Licht, sodass die Tiere, die es produzieren, nicht überhitzen. Im Gegensatz zu einer künstlichen Lichtquelle, bei der ca. 90 Prozent der Energie als Wärme verloren geht und der Rest in Licht umgesetzt wird, beträgt bei biolumineszierenden Organismen die Lichtausbeute fast 100 Prozent. Man findet dieses Phänomen bei vielen Meeresbewohnern, angefangen von Bakterien und Algen (siehe »Das Leuchten der Meere«) über Krebstiere und Seesterne bis hin zu Haien und anderen Fischen. Es gibt bisher um die 1500 beschriebene Arten, die leuchten. Licht ist wohl die am weitesten verbreitete Methode der Kommunikation auf unserem Planeten, obwohl an Land nur vergleichsweise wenige Organismen wie Glühwürmchen und Springschwänze biolumineszieren. Es entsteht durch eine chemische Reaktion: Kommen Sauerstoff und das Molekül Luciferin zusammen, wird Energie in Form von Licht freigesetzt. Es gibt verschie-

dene Arten von Luciferin (»Lucifer« bedeutet »Lichtträger«), die je nach Tierart, die die Reaktion ausführt, variiert. Damit diese Reaktion überhaupt stattfinden kann, produzieren viele Organismen einen Katalysator, die Luciferase, die die Reaktion beschleunigt. Die dabei entstehende Energie wird als Lichtquant abgegeben, und voilà: Es funkelt im Dunkeln! Im Prinzip ist diese Reaktion ähnlich wie bei einem Knicklicht, bei dem die dünne Trennwand durch Abknicken zerstört wird, sodass sich die Chemikalien mischen und den Stab zum Leuchten bringen. Luciferin wird von manchen Tieren selber produziert, während andere es mit der Nahrung aufnehmen. Letzteres kann allerdings auch problematisch werden, da viele Tiere im Ozean durchsichtig sind. Fressen sie leuchtende Nahrung, werden sie selber ganz schnell zur Beute, da sie quasi mit einem Hinweisschild im Magen herumlaufen, auf dem blinkend »friss mich« steht. Doch auch hier hat sich Mutter Natur wieder etwas einfallen lassen: Ausgerechnet der Verdauungstrakt zahlreicher transparenter Tiere ist undurchsichtig. Problem gelöst! Die Anzahl der Arten, die biolumineszieren, und die Unterschiede in den chemischen lichterzeugenden Reaktionen sind ein Beweis dafür, dass sich Biolumineszenz mehrfach unabhängig voneinander entwickelt hat – bisher weiß man von mindestens 40 verschiedenen Variationen.

Die wohl bekanntesten Beispiele für Biolumineszenz in der Tiefsee sind **Tiefsee-Anglerfische** (Ceratioidei), die mit Licht ihre Beute überlisten. Doch die weiblichen Anglerfische produzieren das Licht nicht etwa selber, denn dafür haben sie Untermieter. In dem Leuchtorgan, das den Tieren wie ein Köder an einer Angel vor dem Kopf baumelt, wohnen Leuchtbakterien. Da der Köder aussieht wie ein leuchtender Wurm, zieht er hungrige Fische magisch an. Statt einer leckeren Mahlzeit erwartet sie dann ein Maul voller nadelspitzer Zähne, die sich in ihr Fleisch bohren. Das Mietverhältnis lohnt sich also für beide – Licht gegen Nährstoffe und ein sicheres Zuhause. Das Leuchtorgan wird aber darüber hinaus auch zum Anlocken eines potenziellen Partners genutzt. Was dann folgt, beschreibe ich unten im Kapitel »Sex and the Sea«.

Schwarze Drachenfische der Gattung *Idiacanthus* haben nicht nur ihr grottenhässliches Aussehen mit den Anglerfischen gemeinsam, sondern ebenfalls den wurmartigen Köder, hier Kinnbartel genannt. Diese wächst den weiblichen Schwarzen Drachenfischen wie eine lange, fadenartige Warze aus dem sehr ausgeprägten Unterkiefer und endet in einer länglichen, biolumineszierenden Verdickung. Der bis zu 50 Zentimeter lange und dünne Körper der weiblichen Schwarzen Drachenfische sieht aus wie der Körper einer übergroßen schwarzen Kaulquappe. Die Tiere, die rund um den Globus in südlichen subtropischen und gemäßigten Ozeanen bis in Tiefen von 2000 Metern vorkommen, haben zudem ein riesiges Maul, das fast den gesamten Kopf einnimmt und mit dolchartigen Fangzähnen gespickt ist. Die Männchen sind bis zu zehnmal kleiner als die Weibchen und haben weder Zähne noch einen Darm oder eine Kinnbartel. Dafür sind sie anderweitig gut bestückt, denn ihre Hoden nehmen die gesamte Leibeshöhle ein. Die *Idiacanthus*-Männchen leben offensichtlich nur für die Fortpflanzung, über die allerdings nichts Genaues bekannt ist. Abgesehen von ihrem sonderbaren Äußeren haben die Tiere noch eine weitere

Besonderheit: Unter den Augen der Fische befinden sich Zellen, die wie die Augen von Superman oder wie ein Scheinwerfer Licht aussenden! Dieses Licht ist nicht blaugrün, sondern rot und wird aufgrund der Farbenblindheit der Beutetiere von diesen nicht gesehen. Der Scheinwerfer der Tiefsee-Drachen hat eine Reichweite von ungefähr zwei Metern, was den Räubern einen riesigen Vorteil verschafft: Ihre Beutetiere erspüren mit ihrem Seitenlinienorgan zwar die Strömungswellen, welche von den herannahenden Räubern verursacht werden – allerdings erst, wenn der Räuber nur noch maximal 20 Zentimeter entfernt ist. Die Schwarzen Drachenfische jedoch haben ihre Beute fest im Auge und schlagen zu, sodass es für eine erfolgreiche Flucht für die farbenblinden Opfer meist zu spät ist.

Ein weiteres, wirklich cleveres Beispiel für Beutejagd via Biolumineszenz ist ein Hai, dessen Körperform und -farbe an eine Zigarre denken lassen. Der nur um die 50 Zentimeter große **Zigarrenhai** *(Isistius brasiliensis)* ist in allen Ozeanen, bevorzugt aber in tropischen und subtropischen Gebieten zu Hause. Tagsüber hält er sich üblicherweise in Tiefen von 1000 bis knapp 4000 Metern auf, des Nachts steigt er in Richtung Oberfläche, wobei er meist unter 85 Metern bleibt. Dieser kleine Hai frisst gerne Kalmare, aber am allerliebsten beißt er Stücke aus größeren Meeresbewohnern heraus. Es wurden schon Meeressäuger wie Pottwale, Delfine, Buckelwale und Seehunde, Rochen und große und kleine Haie sowie Thunfische und andere gefürchtete Räuber der Meere mit den charakteristischen Bissspuren gesehen. Um an seine Mahlzeiten zu kommen, wendet der kleine Hai eine List an.

Seine hellere Bauchunterseite ist mit biolumineszierenden Leuchtorganen, den Photophoren bedeckt, wobei die Region um den Hals ausgespart ist. Nähert sich ein großer Räuber (sprich: seine Beute) von unten, verschwindet die biolumineszierende Silhouette des Zigarrenhais nach dem Prinzip der Gegenschattierung (siehe auch das Kapitel »Perfekt versteckt«) mit dem Gegenlicht, in diesem Fall mit dem Licht des Mondes, da die Haie nur nachts in die lichtdurchflutete Zone des Meeres aufsteigen. Während fast der gesamte Körper hell leuchtet, bleibt der Ring um den Hals dunkel. Dieser sieht dann von unten aus wie die Silhouette eines kleinen Fisches, was wahrscheinlich die hungrigen Räuber anzieht. Vermutlich nutzt der kleine Hai diesen Ködertrick, um seinen eigenen Hunger zu stillen. Der Zigarrenhai wäre damit der bisher einzige Fall, bei dem die Abwesenheit von Biolumineszenz (in der Halsregion) dazu dient, Beute anzulocken, während die Photophoren zur Tarnung beitragen. Die Zähne des Zigarrenhais sind bemerkenswert und hinterlassen charakteristische Spuren im Fleisch ihrer Beute: Die unteren Zähne sind zu einer einzigen Zahnreihe zusammengewachsen, während die obere Zahnreihe aus nadelspitzen Zähnen besteht, die im Verhältnis zum Körper zu den längsten aller Haie zählen. Eine Bisswunde sieht einem ausgestochenen ovalen Plätzchen ähnlich, weshalb der Hai im Englischen den Namen *cookiecutter shark,* also Keksausstecher-Hai, trägt. Die kleinen braunen Haie sind anscheinend richtige Plagegeister, und es wurden schon angespülte Wale mit Dutzenden bis Hunderten von Bissspuren gefunden. Vor Hawaii hat fast jeder Spinnerdelfin Bekanntschaft mit den Zigarrenhaien gemacht und trägt Narben alter sowie neue Bissspuren am Körper. Auch ein paar Menschen haben ein bisschen Fleisch lassen müssen, wobei die bis zu 2,5 Zentimeter großen Wunden zwar schmerzhaft, aber nicht lebensgefährlich sind. Diese Begegnungen sind jedoch sehr selten, da die Tiere sich nicht in Küstennähe aufhalten. Es gibt Berichte von Offshore-Tauchern, die von den kleinen Biestern gebissen wurden, sowie von Überlebenden von Schiffsunglücken, die nachts von den Tieren angeknabbert wurden. Offenbar sind die Tiere nicht wählerisch, was ihre Mahlzeiten angeht, da sowohl Teile von U-Booten als auch Telekommunikationskabel im Wasser probiert wurden. Eigentlich würde der Name Vampir-Hai besser zu diesen kleinen Vielfraßen passen.

Ein weiterer spektakulärer leuchtender Tiefseebewohner ist *Vampyroteuthis infernalis,* was wörtlich übersetzt soviel bedeutet wie »**Vampirtintenfisch** aus der Hölle«. Den Namen verdankt er den Häuten, die sich zwischen acht seiner Arme spannen und das Tier aussehen lassen, als hätte es sich in einen Vampirumhang gehüllt. Die Häute dienen quasi als Segel, mit denen die Kopffüßer sich sehr energiesparend durch Tiefen von 600 bis mehr als 900 Metern treiben lassen. Der Vampirtintenfisch besitzt noch zwei weitere Arme, die eher fadenförmig sind, sich extrem in die Länge strecken können und mit Sinnesorganen versehen sind. Diese seltsame Kreatur hat zudem sehr große, blaue oder rote Augen, die knapp ein Sechstel der gesamten Körperlänge ausmachen. Die Färbung des bis zu 30 Zentimeter langen Körpers variiert und erscheint je nach Ort und Lichtverhältnissen von samtigschwarz bis hin zu hellrot. Fast der gesamte Körper des

Tintenfisches ist mit Photophoren bedeckt, die Lichtblitze emittieren, deren Intensität und Dauer vom Tintenfisch reguliert werden. Vampirtintenfische stoßen blau lumineszierende Partikelwolken aus, wenn sie sich bedroht fühlen. Die bis zu 10 Minuten lang leuchtenden Wolken sollen Angreifer verwirren, sodass der Tintenfisch sich in die Dunkelheit flüchten kann. Mit zwei kleinen Flossen am hinteren Mantelrücken, die an Minielefantenohren erinnern, navigiert er und bewegt sich fort. Auch wenn der Name des Vampirtintenfisches einen unstillbaren Durst nach Blut suggeriert, ernähren sich die Tiere nur von Detritus, also dem Meeresschnee, welchen sie mithilfe ihrer Saugnäpfe einschleimen und dann verspeisen.

Eines der wohl merkwürdigsten Geschöpfe dieser Welt erzeugt zwar kein eigenes Licht, jagt aber die funkelnden Meeresbewohner. Der **Glaskopffisch** lebt im Mesopelagial, in Tiefen bis zu 1000 Metern. In diese Zone dringt nur noch sehr wenig Licht, doch das Problem hat dieser skurrile Fisch mit einer ebenso genialen wie verrückten Anpassung an seinen dunklen Lebensraum gelöst. Er hat, wie der Name schon vermuten lässt, einen durchsichtigen Kopf. Ja, tatsächlich! Natürlich ist er nicht aus Glas, sondern besteht aus Gelatine, doch das ist, um ehrlich zu sein, nicht minder merkwürdig. Der Kopf ist deswegen sehr zerbrechlich, und hielte man den Fisch in einem Aquarium, wäre jede noch so leichte Kollision mit der Aquarienwand tödlich für ihn. Erst ein einziges Mal ist es bisher gelungen, einen Glaskopffisch zu fangen und ihn für ein paar Stunden in einem Aquarium zu halten, bevor er verstarb. Doch das Forschungsteam des Monterey Bay Aquarium Research Institute konnte in diesen wenigen

Stunden das Rätsel um die Augen lösen. Die Augen liegen nicht etwa außen am Kopf, sondern innerhalb des Kopfes je in einer grün-blauen Halbschale. Um immer den Durchblick zu behalten, sei es durch die Schädeldecke nach oben oder nach vorne, kann der Glaskopffisch seine Augen in den Schalen rotieren lassen. Das sieht ein bisschen so aus wie die komischen kleinen Plastikköpfe mit rotierenden Augen, die man damals an Kaugummiautomaten für ein paar Pfennig ziehen konnte (für diejenigen, die sich noch erinnern – für die anderen: so in etwa wie das magische Auge des Aurors Alastor »Mad-Eye« Moody in *Harry Potter*). Der nur etwa acht Zentimeter große Fisch schwebt meist bewegungslos durchs Wasser mit nach oben gedrehten Augen, die nach potenzieller Beute, wie kleinen funkelnden Geschöpfen, suchen. Dabei sieht er sehr melancholisch aus, so als würde er über die Probleme dieser Welt sinnieren. Sein rundes Gesicht entspricht dem typischen Kindchenschema, nur dass die kleinen, schwarzen Kreise rechts und links über dem spitzen Maul die Nasenlöcher sind und nicht die Augen. Er ist wohl der einzige Fisch, der es schafft, mit seinen Nasenlöchern schwermütig dreinzuschauen. Diese Tiere sind extrem selten, und nur wenigen Forschungsgruppen ist es bisher gelungen, sie zu finden. Glücklicherweise gibt es einige Fotos und sogar Videos von diesen skurrilen Tiefseebewohnern im Netz, die, auch wenn sie wie eine schlechte Fotomontage aussehen, uns ein realistisches Bild von diesem besonderen Lebewesen zeigen.

Fragile Fleischfresser und Riffe aus Glas

Schwämme, das weiß man mittlerweile, sind bei Weitem nicht die einfachen Organismen, als die sie auf den ersten Blick erscheinen. An ihren Standort gebunden, mussten sie eine Armada an wirkungsvollen Waffen erfinden, um sich hungrige Räuber vom Leib zu halten. Wir finden sie vom Flachwasser bis hinunter in die Tiefsee, wo sie zu den Herrschern des Benthos (die Gesamtheit aller am Grund, dem Benthal, vorkommenden Organismen) zählen. Wie bei allen Bewohnern der Tiefsee kommen wir den Geheimnissen der Tiefseeschwämme nur Stück für Stück auf die Schliche. Viele Schwammarten der Tiefsee sind Filtrierer, die vor allem Bakterien aus dem Wasser filtern. Manche Arten jedoch bevorzugen Nahrung mit etwas mehr Substanz: **fleischfressende Schwämme**. Es gibt tatsächlich Schwämme, die fast gar nichts mehr mit dem Schwamm im Badezimmer gemeinsam haben. Vor der Küste Kaliforniens wurde in Tiefen zwischen 3316 und 3399 Metern Anfang dieses Jahrtausends ein fleischfressender Schwamm entdeckt, der weder aussah wie ein herkömmlicher Schwamm noch sich entsprechend verhielt. *Chondrocladia lyra* erinnert in seiner Körperform eher an eine Harfe oder einen grobzackigen Kamm, dessen Rücken auf dem Grund liegt, während die Zacken vertikal im Wasser stehen. Der Rücken wird bei den Schwämmen Lamellen genannt, und die Kammzacken werden als Stolonen oder Äste bezeichnet. Von den von einem Mittelpunkt sternförmig abgehenden Lamellen – es kann zwischen ein und sechs geben – gehen ca. 20 Äste schnurgerade hoch. Diese Äste sind mit feinen Widerhaken und

Stacheln besetzt, die ein undurchdringliches Netz bilden. Jeder der Äste endet in einer kleinen Kugel, die mit Spermatophoren bepackt ist. Diese werden ins Wasser abgegeben, und wenn sie großes Glück haben, treffen sie auf einen anderen zweigeschlechtlichen Harfen-Schwamm und befruchten diesen. Die Eizellen der Schwämme sitzen im Zentrum des Sterns. Der knapp 40 Zentimeter große Schwamm wächst auf weichem Sediment, in dem er sich mit seinen Fortsätzen tief verankert. Verfangen sich von der Strömung vorbeigespülte Ruderfußkrebse in dem dichten Netz aus Widerhaken, ist ihr Schicksal besiegelt, sie werden vom Schwamm mit einer Membran umschlossen und verdaut. Der Harfen-Schwamm zeigt auf außergewöhnliche Weise, wie es Tieren gelingt, sich an die dunklen und oft ressourcenarmen Bedingungen anzupassen und erfolgreich zu überleben.

Von dem Tiefsee-Musikinstrument zur Tiefsee-Beleuchtung: Ein weiterer Fleischfresser unter den Schwämmen (man hat mittlerweile 33 Arten beschrieben) sieht nicht minder wunderlich aus. Der Raubschwamm *Chondrocladia lampadiglobus* ähnelt frappierend einer Art-déco-Lampe, bei der zwischen 10 und 20 gestielte Glaskugeln radiär um ein Zentrum herum angeordnet sind. Diese lampenartigen und milchig-transparenten Bälle am Ende der Stiele tragen die Geschlechtszellen. Das Zentrum der Lampe wiederum wird von einem Stiel, dem Rhizoid, im Boden verankert. Am liebsten verankert sich das schwammige Kunstwerk im östlichen Pazifik in Tiefen von 2600 bis 3000 Metern. Der gesamte Schwamm, im Englischen auch *ping pong tree sponge,* Tischtennisball-Baum-Schwamm, genannt, ist etwa einen halben Meter lang, wobei der

Stängel etwas mehr als 25 Zentimeter ausmacht. Seine Beute fängt der hübsche Schwamm mithilfe kleiner, scharfkantiger Widerhaken, den Skleriten, die den Körper, aber vor allem den Lampenkörper bedecken. Trägt die Strömung kleine Krebstiere an den Schwamm heran, übernehmen die Sklerite und spießen die Beute auf.

Schwämme tragen sehr zur Artenvielfalt bei, sei es als Brutstätte (siehe Casper) oder als Lebensraum für andere Organismen. Ein sehr faszinierendes Beispiel ist ein Schwamm, der Architekten und Ingenieure gleichermaßen begeistert. Der weiße Gießkannenschwamm *Euplectella aspergillum,* der in allen Ozeanen, aber bevorzugt im Westpazifik zu finden ist, ist Kunstwerk und Architekturwunder in einem. Der Gießkannenschwamm gehört zu der Klasse der **Glasschwämme**, deren Skelett aus Biosilikat, einem Salz der Kieselsäure, besteht. Vereinfacht gesagt, produziert ein lebendes Tier eine anorganische Substanz, deren Bausteine dem Meerwasser entnommen werden, ganz ähnlich wie bei Korallen. Der gesamte Aufbau des Schwamms ähnelt von der Form her einem etwa 20 Zentimeter langen und vier Zentimeter dicken Baseballschläger, der sich mithilfe von zentimeterlangen Nadeln (den Spiculae) im schlammigen Grund fest verankert. Nur besteht der Tiefsee-Schläger nicht aus Holz, sondern aus einem dicht miteinander verwobenen Fasernetz, welches aus Glaslamellen, gebündelten Glasfasern unterschiedlicher Dicke und spiralförmigen Rippen besteht. Die Skelettstruktur der Schwämme ist unglaublich komplex und weist mindestens sieben Strukturebenen auf, wobei die die Dicke der Glasfaserebenen vom Nanometer- bis in den Zentimeterbereich reicht. Die Fasern aus Silikat bzw. Glas sind eigentlich schon eine Besonderheit für sich: Man hat nämlich herausgefunden, dass sie die gleichen Eigenschaften wie kommerzielle Lichtleiter aus Kunststoff oder Glas haben und Licht zum Teil sogar besser leiten! Dabei sind die Fasern des Schwamms deutlich flexibler und wesentlich stabiler als technisch hergestellte Glasfasern. Und stabil muss der Schwamm sein, denn in der Tiefsee ist der Wasserdruck sehr hoch, und auch starken Strömungen muss getrotzt werden. Die Faseranordnung von *Euplectella aspergillum* wurde aufgrund ihrer lehrbuchhaften Konstruktion bereits im 19. Jahrhundert als Vorbild für architektonische Bauten wie z. B. den Eiffelturm verwendet. Der Schwamm war damals schon bekannt, da er in Tiefen von nur 40 Metern zu finden ist. Wozu der Schwamm lichtleitende Fasern braucht, ist vorerst noch ein Mysterium.

Schwämme sind essenziell für das Leben im Meer, denn sie filtern nicht nur gigantische Mengen an Wasser, sondern stellen außerdem den Lebensraum für allerlei Getier dar. Aufgrund seiner Gitterstruktur eignet sich *E. aspergillum* besonders gut als Unterschlupf, und das wissen auch Garnelenlarven der Familie Spongicolidae. Diese schwimmen zumeist als Pärchen durch die Gitterstruktur ins Innere des Schwamms, wo sich die eine Garnelenlarve zu einem Männchen und die andere zu einem Weibchen entwickelt. Danach geschieht das, was bei Pärchen des Öfteren zu beobachten ist: Man bleibt zu Hause, macht es sich gemütlich und isst gemeinsam – Garnelen sind da keine Ausnahme. Nach einiger Zeit sind die Tierchen so gewachsen, dass sie nicht mehr durch die Gitterstruktur passen – sie sind gefangen in einem Gefängnis aus

Glas. Tatsächlich aber ist das ein prima Arrangement für beide – Schwamm und Krustentiere. Letztere reinigen den Schwamm von innen, bekommen frisches Wasser und Futter ab und produzieren in der Sicherheit ihres Gefängnisses fleißig Nachwuchs, welcher dann durch die Gitterstruktur nach draußen gelangt. In Japan ist dieser Schwamm wegen der, wenngleich unfreiwilligen, lebenslangen Partnerschaft der Garnelen ein beliebtes Hochzeitsgeschenk. Dort nennt man ihn auch liebevoll »Venusblumenkörbchen« oder weniger liebevoll »Gefängnis der Ehe«.

Glasschwämme sind gar nicht so selten, wie man vermuten könnte, es gibt sogar ganze Riffe, die aus Glasschwämmen bestehen. Vor der Küste British Columbias, der am weitesten westlich gelegenen Provinz Kanadas, liegt mit etwa 1000 Quadratmetern das größte bekannte **Glasschwammriff** – wenn auch nicht in der Tiefsee. Dieses Riff wurde 1987 von einem kanadischen Forschungsteam in 150 bis 250 Metern Tiefe entdeckt. Die Entdeckung dieses 9000 Jahre alten Riffs war eine wissenschaftliche Sensation, denn eigentlich dachte man, Glasschwammriffe seien seit 40 Millionen Jahren ausgestorben! Glasschwämme gibt es schon seit 545 Millionen Jahren, ihre Blütezeit erreichten sie im Jura vor 200 Millionen Jahren, als Dinosaurier über die Erde wandelten. Während dieser Zeit gediehen in den prähistorischen Meeren riesige Glasschwammriffe. Heute zeugen nur noch gigantische Kalkfelsenformationen von einem 7000 Kilometer langen fossilen Riff, welches sich vom Kaukasus über Polen, Deutschland, die Schweiz, Frankreich, Spanien und Portugal bis nach Neufundland und Tennessee in den USA erstreckte. Beispiele für fossile Glasschwammriffe in Deutschland sind die Kalkfelsen der Fränkischen und der Schwäbischen Alb sowie die Felsen des Rheinfalls bei Schaffhausen. Das Riff in British Columbia jedoch lebt und floriert, es wachsen dort kelch- und trichterförmige Schwämme neben solchen, die aussehen wie Blumen. Tatsächlich gibt es Strukturen, die so hoch sind wie ein achtgeschossiges Gebäude – mit Glaswohnungen für die verschiedenen Tierarten, die dort Zuflucht suchen.

Diese Schwammriffe sind, wie Korallenriffe, Kinderstuben für viele Fischarten, und sie sind wichtig für die marine Nahrungskette. Die Glasschwammriffe, welche nur dort und in Alaska zu finden sind, sind so fragil, dass durch Fischfanggeräte aufgewirbelte Sedimente die Riffe schädigen oder sogar töten können. Außerdem hinterlassen Schleppnetze Schneisen der Zerstörung am Meeresgrund, da sie alles umpflügen, was ihnen im Weg steht. Leider ist das bereits der Fall: Große Teile des Riffs wurden durch die Schleppnetze der Fischfangflotten schon zerstört.

Glasschwämme sind – ob nun im Riff oder als Einzelexemplare – heute gefährdet, da sie sehr empfindlich auf klimabedingte Temperaturschwankungen reagieren und nur in einem engen Bereich von Salzgehalt existieren können. Darüber hinaus brauchen sie natürlich viel gelöstes Siliziumdioxid im Wasser, um zu wachsen. Fachleute aus Umweltschutz und Wissenschaft arbeiten hart daran, dieses Überbleibsel aus der Zeit der Dinosaurier zu schützen, denn was 9 000 Jahre gebraucht hat, um zu wachsen, kann in wenigen Stunden komplett zerstört werden. Erst kürzlich wurde nachgewiesen, dass Glasschwämme auch auf Manganknollen wachsen. Tatsächlich gehören die Schwämme zur der am häufigsten vorkommenden benthischen Makrofauna im Manganknollengürtel. Werden die Manganknollen im großen Stil abgebaut, könnte es Jahrzehnte bis Jahrhunderte dauern, bis sich die Glasschwammpopulationen vom unterseeischen Bergbau erholen. Wir müssen erst noch viel mehr über die verschiedenen Ökosysteme in der Tiefsee wissen, bevor wir dort derart gewaltsam eingreifen, denn sonst haben diese gravierenden Eingriffe in die Natur ungeahnte Konsequenzen für uns.

Sex and the Sea

Sex sorgt für die Erhaltung der eigenen Art und wie schon beschrieben, gibt es einige eigenartige Formen des Sexlebens im Meer – man denke nur an Nemo! Für den Menschen ist es manchmal geradezu verstörend, wenn ausgerechnet die Tiere, die wir als niedlich betrachten, sich als perfide Kidnapper und Vergewaltiger outen. Peniskämpfe, romantische Burgenbauer, Tentakelpetting und Fische, die Tausende von Kilometern schwimmen, nur um ihr erstes und letztes Mal zu erleben, sind nur wenige Beispiele, wenn es um das wichtigste Thema der Welt geht.

Die schwarze Seele der Seeotter

Wer kennt sie nicht, die Kuscheltiere der Meere: Schwarze Knopfaugen, Stupsnase, fluffiges Fell und sich bei den Pfoten haltend – **Seeotter** *(Enhydra lutris)* sind der Inbegriff von Niedlichkeit. Die Weibchen sehen auch einfach zu süß aus, wenn sie gemütlich auf dem Rücken im Wasser treiben und sich hingebungsvoll der Fellpflege ihres auf ihrem Bauch liegenden flauschigen Jungen widmen. Seeotter sind außerdem bekannt für den Gebrauch von Werkzeugen, was auf eine hohe Intelligenz schließen lässt. Die Tiere haben im Laufe der Evolution gelernt, dass eine schwer zu öffnende Muschel zerbricht, wenn sie sie nur lange genug auf einen Stein hämmern, den sie auf ihrem Bauch platziert haben. Auch anderen Schalentieren wie Schnecken, Seeigeln und Krebstieren wird so der Garaus gemacht. Doch nicht nur Steine werden als Werkzeuge genutzt, die Otter schlagen ihre Beute ebenso auf andere harte Gegenstände wie zum Beispiel Bootsrümpfe oder auf dem Grund liegende Glasflaschen. Damit gehören die Seeotter zur Crème de la Crème der intelligenten Tiere, da Werkzeuggebrauch nur von sehr wenigen Tieren wie Krähen, Delfinen, Affen und seit jüngstem von dem Schwarzpunkt-Lippfisch *Choerodon schoenleinii* bekannt ist, der ebenfalls Muscheln auf einem Felsen zerschlägt, um sie zu fressen. Erweist sich bei dem Öffnen der Schalentiere ein Werkzeug, z.B. ein Kieselstein, als besonders wirkungsvoll und liegt er gut in der Pfote, wird er vom Seeotter in einer Falte des Fells gut verstaut und für den nächsten Gebrauch aufbewahrt. Das Fell der Otter liegt nämlich sehr lose am Körper an und bildet Taschen unter der Achsel, in denen das Tier hervorragend Futter und Werkzeuge unterbringen kann. Das Fell an sich ist sehr besonders und leider auch der Grund, warum Seeotter zwischen dem 18. und dem 20. Jahrhundert fast bis zur Ausrottung gejagt wurden. Da Seeotter im Gegensatz zu anderen marinen Säugetieren keine schützende Fettschicht, Blubber genannt, haben, sind sie auf ihr wärmendes Fell angewiesen. Seeotter haben das dichteste und das feinste Fell im Tierreich: Mehr als eine Million Haare bedecken eine Fläche von nur 6,5 Quadratzentimetern. Das entspricht in etwa der Größe von zwei Männerdaumennägeln, oder genauer: Es wachsen 1538 Haare auf einem Quadratmillimeter Haut! Das Fell, das aus gröberen, wasserabweisenden Deckhaaren und feiner Unterwolle besteht, schützt nicht nur optimal gegen Kälte, sondern dient zugleich dem Auftrieb. Genaugenommen sorgen kleinste vom Otter in sein Fell geblasene Luftbläschen sowohl für Isolierung als auch für Auftrieb – zusätzlich zur großen Lungenkapazität, welche den größten Auftrieb verleiht. Doch die schlauen Werkzeugmacher können noch mehr. Sie machen sich die Stabilität und Reißfestigkeit von Seetang zunutze, um flinke Beute wie Krabben an der Flucht zu hindern: Sie fesseln die zukünftige Mahlzeit einfach mit Seetang, sodass sie nicht fliehen kann. Bekommt der Otter Lust auf seinen Seetang-Wrap, wird die Krabbe wieder ausgewickelt, der Panzer geknackt und das Innere verspeist. Diese Fesselungsstrategie wenden Ottermütter aber ebenso bei ihren Jungtieren an, damit diese nicht abtreiben, während sie auf Beutefang gehen. Damit ähneln sie durchaus den Eltern, die ihre Kinder am Kinderwagen anleinen, damit diese nicht stiften gehen.

Doch diese kleinen, possierlichen Handwerker haben auch ihre dunklen Seiten. Seeotter mögen zwar zu den niedlichsten Tieren auf diesem Planeten gehören, aber unter ihrem seidigen Fell versteckt sich ein dunkler Charakter – zumindest unter dem Fell der männlichen Seeotter. Diese sind sehr territorial und suchen sich idealerweise ein Revier mit vielen Weibchen aus, die sie begatten können. Das Liebesspiel der Seeotter ist sehr rau und beschert den Weibchen neben einer blutenden Nase manchmal den Tod. Während des Aktes, der bei den Ottern Bauch an Bauch erfolgt, verbeißen sich die Männchen in den Gesichtern und an den Nasen der Weibchen, um nicht am seidigen Fell abzugleiten. Das führt zu Verletzungen der Otternase und manchmal sogar zu deren Verlust. Zudem verfolgen Seeottermännchen die Weibchen während der Paarungszeit unerbittlich. Ist ein Weibchen »gefangen«, widersetzt es sich heftig den rauen Avancen des Männchens. Um es gefügig zu machen, drückt das Ottermännchen den Kopf des Weibchens unter Wasser, welches diese Waterboarding-Tortur manchmal nicht überlebt. Selbst nach dem Tod versucht das Männchen sich weiter mit dem ertrunkenen Weibchen zu paaren. Doch das ist erst der Anfang. Die Männchen, die keinen eigenen Harem haben, suchen sich wehrlose Opfer in der Nachbarschaft. Dabei picken sie sich die hilflosesten aller Opfer heraus: Seehundbabys. Die Babys werden dabei genauso rau angegangen wie die Seeotterweibchen und von den Männchen vergewaltigt. Die kleinen Seehunde sterben bei dieser Tortur oft, was für die Ottermännchen allerdings kein Grund ist, aufzuhören. Es wurde schon beobachtet, dass sich die Otter bis zu sieben Tage nach dem Tod der Babys weiter an ihren verwesenden Körpern vergingen, womit sie ihr Image als niedliche Meeressäuger komplett demontieren. Und als wären Vergewaltigung und Mord nicht schon schlimm genug, gesellen sich noch Kidnapping und Erpressung dazu. Ist das Futter knapp, kidnappen die Männchen nämlich gerne die Babys der Seeotterweibchen und halten diese so lange gefangen, bis die Mütter ihren Nachwuchs auslösen – mit Nahrung als Währung! Flauschiges Fell hin oder her, Seeottermännchen sind eindeutig die fiesesten Tiere auf diesem Planeten!

Sodom und Gomorrha am Südpol

Neben den auf den ersten Blick so niedlichen Seeottern gibt es natürlich noch andere Publikumsmagnete im Tierreich. Pinguine zum Beispiel sind entzückende Gesellen, die aussehen wie kleine Menschen im Smoking, fröhlich durch die Gegend watscheln und wie eine kaputte Vuvuzela klingen. Die Welt der Pinguine erscheint in bester Ordnung, und die Tiere leben in fast spießigen Verhältnissen: monogam und Nest an Nest, ähnlich einer Reihenhaussiedlung auf dem Land. Doch der idyllische Schein trügt … wenigstens bei den **Adeliepinguinen** *(Pygoscelis adeliae)*. Jedes Jahr im Sommer versammeln sich Tausende der kniehohen niedlichen Adeliepinguine am Südpol, um sich fortzupflanzen und ihre Jungtiere aufzuziehen. Dazu bilden sie Paare, oft mit dem Partner vom Vorjahr, und bauen gemeinsam ein Nest aus Steinen. Am Südpol sind gute Steine jedoch Mangelware und daher die heißeste Währung unter den Frackträgern. Wie das mit jeder begehrten Ware eben so ist, hat sich hier ein reger Handel etabliert, jedoch im Geheimen und unter der Hand … oder eher unter dem Flügel. Steigen die Temperaturen am Ende der Brutsaison, bringt das schmelzende Eis die Eier in Gefahr, und die Nester müssen mit Kieselsteinen gesichert werden. Die Weibchen machen sich daher auf die Suche nach geeignetem Nistmaterial. Um Konflikten wegen Steindiebstahls aus dem Weg zu gehen und sich nicht am Nachbarnest bedienen zu müssen, watscheln manche Weibchen an die äußere Begrenzung der Pinguinkolonie. Dort leben die Männchen, die kein Weibchen abbekommen haben, in Junggesellengruppen. Wer sich nicht um Frau und Nachwuchs kümmern muss, hat natürlich viel Zeit, um Reichtümer anzuhäufen, sprich: Kieselsteine, die die Junggesellen manchmal zu richtigen Steinburgen aufgetürmt haben. Kein Weibchen abzubekommen bringt aber natürlich auch Nachteile mit sich: Die Männchen strotzen vor angestauter sexueller Energie und wollen ihre Samen loswerden. Die schlauen Weibchen wissen das und machen den Kieselburgbesitzern eindeutige Angebote, indem sie kokett signalisieren, dass sie zur Paarung bereit sind. Ist der Akt vollzogen, schnappen sich die Weibchen einen Kieselstein als Bezahlung für ihre Mühe und watscheln zurück zu ihren nichts ahnenden Gatten, die geduldig zu Hause wartend das Ei ausbrüten. Prostitution, das älteste Gewerbe der Welt, hat sich auch am Südpol etabliert und ist in der Pinguingesellschaft gang und gäbe. Allerdings geht es bei diesem Tauschgeschäft, Sex gegen Stein, nicht immer mit rechten Dingen zu. Es wurden schon Weibchen beobachtet, die Junggesellen mit einem aufwendigen Balzritual so bezirzten, dass diese offenbar nicht aufmerksam oder schnell genug waren. Die gewieften Weibchen schnappten sich ihren Stein, ohne Sex als Gegenleistung anzubieten, und verschwanden schnell in Richtung Heimatnest. Ein Weibchen hatte es faustdick hinter den Ohren und ergaunerte auf diese Weise 62 der wertvollen Steinchen!

Dem dunkelsten Geheimnis der Adeliepinguine jedoch kam erstmals der Vogelkundler George Murray Levick Anfang des 20. Jahrhunderts auf die Spur. Was er beobachtete, brachte ihn so aus der Fassung, dass er Teile seiner Beobachtungen in altgriechischer Schrift verfasste – für den Fall, dass die Aufzeichnungen den Falschen in die

Hände fielen. Er beschloss, seine Beobachtungen nur einem kleinen, gebildeten Kreis von Männern der britischen Upperclass, die des Altgriechischen mächtig waren, zur Verfügung zu stellen. Diese Notizen wurden erst Jahrzehnte später wieder entdeckt und im Jahr 2012 veröffentlicht. Die detailreichen Beschreibungen der Pinguinperversion umfassen laut Levick neben Selbstbefriedigung, Nötigung und Vergewaltigung auch Leichenschändung! Besonders schockierend fand der Forscher die folgende Beobachtung: Ein verletztes Weibchen konnte sich nur auf dem Bauch kriechend fortbewegen, sodass er sogar in Erwägung zog, es von seinem Leid zu erlösen. Ein von ihm Notiz nehmendes Männchen packte die Gelegenheit beim Schopf und vergewaltigte das Weibchen. Levick hielt fest: »Diesen Pinguinen scheint kein Verbrechen zu niederträchtig.« Der Fairness halber muss man anmerken, das Levick das Verhalten wahrscheinlich falsch ausgelegt hat. Ein auf dem Boden liegendes Weibchen signalisiert Paarungsbereitschaft, das Männchen könnte die Position des verletzten Weibchens fehlinterpretiert und die Chance genutzt haben. Doch Levick beobachtete auch Pinguinmännchen, die sich an ihren toten und gefrorenen Artgenossen vergingen sowie kleine Küken sexuell belästigten. Für die kleinen Pinguine blieb das zumeist nicht ohne Folgen und führte sogar manchmal zum Tod der Küken. Sodom und Gomorrha am Südpol!

Manchmal kommt es eben doch auf die Größe an

Es gibt sie so gut wie überall, und doch springen sie einem nicht direkt ins Auge, da sie sehr klein sind. Am ehesten kennt man sie als Aufwuchs auf hartem Untergrund wie Felsen und Schiffsrümpfen, aber auch auf lebenden Tieren wie Buckelwalen, Schildkröten und Muscheln. Auf Tieren ähneln sie hellen Warzen, aus denen Haare sprießen. Nun gut, dieser Vergleich ist nicht sehr charmant und wird diesen faszinierenden Tieren nicht gerecht. Die rein marin lebenden **Rankenfußkrebse** (Cirripedia) gehören zu den Krebstieren. Unter den ca. 1200 Arten gibt es sowohl sessile als auch parasitär lebende Tiere. Ein sehr bekannter Vertreter ist die Gemeine Seepocke *(Semibalanus balanoides)*. Das arme Tier hat es wahrlich nicht leicht, schon allein wegen seines deutschen Namens! ›Gemein‹ und ›Pocke‹ lassen nicht gerade auf ein Tier schließen, welches Herzen im Sturm erobern kann. Aber Seeotter und Pinguine haben uns ja eines Besseren belehrt, und so sollte man voreilige Schlüsse aufgrund der äußeren Erscheinung vielleicht besser vermeiden. Die gemeine kleine Pocke startet ihr Leben als Larve und durchläuft während dieser Zeit zwei verschiedene Larvenstadien. Die Naupliuslarve entwickelt sich aus dem befruchteten Ei und wird ca. sechs Monate lang vom Elternteil bebrütet, bevor sie, nach der ersten Häutung, als Cyprislarve ins Freiwasser entlassen wird. Nach einigen Tagen bis Wochen und nach einer intensiven Wohnortsuche lässt sich die Cyprislarve auf einem harten Untergrund nieder, etwa auf anderen hartschaligen Tieren, auf Schiffsrümpfen, Felsen im Gezeitenbereich, Schiffsanlegern und Pfählen, bevorzugt dort, wo schon andere Seepocken sitzen. Hat sie ein schönes Plätzchen gefunden, klebt sie sich mit ihrem Rücken und den Füßen am Untergrund fest und beginnt mit der Metamorphose zum adulten Tier. Danach fängt die Minipocke an, ihre eigene kleine Festung zu bauen, eine kegelförmige Kalksteinschale, die von einem zweiteiligen Deckel verschlossen wird. Die Basis der Gemeinen Seepocke ist im Gegensatz zu der Basis anderer Rankenfußkrebse nicht kalzifiziert, sondern besteht aus einer Membran. Die Schale setzt sich aus sechs kleinen Kalkplatten zusammen, die quasi mit dem Tier, das sich wie alle Krebstiere während des Wachstums immer wieder häuten muss, mitwachsen. Um sich vor Austrocknung und vor Fressfeinden zu schützen, verschließen sie ihre kleine Trutzburg mit zwei kleinen Deckelchen. Seepocken haben viele Feinde, angefangen von Schnecken über Krebse und Seeigel bis hin zu Vögeln. Um selber effizient fressen zu können, haben sich die Beine der Pocken fächerartig zu kleinen Kämmen ausgebildet. Mit diesen Beinen, Rankenfüße genannt, durchsiebt die Pocke das Wasser nach Plankton und anderen Nahrungspartikeln. Die meisten Seepocken sind zwittrig und besitzen sowohl männliche als auch weibliche Geschlechtsorgane. Wie fast alle Crustaceen vermehren sie sich durch innere Befruchtung (zum Vergleich: Die meisten Korallen haben eine äußere Befruchtung, wobei die Spermien die Eier im Freiwasser befruchten). Genau wie Korallen haben die festsitzenden Seepocken aber ein Problem, wenn es um die Fortpflanzung geht. Da sie sich nicht auf die Beine machen können, um einen geeigneten Partner zu suchen, musste sich Mutter Natur eine andere Strategie ausdenken.

Seepocken haben daher einen langen Penis entwickelt, und wenn ich hier von lang spreche, dann meine ich richtig lang. Der Penis kann nämlich sage und schreibe bis zu acht Mal so lang werden wie der Körper der kleinen Rankenfüßer. Damit haben Seepocken offiziell den längsten Penis im Verhältnis zur Körpergröße im gesamten Tierreich! Das hat den berühmten Naturforscher Charles Darwin so sehr fasziniert, dass er sich regelrecht obsessiv mit den kleinen Pocken, vor allem mit deren Fortpflanzungsapparat, beschäftigt hat. Ganze sieben Jahre studierte er die kleinen Pocken und deren männliche Geschlechtsorgane, die er als »Elefantenrüssel-artig« beschrieb. In der Tat sieht der Penis einer Pocke genau so aus, wobei es jeweils Anpassungen an ihren Lebensraum gibt: Bei in rauen Gewässern lebenden Tieren ist er kleiner, kompakter und muskulöser, während er in ruhiger Umgebung lang, schmal und flexibel ist. Um sich fortzupflanzen, stülpt die Pocke den rüsselartigen Penis aus und tastet die Umgebung nach einem Sexualpartner ab. Dabei gilt: Je länger, desto besser, da dann auch weiter entfernte Seepocken begattet werden können.

Es gibt aber auch Krebstierchen, die rund sind wie eine Erbse oder nierenförmig wie eine Bohne, nur sehr viel kleiner. Ostrakoden erreichen eine Maximalgröße von bis zu drei Zentimetern, der Durchschnitt liegt jedoch eher bei 0,5 bis zwei Millimetern. Sie sind in allen aquatischen Lebensräumen zu finden, vom Grundwasser über Flüsse und Seen bis in die Tiefsee. Im Deutschen werden sie **Muschelkrebse** genannt aufgrund ihrer Ähnlichkeit mit Muscheln und den zweiklappigen Schalen. Der Körper der Ostrakoden wird von zwei verkalkten Schalenhälften geschützt, die symmetrische Ausfaltungen ihres Kopfes sind. Ihre Ernährung ist je nach Art sehr unterschiedlich; es gibt fast alles, angefangen von Plankton-Filtrierern über Aasfresser und Weidegänger, die Algen abweiden und Pflanzen aussaugen, bis hin zu kleinen Fleischfressern, die Pfeilwürmer und winzige Jungfische jagen. Im Unterschied zu den zumeist sessilen Muscheln oder den Ruderfußkrebsen bewegen sich die kleinen Schalenträger am Boden kriechend und manchmal auch schwimmend fort. Die Fortpflanzung nimmt bei diesen Tieren viel Raum ein – und das ist wörtlich zu verstehen, denn rund ein Drittel des Körpervolumens machen die Fortpflanzungsorgane aus! Die Tiere sind getrenntgeschlechtlich, und während bei den Männchen zwei Spermienpumpen, die Zenker-Organe, den meisten Platz einnehmen, sind es bei den Weibchen zwei lange Gänge zu beiden vaginalen Öffnungen. Dass der Geschlechtsapparat so raumgreifend ist, hat seinen Grund. Die am weitesten verbreitete Fortpflanzungsstrategie im Tierreich besteht darin, viele kleine Spermien möglichst energiesparend zu produzieren. Muschelkrebse jedoch werfen diese Taktik über den Haufen, bei ihnen geht Qualität über Quantität! Die wenige Millimeter großen Tiere produzieren nämlich Spermien, die bis zu zehnmal so lang sind wie ihr eigener Körper! Im Vergleich: Ein 1,80 Meter großer Mann müsste ein Spermium von 18 Metern bilden, um es den Ostrakoden gleichzutun. Offenbar sind die kleinen Krebse mit der Produktion von Riesenspermien sehr erfolgreich, denn seit der Kreidezeit vor 100 Millionen Jahren, also der Zeit, in der die Dinosaurier lebten, haben sich ihre Fortpflanzungsorgane kaum verändert. Nach Begattung des Muschelkrebsweibchens durch das mit zwei Penissen ausgestattete Männchen werden die Riesenspermien in den dafür vorhergesehenen Spermienbeuteln bis zum Zeitpunkt der Eiablage aufbewahrt. Doch das Weibchen speichert nicht nur die Spermien von einem einzelnen Männchen, sondern verpaart sich mit mehreren, deren Spermien sie speichert. Je größer also das Spermium, desto größer die Erfolgschancen für das Männchen, das viel Energie in die Entwicklung dieses Riesenspermiums gesteckt hat. Bei Eiablage ist dann das Spermium erfolgreich, welches durch seine Größe den Kampf um die Befruchtung gewonnen hat. Wenigstens für die Muschelkrebse ist die Größe also *das* Erfolgsrezept, mit dem sie seit Millionen von Jahren der Evolution ins Gesicht lachen und über weniger erfolgreiche und jetzt ausgestorbene Spezies triumphieren.

Die Natur ist schon erstaunlich, da sie kleinste Tiere mit den größten Penissen im Vergleich zur Körpergröße ausstattet und noch viel kleinere Tiere mit Riesenspermien. Doch die größten Tiere auf unserem Planeten sind in Bezug auf ihre Geschlechtsorgane natürlich auch beeindruckend. **Blauwal**-Männchen besitzen das größte aller Geschlechtsorgane der Welt. Der Penis eines ausgewachsenen Männchens kann eine stolze Länge von 2,5 bis 3 Metern bei einem durchschnittlichen Durchmesser von 30 Zentimetern und einem Gewicht zwischen 170 und 450 Kilogramm erreichen! Im Schnitt entspricht die Länge seines Penis etwa einem Zehntel seiner Körperlänge. Jeder der beiden Hoden kann bis zu 70 Kilogramm wiegen, d.h. das Gewicht eines durchschnittlich großen und schweren erwachsenen Menschen haben. Außerdem hat sein Herz die ungefähre Größe eines VW-Käfers und wiegt um die 2000 Kilogramm. Erobert der Blauwalbulle mit seinem großen Herzen ein Weibchen, wird nicht lange gefackelt, denn Konkurrenten lauern auf ihre Chance. Beim Geschlechtsverkehr ejakuliert der Blauwalbulle bis zu einem halben Liter Sperma – pro Akt. Diese Menge an Spermien erhöht nicht nur die Chance auf eine erfolgreiche Befruchtung, sondern kann auch dafür sorgen, dass die Samen der Vorgänger aus dem Weibchen herausgespült werden, das sich mit mehreren Männchen verpaaren kann. Ist die Begattung erfolgreich, dauert es zehn bis zwölf Monate, bis ein Kalb geboren wird. Auch bezüglich der Wachstumsgeschwindigkeit in ihrer frühen Entwicklung sind Blauwale Rekordhalter, denn die Embryos weisen das schnellste Wachstum aller Säugetiere auf und sind bei ihrer Geburt stolze sieben Meter lang und wiegen 2,5 Tonnen. Das Kalb wird dann etwa sieben Monate gesäugt und trinkt ca. 600 Liter Milch pro Tag, sodass es bei seiner Entwöhnung 13 Meter misst.

Doch Blauwale sind nicht die einzigen Wale, die in Bezug auf Fortpflanzung mit Superlativen um sich werfen. Im Vergleich zu den Hoden der Südlichen Glattwalmännchen, auch Südkaper oder *Eubalaena australis* genannt, sind die Hoden der Blauwale nämlich Erbsen! **Südliche Glattwale** besitzen mit bis zu einer Tonne Gewicht pro Hodenpaar die mit Abstand größten und schwersten Testikel im gesamten Tierreich. Und das bei einer maximalen Körperlänge von 18 Metern und einem Gewicht von maximal 80 bis 90 Tonnen. Damit sind die Hoden der Glattwale um ein Vielfaches größer als die im Vergleich zwergenhaft erscheinenden Hoden ausgewachsener Blauwale! Die Gattung der Glattwale *(Eubalanea)* wird zu den Bartenwalen gezählt und umfasst drei Spezies, den Atlantischen Nordkaper *(Eubalaena glacialis)*, den Pazifischen Nordkaper *(Eubalaena japonica)* und den Südkaper *(Eubalaena australis)*. Glattwale werden im Englischen als *Right Whales*, also als »richtige Wale«, bezeichnet. Dabei bezieht sich das »richtig« darauf, dass diese Wale die »richtigen« zum Jagen waren, da sie langsame Schwimmer sind und aufgrund ihres hohen Fettgehalts nach Tötung an der Oberfläche schwimmen. Walfänger haben diese Walart wegen des aus ihnen gewonnenen Öls besonders intensiv und fast bis zur Ausrottung bis Mitte des 20. Jahrhunderts bejagt, und die Bestände haben sich bis heute nicht davon erholt.

Von Fechtern und autonom schwimmenden Tentakeln

Penisse werden nicht nur zur Begattung eingesetzt, sondern auch als Waffe. Manche der in Korallenriffen lebenden zwittrigen **Plattwürmer** führen regelrechte Kämpfe mit ihren männlichen Geschlechtsorganen aus. Diese Kämpfe werden als »Penisfechten« bezeichnet, denn die Zwitterwesen ähneln Fechtern, die ihre Klingen, oder in diesem Fall: Penisse kreuzen. Diese Plattwürmer sehen aus wie Würmer, die von der Evolution mit einem Nudelholz bearbeitet wurden – platt nämlich. Je nach Art können sie knallbunt oder einfarbig sein. Aufgrund ihres Äußeren werden sie manchmal mit den Nacktkiemerschnecken verwechselt. Wenn die frei lebenden Plattwürmer (es gibt auch parasitär lebende Arten) mit wellenartigen und anmutigen Bewegungen durchs Wasser schwimmen, erinnern sie an einen fliegenden Teppich in Turbulenzen.

Ist die Zeit gekommen, kleine Plattwürmer zu zeugen, müssen sich die abgeflachten Zwitter entscheiden, ob sie den männlichen oder den weiblichen Part übernehmen. Da es viel energie- und zeitintensiver ist, als Weibchen den Nachwuchs auszutragen, kämpfen die Tiere um das Recht, den anderen Wurm zu besamen und sich nicht selber besamen lassen zu müssen. Dabei bauen sie sich voreinander auf und strecken sich ihre Penisse entgegen. Die fechtenden Plattwürmer, die jeweils zwei Penisse haben, versuchen ihre Samen loszuwerden, indem sie ihre Penisdolche in den Körper des anderen stechen. Bei der Art *Pseudobiceros bedfordi* findet aber keine innere Besamung statt, sondern sie ejakulieren auf die Haut des andern Plattwurms. Das Ejakulat sorgt dafür, dass dessen Haut sich auflöst und die Spermien so ihren Weg zu den Eiern finden und diese befruchten. Dabei kann es passieren, dass das Tier, welches besamt wurde, bleibende Schäden zurückbehält. Das besamte Tier macht sich nach dem ermüdenden Fechtkampf, der bis zu einer Stunde dauern kann, sofort auf Nahrungssuche, um seine Ressourcen für die Entwicklung des Nachwuchses aufzufüllen. Ist weit und breit kein anderer Plattwurm in der Nähe, greift der einsame Wurm zu drastischeren Methoden, um sich einer Nachkommenschaft zu versichern. Ist der Plattwurm *Macrostomum hystrix* ganz verzweifelt, befruchtet er sich eben selber. Nun ist Selbstbefruchtung an sich ja nichts Ungewöhnliches in der Natur, aber in diesem Fall schon. Der frei lebende *M. hystrix* bohrt sich nämlich seinen stilettartigen Penis in den eigenen Kopf! Seine Samen wandern dann von dort aus durch den Körper zu den Eizellen und befruchten sie.

Unter all den unzähligen verrückten Fortpflanzungspraktiken sticht eine besonders hervor. **Papierboote** oder auch Argonauten *(Argonauta)* sind mit Oktopussen verwandt und besitzen wie diese acht Arme. Sie sind Bewohner des offenen Ozeans und halten sich vor allem im Epipelagial, also in der lichtdurchfluteten oberen Wasserschicht, auf. Man findet sie, wenngleich selten, weltweit in tropischen und subtropischen Gewässern. Den Namen Papierboot verdanken sie der Schale der Weibchen, die aussieht, als sei sie aus Papier. Sie dient vor allem dem Schutz der Eier, das Weibchen kann mit ihr aber auch den Auf- und Abtrieb regulieren, indem es Oberflächenluft hineinpumpt. Papierboote sind getrenntgeschlechtlich mit einem ausgeprägten Geschlechtsdimorphismus. Das heißt im Klartext, dass die schalenlosen Männchen mit ihren zwei Zentimetern Körpergröße um ein Vielfaches kleiner sind als die bis zu zehn Zentimeter großen Weibchen, deren Schalen sogar bis zu 30 Zentimeter lang sein können. Außerdem leben die Männchen viel kürzer als die Weibchen, da sie nach ihrer ersten Paarung wahrscheinlich sterben. Die Weibchen hingegen können sich vielfach paaren und oft Nachwuchs bekommen. Das Faszinierende am Liebesspiel der Argonauten ist, dass es ohne die Männchen stattfindet – beziehungsweise ohne deren volle körperliche Präsenz. Wie alle Kopffüßer haben die Papierboote ein spezielles Begattungsorgan, den Hectocotylus. Das ist ein Tentakel, der ausschließlich zur Besamung der Weibchen dient. Er platziert die Spermatophoren, d.h. in kleine Pakete zusammengeklebte Spermien, in der Mantelhöhle der Weibchen, wo die Eier beim Austreten aus den Eileitern befruchtet werden. Im Unterschied zu den restlichen Kopffüßern erfolgt die Befruchtung bei Papierbooten jedoch ohne direkten Körperkontakt: Der mit Spermien bepackte Begattungsarm trennt sich nämlich vom restlichen Körper des Männchens ab und sucht sich autonom schwimmend ein Weibchen zur Befruchtung!

Wie schon erwähnt, sind die Spermien von Kopffüßern in kleine Pakete verpackt – so auch bei Kalmaren. Die Spermatophoren sind aber nicht nur die Verpackungen der Spermienpakete, sondern zugleich Werkzeuge, um die Spermien zu implantieren. Dabei sind sie sehr erfolgreich, was im Jahr 2008 eine 63-jährige Koreanerin zu spüren bekam. In Korea wird roher oder halb garer Tintenfisch sehr geschätzt, und die in Seoul lebende Dame war in dieser Hinsicht keine Ausnahme. Sie bereitete einen noch lebenden **Japanischen Flugkalmar** *(Todarodes pacificus)* zu, indem sie ihn als ganzes Tier, inklusive der Innereien, kurz kochte. Leider offenbar viel zu kurz, denn gleich bei dem ersten Bissen erlebte die Frau ihr blaues Wunder. Nach kurzem Kauen verspürte sie stechende Schmerzen in ihrem Mund. Auch hatte sie das Gefühl, dass sich in ihrer Mundhöhle viele kleine Tiere wanden, was sie veranlasste, sofort ein Krankenhaus aufzusuchen. Dort fanden die Ärzte zwölf kleine weiße spindelförmige Organismen, welche in der Mundschleimhaut von Zunge und Wangen eingebettet waren. Bei diesen »Organismen« handelte es sich um die Spermatophoren des Kalmars, der ja mitsamt seiner Organe gegessen wurde. Aufgrund der sehr kurzen Kochzeit waren die Spermatophoren noch quietschfidel und fit für ihren Job. Nur wurde in diesem Fall anstatt eines passenden Kalmarweibchens die Mundhöhle der Frau besamt! Natürlich wurden die Samenkapseln von den Ärzten umgehend entfernt und richteten keinen weiteren Schaden an, aber ich bezweifele, dass diese Frau jemals wieder Tintenfisch gegessen hat. Aus Japan, wo Tintenfisch ebenfalls gerne roh gegessen wird, sind auch einige Fälle von Mundhöhlenbesamung bekannt.

Aufopferungsvolle Väter

Im Jahr 1995 wurde Seltsames unter Wasser entdeckt. Ein paar Hundert Kilometer vor den Küsten der Japanischen Hauptinseln entdeckten Taucher eigenartige zirkuläre Strukturen auf dem sandigen Meeresgrund. Nach jahrelangem Rätselraten kamen Wissenschaftler im Jahr 2013 diesen symmetrischen Strukturen, die an die mysteriösen Kornkreise erinnerten, auf die Schliche. Die Architekten dieser Sandburgen sind ca. zwölf Zentimeter große **Kugelfisch**-Männchen der Gattung *Torquigener*, die mit den kunstvollen Gebilden paarungswillige Weibchen auf sich aufmerksam machen wollen. Die Sandburgen sind nicht nur ein Zeichen von Ausdauer und Stärke, sondern es sind Nester für die Nachkommenschaft. Sie werden nur in der Brutsaison angelegt. Um ein Nest mit einem Durchmesser von etwa zwei Metern zu bauen, muss ein Männchen sieben bis neun Tage lang unermüdlich schuften. Als Erstes gräbt es Täler in verschiedenen Winkeln strahlenförmig in den Grund, indem es mit seinem Bauch auf dem Boden entlangstreift und den Sand mit seinen Flossen nach rechts und links verwedelt. Auf diese Weise entstehen radiale Täler, die auf einen Mittelpunkt zulaufen, und zwischen den einzelnen Tälern kleine Sandwände. Das Gesamtkunstwerk sieht aus wie eine Sonne, deren wellenförmige Strahlen nach allen Seiten scheinen. Steht das Grundgerüst, dekoriert der Fisch die Erhöhungen der Struktur noch mit Korallenbruchstücken, Schnecken- und Muschelschalen. Natürlich ist der Bau einer solchen Burg ein Wettrennen gegen Strömungen und Wellen, sodass die kleinen Kerle sich völlig verausgaben. Ist das Männchen trotz aller Widrigkeiten in der Lage, ein schönes Nest zu bauen, ist das besser als jedes Aphrodisiakum, denn das beweist den Weibchen, dass das Männchen stark und ausdauernd ist. Also der perfekte Partner für ihre Babys.

Erst wenn die Männchen mit der Dekoration fertig sind, zeigen die Weibchen Interesse. Sie inspizieren das Nest genau und sind sehr wählerisch. Ist der Sand im Zentrum der Burg zu grobkörnig, schwimmen sie weiter und ignorieren die tagelange Arbeit des Künstlers. Nur sehr feiner Sand überzeugt die Damen. Dann legen sie ihre Eier in der Mitte des Nestes ab, um anschließend zu verschwinden und die Besamung und Pflege der Eier für die nächsten sechs Tage den Männchen zu überlassen. Während dieser Zeit zerfällt die Sandburg, da das Männchen sich aufopfernd um den Nachwuchs kümmert. Schlüpfen die Jungfische, verlässt auch das Männchen das Nest, macht sich auf die Suche nach einem geeigneten Platz für ein neues Sandschloss und fängt wieder von vorne an.

Auf andere Art beeindruckend aufopferungsvoll ist ein Fischmännchen, dem wir in der Tiefsee bereits begegnet sind: der **Tiefsee-Anglerfisch**. Im Prinzip weiß man nur wenig über diese Tiefseemonster, und die meisten Schlüsse wurden aus toten Tieren gezogen, die in Konservierungsflüssigkeiten in Museen und Universitäten vor sich hindümpeln. Von der Art *Caulophryne jordani* zum Beispiel gibt es bis heute weltweit nur 14 in Alkohol konservierte Exemplare, die in Naturhistorischen Museen stehen. Da all diese Exemplare ausschließlich weiblich waren, fragte man sich zu Recht, wo die Männchen der Anglerfische waren. Diese wurden nämlich nie zuvor beobachtet, geschweige denn gefangen. Bis jetzt. Im März 2018 veröffentlichte das Wissenschaftsjournal *Science* Aufnahmen, die die Forschungswelt in helle Aufregung versetzten. In 800 Metern Tiefe, vor den Azoren, gelangen den Tiefseeforschern Kirsten und Joachim Jakobson bislang nie gesehene Aufnahmen. Während eines fünfstündigen Tauchganges mit einem Tauchboot entlang einer steilen Wand vor der Insel São Jorge stach den beiden eine ungewöhnliche Kreatur ins Auge. Mithilfe ihrer am Tauchboot angebrachten Kamera machten sie Videoaufnahmen, um diese über Wasser in Ruhe auswerten zu können. Die Aufzeichnung brachte Erstaunliches zutage. Auf dem Video war der Tiefsee-Anglerfisch *Caulophryne jordani* zu sehen, genaugenommen ein etwa 16 Zentimeter großes Weibchen, welches durch die Dunkelheit schwebte. Wie für weibliche Anglerfische typisch, hatte auch dieses eine Angel (Illicium) mit einem Leuchtorganköder (Esca), welcher kaltblau vor sich hin biolumineszierte. Aber nicht nur der Köder schimmerte, sondern auch die fadenartigen Körperanhänge, die strahlenförmig vom Körper abstanden, erstrahlten, sodass den Forschern eine regelrechte Lichtshow geboten wurde. Doch damit nicht genug. An der Bauchseite des kartoffelförmigen Körpers entdeckten die Wissenschaftler einen wenige Zentimeter großen Anhang mit eigener Schwanzflosse. Sie hatten das Rätsel der verschwundenen Männchen gelöst, denn das, was sie dort sahen, war ein Männchen, welches sich mit dem viel größeren Weibchen verpaart hatte. Eine Sensation, denn noch nie zuvor wurde ein lebendiges Männchen während der Paarung gefilmt! Die Paarung der Tiefsee-Anglerfische ist, vorsichtig ausgedrückt, sehr eigentümlich, denn die Männchen verschmelzen regelrecht mit der Partnerin. Das ist wortwörtlich zu verstehen, denn sobald ein Männchen eine Partnerin gefunden hat, dockt es sich an ihr an. Man nimmt an, dass die Männchen die Weibchen finden, indem sie den von den Weibchen produzierten Pheromonen folgen, aber auch vom Licht angezogen werden. Ist ein Weibchen gefunden, verbindet sich das Männchen mit Haut und Blutkreislauf des Weibchens, sodass die Tiere fortan fest miteinander verbunden sind. Dieses parasitäre Zwergmännchen ist damit von dem Weibchen vollständig abhängig und wird über ihren Blutkreislauf ernährt. Es gibt quasi seine eigene Existenz auf und reduziert sich auf einen bloßen Spermienlieferanten, der ausschließlich für die Befruchtung der Eier zuständig ist. Stirbt das Weibchen, stirbt auch das Männchen. Es gibt Arten, bei denen mehr als nur ein Zwergmännchen beobachtet wurde (bei gefangenen, toten Exemplaren) – der Rekord liegt bei acht Männchen, die mit einem einzigen Weibchen verbunden waren! Totale Selbstaufgabe im Dienste der Fortpflanzung.

Auch anderen marinen Spezies macht es Mutter Natur nicht gerade leicht, wenn es um die Erhaltung der eigenen Art geht. Ist man ein Zehnfußkrebs, wie zum Beispiel ein **Hummer** *(Homarus)*, steht der Fortpflanzung etwas Entscheidendes im Weg: die eigene Schale nämlich. Den meisten ist der Hummer wohl nur als Delikatesse bekannt. Die wenigsten wissen jedoch, dass ihre Mahlzeit, die zuvor bei lebendigem Leib gekocht wurde, vorher ein fürsorgender Liebhaber war, der sich rührend um sein Weibchen gekümmert hat. Die nachtaktiven und einzelgängerischen Hummer sind sehr häuslich und bauen sich ihre Unterkunft in Felsspalten, Steinhaufen oder Höhlen. Diese Wohnhöhle dient ihnen als Schutz, denn gerade wenn sie sich häuten, sind sie ihren Fressfeinden wehrlos ausgeliefert. Um zu wachsen, muss der Hummer sein hartes Außenskelett (Exoskelett) abstreifen. Im ersten Lebensjahr kann das bis zu 44 Mal passieren. Vor der Häutung wird unterhalb des alten Panzers eine neue Haut gebildet, die erst zart und sehr verletzlich ist. Während der Zeit, die die neue Haut braucht, um auszuhärten, wächst der Hummer. Das Aushärten kann bei adulten Hummern bis zu einem Monat dauern. Diese Zeit verbringen sie im Schutz ihrer Höhle. In der Brutsaison, welche bei beiden Hummerarten, dem Europäischen Hummer *(Homarus gammarus)* und dem Amerikanischen Hummer *(Homarus americanus)*, im Spätsommer bzw. im Herbst ist, besuchen die Weibchen die Höhlen der Männchen. Dabei wählen sie aber nicht irgendein Männchen, sondern bevorzugen das, welches sich dominant gegenüber der männlichen Hummernachbarschaft zeigt. Um seine Paarungsbereitschaft zu zeigen, uriniert das Weibchen in Richtung Männchen – und zwar mit seinem Kopf. Der Urin wird nämlich über Drüsen, die an der Stirnseite des Kopfes liegen, ausgeschieden. Dennoch kommen die zwei nicht sofort zur Sache, sondern lernen sich erst einmal ausgiebig kennen. Dieses Kennenlernen kann ein paar Tage dauern, und in dieser Zeit betasten sie sich eingehend mit ihren Antennen. Die Antennen besitzen sehr sensible Chemorezeptoren, mit deren Hilfe die Botschaften im Urin genau analysiert werden. Stimmt die Chemie zwischen den beiden, begleitet das Weibchen das Männchen in die Höhle, wo weitere Sympathiebekundungen folgen. Nach einigen Tagen des Zusammenlebens beginnt der Akt, indem das Weibchen seine harte Schale abwirft, die später vom Männchen gefressen wird. Das Weibchen ist nun weich und verletzlich und braucht einige Zeit, um so weit auszuhärten, dass es wieder sicher auf den Beinen stehen kann. Ist es endlich so weit, dreht das Männchen das Weibchen vorsichtig auf den Rücken, denn die Besamung findet Bauch an Bauch statt. Das Männchen übergibt sein Samenpaket an das Weibchen, das es in einer Samentasche für die Befruchtung, welche im darauffolgenden Sommer stattfindet, aufbewahrt. Der gesamte Akt dauert nur ganze fünf Sekunden. Da der Panzer noch einige Tage braucht, um vollständig auszuhärten, bleibt das Weibchen solange in der Höhle des Männchens. Während dieser gesamten Zeit gibt das Männchen gut auf seine Partnerin acht und beschützt sie vor Fressfeinden sowie anderen interessierten Männchen. Ist der Panzer ausgehärtet, verlässt das Weibchen das Männchen und macht sich auf den Weg in seine eigene Unterkunft. Kurz nach seinem Auszug zieht die nächste begattungswillige Hummerdame ein, die vor der Höhle geduldig auf ihre Chance gewartet hat. Das mit Spermien beladene Weibchen befruchtet im nächsten Sommer die Eier, die danach neun bis elf Monate brauchen, um sich zur schlupffähigen Larve zu entwickeln. Solange trägt das Weibchen die bis zu 100 000 Eier an der Körperunterseite umher und sorgt durch regelmäßiges Fächern mit dem Schwanz dafür, dass sie mit Frischwasser versorgt, belüftet und gereinigt werden. Die kleinen Larven, von denen nur 0,005 Prozent überleben (das heißt: fünf vom gesamten Gelege), leben planktonisch und häuten sich während dieser Zeit dreimal. Danach suchen sie sich am Meeresgrund ein sicheres Plätzchen zwischen Steinen und Algen und verbringen dort die nächsten zwei bis drei Jahre, in denen sie sich regelmäßig häuten. Im Alter von etwa vier bis sechs Jahren werden sie geschlechtsreif, und der Zyklus beginnt von vorne. Hummer ernähren sich von Wirbellosen wie Schnecken, Muscheln, Seesternen und -igeln, anderen kleinen Krebstieren und Würmern. Selber werden sie als Larven von Fischen gefressen und landen als Adulte bei den Menschen auf dem Teller. Dann sterben die Tiere eines schrecklichen Todes, da sie bei lebendigem Leib ins kochende Salzwasser geworfen werden – nachdem sie schon einen qualvollen Transport über sich ergehen lassen mussten. Erst im Jahr 2007 wurde bewiesen, dass Hummer lernfähig sind und Schmerz, Angst und Stress empfinden können, sodass das Verwaltungsgericht Berlin im Jahr 2017 die Leidensfähigkeit von Hummern und anderen Krebstieren anerkannte. In Anbetracht fehlender Tierschutzregularien bezüglich Tötung, Transportmethoden und Haltung bis zum Endverbraucher sollte jeder Meeresfrüchteliebhaber vielleicht an das Leid der Tiere denken und auf Hummer in Zukunft verzichten.

Wanderlustige Flossentiere

Es gibt Fische, die wandern Tausende von Kilometern, um sich einmal, zum ersten und zum letzten Mal, zu paaren und danach am Ort ihrer Geburt zu sterben. Sie verändern im Laufe ihres Lebens ihr Aussehen, ihre Form, ihren Namen und sogar ihren Lebensraum. Die Wanderung der Aale fasziniert seit ewigen Zeiten Biologen, denn die Tiere, welche im Meer geboren werden, verbringen den größten Teil ihres Lebens in Flüssen und Seen und kehren erst zum Laichen zurück ins Meer. Es gibt bisher 21 anerkannte Aalarten, welche alle dieses Wanderverhalten zeigen. Die Lebensweise der Aale wird als katadrom, also absteigend, bezeichnet, da sie flussabwärts wandern. Im Gegensatz dazu zeigen viele andere wandernde Fischarten, wie zum Beispiel der Lachs, ein anadromes, d.h. aufsteigendes Verhalten, denn sie leben im Meer und wandern zum Laichen flussaufwärts. **Europäische Aale** *(Anguilla anguilla)* beginnen mit ihrer Wanderung zum Meer im Spätherbst zwischen September und November. Auf ihrer anstrengenden Reise überwinden die Tiere teilweise sogar kurze Strecken an Land, schlängeln sich durch feuchtes Gras und durchqueren kleinste Bäche und Tümpel. Sind sie endlich in einem großem Fluss angekommen, lassen sie sich energiesparend in Richtung Meer treiben. Dort angekommen, fangen sie wieder aktiv zu schwimmen an. Ihr Ziel: die Sargassosee, eine große, im Uhrzeigersinn kreisende Meeresströmung im Atlantik zwischen Bermudas und Azoren. Die es bis dorthin geschafft haben, haben viele Gefahren überstanden: Sie mussten den Turbinen der Wasserkraftwerke ausweichen, durch verschmutztes Wasser schwimmen und dem gefräßigsten Raubtier überhaupt entgehen – dem Menschen. Aale gelten nämlich weltweit als Delikatesse und eignen sich aufgrund ihres hohen Fettgehaltes hervorragend zum Räuchern. Mittlerweile gilt der Europäische Aal als vom Aussterben bedroht. Bisher ist es auch noch nicht geglückt, die Tiere nachzuzüchten und aufzuziehen. Einigen Forschungsinstituten ist es zwar gelungen, Larven zu züchten, aber diese überlebten maximal 22 Tage in Gefangenschaft. Fortpflanzung und frühe Entwicklung sind nach wie vor ein großes Rätsel. Dass wir überhaupt ein wenig über den unglaublich faszinierenden Lebenszyklus wissen, verdanken wir dem dänischen Meeresbiologen Johannes Schmidt. Schmidt machte sich Anfang des 20. Jahrhunderts auf den Weg, um das Rätsel um die Aale zu lüften und deren Laichgründe zu finden – mit Erfolg, denn 5000 Kilometer von Europas Westküste wurde er fündig und identifizierte die Sargassosee als das wahrscheinlichste Laichgebiet der Europäischen Aale. Dort fischte er nämlich gerade geschlüpfte Aale, die sogenannten »Weidenblattlarven« (*Leptocephalus*-Larven) aus dem Wasser. Die langen, abgeplatteten Larven sind durchsichtig und verdanken ihren Namen der Ähnlichkeit mit Weidenblättern. Die kleinen Larven machen sich sofort auf in Richtung europäische Küstengewässer. Dort angekommen, ändern sie ihr Aussehen: Sie werden zu ca. sieben

Zentimeter großen »Glasaalen«. Auch dieses Stadium ist durchscheinend, erinnert aber schon viel mehr an einen Aal. Die meisten Glasaale schwimmen dann im Frühjahr die europäischen Flüsse stromaufwärts und werden jetzt als »Steig-« oder »Gelbaale« bezeichnet, letzteres wegen der gelblichen Färbung ihres Bauches – der Rest des Körpers ist grün-bräunlich. Haben sie sich für ein Gewässer entschieden, verbringen sie dort die Jahre bis zur Geschlechtsreife. Männchen werden im Durchschnitt mit sechs bis neun Jahren geschlechtsreif, Weibchen erst mit zwölf bis 15 Jahren. Prinzipiell variiert die Geschlechtsreife des Europäischen Aals und kann zwischen vier und 20 Jahren liegen, abhängig vom jeweiligen Lebensraum: Liegt dieser eher südlich, werden die Tiere eher geschlechtsreif, liegt er nördlich, dauert es länger. Als weitere anatomische Anpassung an ihre Lebensweise teilt sich der Europäische Aal in zwei Varianten, welche durch das Nahrungsangebot ihres jeweiligen Lebensraums bestimmt wird. Die Aale, welche sich hauptsächlich von Kleinkrebsen, Würmern und Insektenlarven ernähren, haben einen schmalen Kopf mit spitzer Schnauze, sie werden daher auch als »Spitzkopfaale« bezeichnet. Aale, die sich vorwiegend von größeren Tieren wie Fischen, Krebsen und Fröschen ernähren, werden aufgrund ihres breiten Kopfes mit breiter Schnauze »Breitkopfaale« genannt.

Ist es an der Zeit, sich fortzupflanzen und zurück zum Ort ihrer Geburt zu wandern, wandeln sich Gestalt und Aussehen der Aale wieder. Die vormals grün-braune Färbung ihres Körpers wird silbrig-grau, die Augen vergrößern sich, und der Kopf wird spitz zulaufend. Zudem bildet sich der gesamte Verdauungstrakt innerhalb von etwa einem Monat zurück und macht Platz für die wachsenden Geschlechtsorgane. Die Aale, die jetzt als »Blankaale« bezeichnet werden, nehmen während der gesamten Zeit, die sie brauchen, um in die Sargassosee zu gelangen, keine Nahrung mehr zu sich. Sie verbrauchen die Fettreserven, die sie sich im Laufe ihres Lebens durch das Fressen von Schalentieren und Fischen zugelegt haben. Erreichen die Aale die Sargassosee, verliert sich ihre Spur. Bis heute liegt der genaue Paarungsakt in Dunkeln, da er noch nie in freier Wildbahn beobachtet werden konnte. Man nimmt an, dass der erste Akt der Tiere auch ihr letzter Akt ist. Dennoch, das letzte Geheimnis der Aale ist und bleibt wohl noch für einige Zeit ein Mysterium.

Das blaue Wunder in Gefahr

Das Meer erscheint uns wild, wunderschön, unbezähmbar und unendlich. Leider täuscht der erste Blick, denn die Ozeane sind in größter Gefahr. Von den tropischen Korallenriffen bis in die Eismeere, vom Epipelagial bis hinunter in die Tiefseegräben, vom Plankton bis zum Wal – alle seit Jahrtausenden fein aufeinander eingespielten marinen Ökosysteme sind seit einigen Jahrzehnten bedroht. Ursache dafür sind wir, sprich: der Mensch. Das Meer galt jahrhundertelang als unerschöpfliche Quelle von Ressourcen: Die Vorräte an Fisch, Meeresfrüchten und Öl schienen unbegrenzt, man schöpfte aus dem Vollen, nahm und nimmt sich bis heute mehr, als nötig wäre und die Natur nachliefern kann, und kümmerte sich nicht um entstehende Schäden oder Abfälle. Dieser Gier wird jedes Jahr ein Tag, der *Earth Overshoot Day*, gewidmet. Dieser »Weltüberlastungstag« oder »Ökoschuldentag« ist eine Kampagne der Organisation Global Footprint Network. Er soll darauf aufmerksam machen, dass an diesem Tag der Verbrauch von nachwachsenden Rohstoffen Angebot und Kapazität der Erdressourcen übersteigt. Während im Jahr 1987 der *Earth Overshoot Day* am 19. Dezember stattfand, wurde er im Jahr 2018 schon am 1. August erreicht. Das heißt im Klartext, dass wir im Jahr 2018 aus ökologischer Sicht über unsere Verhältnisse gelebt und 1,7 Erden verbraucht haben oder anders gesagt, dass wir die Natur 1,7-mal schneller genutzt haben, als die Ökosysteme Zeit hatten, sich zu regenerieren. Es steht nicht zu erwarten, dass dies 2019 anders ist. Wir nehmen mehr, als nachwachsen kann – seien es nun Bäume und Landtiere, Rohstoffe oder Meeresbewohner – und leben über unser Ressourcenbudget. Gleichzeitig pusten wir immer schneller immer mehr CO_2 in die Atmosphäre, sodass die Wälder und Ozeane nicht mehr in der Lage sind, alles zu binden – mit weitreichenden Folgen nicht nur für Pflanzen und Tiere, sondern auch für uns. Sollte sich die Menschheit in ein paar Jahrhunderten nicht selber abgeschafft haben, werden unsere Nachfahren die von uns hinterlassenen Spuren finden, genauso wie wir Artefakte aus vergangenen Epochen finden. Man hat dafür sogar schon einen eigenen Begriff geprägt: das Anthropozän. Der Begriff stammt aus dem Altgriechischen und kommt von *ánthropos,* Mensch. Unsere Existenz auf Erden hat den Planeten geprägt – und nicht im Guten. Das nur scheinbar unerschöpfliche Ökosystem Meer ist vielfältig bedroht: von Verschmutzung durch Öl und Plastik, von den Auswirkungen des Klimawandels und vom Artensterben durch Überfischung und Zerstörung mariner Lebensräume. Es ist höchste Zeit, diese Gefahren zu benennen, um sie, wenn möglich, noch abzuwenden.

Der Fluch des schwarzen Goldes

Es treibt Autos und andere Maschinen an, wärmt und erleuchtet uns und … es verschmutzt die Ozeane. Auch wenn es schon seit Tausenden von Jahren bekannt ist und bereits in der Antike genutzt wurde, startete die großkommerzielle Förderung erst in der zweiten Hälfte des 19. Jahrhunderts. Es ist einer der wichtigsten Rohstoffe unserer industrialisierten Gesellschaft, entstanden vor vielen Jahrmillionen – die Rede ist von Erdöl. Bevor **Erdöl** zu der schwarzen Masse wurde, die es jetzt ist, trieb es als viele Kleinlebewesen, vor allem als Algen, durch den Urozean. Nach deren Absinken und vollständiger Zersetzung bildeten sich Faulschlammablagerungen, die im Laufe der Zeit von anderen Sedimenten überdeckt wurden. Durch verschiedene chemische und physikalische Prozesse wie erhöhte Temperaturen und Drücke entstand schlussendlich das schwarze Gold, das heute weltweit an Land und im Meer gefördert wird. Nicht immer ohne Folgen für die Umwelt. Eine der schlimmsten Katastrophen der Menschheit ereignete sich am 20. April 2010 im Golf von Mexiko, als die Bohrinsel »Deepwater Horizon« explodierte. Die Explosion der Ölbohrinsel des britischen Mineralölunternehmens BP führte zu einem verheerenden Großbrand und zur bis heute schlimmsten Ölpest aller Zeiten. Trotz aller Bemühungen, den Brand auf hoher See zu löschen, gaben die Metallkonstruktionen nach 36-stündiger Hitzeeinwirkung nach, und die Plattform versank am 22. April mit elf Menschen im Meer. Nachdem die Plattform verschwunden war, bemerkte man, dass Öl durch mehrere Lecks unkontrolliert ins Meer austrat. Bis zur provisorischen Abdichtung des Lecks drei Monate nach dem Brand gelangten etwa 780 Millionen Liter Rohöl und Erdgas aus einer Tiefe von 1500 Metern ins Meer. Der Ölteppich, der viermal so groß wie das Land Luxemburg war, verseuchte einen 75 Kilometer langen

Küstenstreifen des US-Bundesstaates Louisiana und bedeutete das Todesurteil für Tausende von Vögeln, Meeressäugern, Fischen, Meeresschildkröten, Korallen und anderen Meereslebewesen. Das Öl, das in Fontänen aus den Lecks sprudelte, fiel zudem aus der Wassersäule auf den Boden aus und verschmutzte rund 18 000 Quadratkilometer Meeresboden. Es lagerte sich dort auf den Sedimenten ab und begrub jedes Leben unter sich, da durch die Matten aus Teer weder Sauerstoff noch Nährstoffe dringen und ein mikrobieller Abbau des Öls damit unmöglich wurde.

Um den Ölteppich an der Wasseroberfläche zu beseitigen und ein weiteres Anschwemmen des Öls an die Küsten zu verhindern, setzte BP eine umstrittene Chemiekeule ein. Rund eine Million Liter Corexit 9500 sollten die zähe Ölmasse an der Wasseroberfläche zerstreuen, sodass diese als feine Tröpfchen in die Tiefen des Golfs von Mexiko absanken. Außerdem bemühte man sich, Öl von der Wasseroberfläche abzuschöpfen und den Teerfilm an den Stränden einzusammeln. Einen großen Teil des ausgetretenen Schweröls vermuten Wissenschaftler und Umweltschützer jedoch noch am Meeresboden: Bis heute werden nämlich, vor allem nach Stürmen, immer wieder Teerklumpen an die Strände der fünf betroffenen Bundesstaaten gespült. Unter den Folgen der Katastrophe leiden die Tiere nach wie vor. Im Jahr 2014 wurden in den betroffenen Gebieten viermal mehr tote Delfine angespült als in den Jahren vor der Katastrophe. Die Tiere verstarben zumeist an den Folgen von Lungenkrankheiten, Nierenproblemen und Zahnausfall – alles Symptome, die nach dem Kontakt mit Öl auftreten. Doch auch die Helfer, die versuchten, die Ölverschmutzung zu beseitigen, erkrankten durch den Gebrauch der Chemikalie Corexit 9500. Und als wäre das noch nicht schlimm genug, verloren 22 000 Menschen ihre Jobs im Fischereigewerbe, da Fische starben oder ungenießbar waren und Austern- und andere Meeresfrüchtezuchten bankrottgingen.

Die Explosion der »Deepwater Horizon« war – so katastrophal sie war – nur die Spitze des Eisbergs. Weniger große Öltankerhavarien passieren in regelmäßigen Abständen, sie gehören quasi zum Alltag. Man schätzt, dass auf diese Weise jährlich 100 000 Tonnen Öl in die Umwelt gelangen.

Doch nicht nur Rohöl verschmutzt die Ozeane, sondern in den letzten Jahrzehnten auch ein Stoff, der aus dem Öl gewonnen wird und aus unserem Alltag nicht mehr wegzudenken ist: Plastik.

Das Plastikzeitalter

Es begegnet uns überall: Morgens wenn wir uns die Zähne putzen, danach unter der Dusche die Haare waschen, später unser Smartphone nach neuen E-Mails checken, während wir in der anderen Hand den wiederbefüllbaren Thermobecher mit Kaffee halten, und schließlich wenn wir ins Auto, in die Bahn oder aufs Rad steigen, um zur Arbeit zu fahren. Es ist aus unserer technologiebasierten Welt nicht mehr wegzudenken, und Fortschritt wäre ohne es in dieser Form nicht möglich. Kunststoff, umgangssprachlich Plastik genannt, ist allgegenwärtig und in vielerlei Hinsicht eine großartige Erfindung. Bei Bedarf hart wie Stahl, nur viel leichter, durchsichtig wie Glas, nur nicht so zerbrechlich, oder elastisch und doch nicht leicht zu zerreißen – Kunststoffe haben einzigartige Eigenschaften und werden vielfältig eingesetzt. Sie sind günstig in der Herstellung, beständig in Bezug auf Temperatur, Licht und Chemikalien und durch die Beimischung von Zusatzstoffen regulierbar in ihrem Härtegrad, der Bruchfestigkeit und ihrer Elastizität. Der Siegeszug der auf Erdöl basierenden Kunststoffe begann in den frühen 1950er-Jahren, als die großindustrielle Herstellung begann. Seitdem ist die weltweite Produktion von Plastik kontinuierlich angestiegen und lag im Jahr 2016 bei 335 Millionen Tonnen. Die Hälfte wird in asiatischen Ländern produziert, allen voran China, gefolgt von Europa (plus Norwegen und der Schweiz) mit 60 Millionen Tonnen – Tendenz steigend. In Deutschland bzw. der EU wird Kunststoff vor allem in der Verpackungsindustrie verarbeitet, gefolgt von Baustoffen und der Automobilindustrie. Mit steigender Produktion wächst natürlich auch die Menge an Abfall. Laut einer im September 2018 veröffentlichten Studie der Weltbank wurden im Jahr 2016 weltweit 242 Millionen Tonnen an **Plastikabfällen** produziert, was 12 Prozent aller Kommunalabfälle ausmacht. Natürlich nimmt nicht nur die Menge an Plastikmüll zu, sondern die Menge an Müll im Allgemeinen. Weltweit werden jährlich 2,01 Milliarden Tonnen Müll produziert. Verlüde man diese unvorstellbare Menge auf Lastwagen, würden diese 24-mal um die Erdkugel reichen. Wenn es so weitergehe wie bisher, so die Studie, müssten wir mit einem 70-prozentigen Anstieg bis zum Jahr 2050 rechnen. Das heißt im Klartext, in etwas mehr als 30 Jahren würde die weltweite

Müllproduktion auf jährlich 3,4 Milliarden Tonnen anschwellen.

Mit steigendem Einkommen nimmt die Menge an anorganischen Abfällen wie Plastik zu und die Menge organischer Abfälle ab. Alleine in Deutschland wurden laut Umweltbundesamt im Jahr 2016 18,2 Millionen Tonnen Verpackungsmüll sowohl aus der Industrie als auch aus privaten Haushalten produziert, pro Kopf 220,5 Kilogramm. Damit liegen wir weit über dem EU-Durchschnitt von 167,3 Kilogramm pro Kopf! Wir Deutschen sind somit die EU-Meister in der Produktion von Verpackungsmüll, Bulgarien bildet mit nur 54,7 Kilogramm pro Kopf das Schlusslicht.

Während bei uns Abfälle gesammelt und entsorgt oder recycelt werden, fehlt die Infrastruktur dafür in weniger entwickelten Ländern. Über 90 Prozent des Mülls wird in Entwicklungsländern nicht sachgerecht entsorgt und verschmutzt die Umwelt mit weitreichenden Konsequenzen für Mensch und Tier. Auch innerhalb Europas gibt es aber gravierende Unterschiede im Umgang mit Plastikmüll. Während in Deutschland, den Niederlanden, Belgien, der Schweiz, Österreich und den skandinavischen Ländern der Anteil an Plastikabfall auf den Deponien unter 10 Prozent liegt oder ganz verboten ist, steigt er im südlichen Europa auf über 50 Prozent an. In Deutschland zum Beispiel wird der Müll gesammelt und recycelt oder energetisch genutzt. Laut Umweltbundesamt wurden 2017 6,15 Millionen Tonnen Gesamtkunststoffabfälle (Abfälle aus Haushalt und Industrie) produziert. Davon wurden 2,87 Millionen Tonnen, also 46,7 Prozent, recycelt. Als recycelt gelten dabei aber sowohl Abfälle, die in Deutschland recycelt werden und für neue Produkte aus Kunststoff zu Verfügung stehen, als auch die Abfälle, die zum Recycling ins Ausland exportiert werden. Knapp 53 Prozent (3,24 Millionen Tonnen) wurden statt fossiler Brennstoffe verbrannt und zur Energiegewinnung genutzt. Die restlichen 40 000 Tonnen Kunststoffabfälle, etwa 0,6 Prozent, wurden auf Deponien gelagert und stammten unter anderem aus Bauabfällen. Auch wenn der größte Teil in Deutschland verbleibt, ist der Export ins Ausland ein Problem. Alleine im Jahr 2016 exportierte Deutschland rund 11 Prozent aller Verpackungsabfälle (inkl. Metall-, Papier- und Plastikabfälle) ins Ausland, davon mehr als die Hälfte nach China, der »Müllkippe der Welt«. Seit Anfang 2018 hat das Land aber einen Importstopp für unsortierten Plastikabfall verhängt, aufgrund massiver Umweltprobleme. Um nicht auf unserem Müll sitzen zu bleiben, suchen wir Alternativen in anderen Ländern wie Malaysia, Indonesien, Thailand und Vietnam. Als ich im August 2018 in Vietnam war, konnte ich mit Angestellten der lokalen Behörden und der Universität reden, die sich mit dem Thema Abfallwirtschaft beschäftigen. Von ihnen erfuhr ich, dass in den vietnamesischen Häfen Containerschiffe mit Plastik-, Metall- und Papierabfällen aus der EU, Japan und den USA auf Abfertigung warteten. Da Vietnam nicht über genügend Kapazitäten verfügt, um der Lage Herr zu werden, stapelten sich im Mai an die 28 000 Container in den Häfen des Landes. Alleine am Tan Cang Cai Lai Terminal im Hafen Ho-Chi-Minh-Stadt, einem der größten Schiffsterminals im Land, lagerten an die 8 000 Standardcontainer (TEUs), voll mit Papier- und Plastikmüll. Leider hat Vietnam sowieso schon ein ernst zu nehmendes Müllproblem und ist mit der sachgerechten Entsorgung des im eigenen Land produzierten Mülls heillos überfordert. Die meisten Entsorgungsbetriebe erfüllen nicht die nötigen technischen und ökologischen Kriterien. Da fragt man sich natürlich, was wohl mit unserem exportierten Müll passiert, denn genau wie in China fehlt es dort an Transparenz und Möglichkeiten, den Weg des Mülls aus dem Ausland zu verfolgen. Auf der Liste der Länder, aus denen am meisten Plastikmüll in die Ozeane gelangt, liegt Vietnam auf Platz 4 hinter China (Platz 1), Indonesien (Platz 2) und den Philippinen (Platz 3). Der Mekong gehört zu den **zehn Flüssen**, die weltweit den meisten Plastikmüll in die Ozeane transportieren (siehe Foto Seite 23 unten). Natürlich ist es jetzt einfach, mit dem Finger auf diese Länder zu zeigen, aber wie gesagt, genau dort landet vielleicht irgendwann der Joghurtbecher, den Sie gerade geleert und in den gelben Sack oder die gelbe Tonne geworfen haben.

Gelangt der Becher in der Natur, stellt nicht nur das Plastik eine Gefahr dar, sondern auch die darin enthaltenen **Zusatzstoffe** wie Flammschutzmittel, Weichmacher, Stabilisatoren und Füllstoffe. Sie gehen in die Umwelt über, schädigen dabei oft Tier- und Pflanzenwelt und finden zuletzt ihren Weg in den menschlichen Körper. Ein prominentes Beispiel ist **Bisphenol A** (BPA), das im Körper ähnlich wie das Hormon Östrogen wirkt. BPA gehört zu den am meisten produzierten Industriechemikalien weltweit und ist in Alltagsgegenständen wie Kinderspielzeug, CD/DVD-Rohlingen, in Thermopapier von Kassenbons und Quittungen, in Trinkflaschen aus Polycarbonat, in Kosmetika, Konservendosen, Wasserkochern, Babyschnullern, in Lebensmittelverpackungen und Plastikgeschirr zu finden. BPA sorgt dafür, dass der Kunststoff härter und somit länger haltbar ist. Auch wenn seitens der Plastikindustrie die Aufnahmemengen von BPA von Erwachsenen und Kindern als sehr gering und unbedeutend angesehen werden, schlagen Fachleute aus Medizin und Wissenschaft schon lange Alarm. Studien haben die gesundheitsschädliche Chemikalie nämlich in beliebten Konserven wie Thunfisch, Tomaten, Mais, Kokosmilch und Sauerkraut gefunden. Das ist in der Tat bedenklich, da im März 2018 BPA als »besonders besorgniserregend« von der EU-Chemikalienverordnung REACH eingestuft wurde. Auch die Weltgesundheitsorganisation WHO ordnet BPA den endokrinen Disruptoren zu, was heißt, dass es ein Stoff mit hormoneller Wirkung ist. In Tierversuchen wurden unter anderem Störungen der Sexual- und Gehirnentwicklung sowie Diabetes, Sterilität und Herz-Kreislauf-Erkrankungen festgestellt. Gelangt BPA in die Umwelt, kann die Verweiblichung männlicher Fische den Fortbestand von Fischpopulationen gefährden. Die Folgen beim Menschen können Entwicklungsstörungen insbesondere bei Kindern, eine Reduktion der Spermienzahl und sogar Unfruchtbarkeit sein. Ein erhöhtes Brustkrebsrisiko bei Frauen wird ebenfalls diskutiert. Bei Menschen, die regelmäßig in Kontakt mit Produkten kommen, die BPA enthalten, wurde eine erhöhte BPA-Konzentration im Blut festgestellt. Ein Beispiel ist das Kassenpersonal in Supermärkten, das täglich zigfach Thermopapier, also Kassenbons, anfasst. BPA kann nämlich über den direkten Kontakt mit der Haut in den Blutkreislauf gelangen. Glücklicherweise gibt es mittlerweile BPA-freie Thermopapieralternativen, die nur genutzt werden müssten. In Japan werden BPA-freie Konserven seit zwei Jahrzehnten angeboten, und in Frankreich ist seit Januar 2015 die Verwendung von BPA in allen Materialien verboten, die mit Lebensmitteln in Berührung kommen.

Gelangen Plastikabfälle inklusive ihrer Zusatzstoffe in die Umwelt, ist das schädlich. Plastik wird mit der Zeit und durch die Einwirkung von Umwelteinflüssen spröde und zerfällt in immer kleinere Teile, bis es sich vollständig zersetzt. Das kann allerdings dauern: Eine Plastikflasche etwa braucht zwischen 350 und 400 Jahre, um sich vollständig aufzulösen. In der Zwischenzeit geben die Plastikpartikel nicht nur Giftstoffe ab, sie akkumulieren sie auch. Wie ein Schwamm, der eine Flüssigkeit aufnimmt, bindet Plastik **Umweltgifte** und transportiert sie von einem Ökosystem ins andere. Das können zum Beispiel Insektizide wie DDT oder die mittlerweile verbotenen, aber immer noch auf der ganzen Erde, sowohl in der Atmosphäre als auch in Böden und Gewässern nachweisbaren krebserregenden PCBs (polychlorierte Biphenyle) sein, die bis in die 1980er-Jahre verwendet wurden. Tiere, die diesen angereicherten Müll mit Nahrung verwechseln, nehmen mit dem Plastik wahre Chemiebomben auf. Die ans Plastik gebundenen Schadstoffe werden im Körper der Tiere gelöst und können sich dort im Gewebe anreichern. Landen die Tiere dann bei uns auf dem Teller, nehmen schlussendlich wir die hochgiftigen Schadstoffe mit auf. Und ganz nebenbei kommt noch ein weiteres Problem hinzu, denn geraten die am häufigsten verwendeten Kunststoffe Polyethylen und Polypropylen in der Natur, produzieren sie beim Zerfall klimaschädliche Treibhausgase und tragen so zur Erderwärmung bei.

Ist Bioplastik die Lösung?

Wie sieht es also mit Alternativen zum herkömmlichen Plastik aus? Ist **Bioplastik** die Lösung und was muss man sich darunter überhaupt vorstellen? Allein der Begriff »Bioplastik«, auch »Biopolymer« oder »Biokunststoff«, ist schon irreführend, denn er ist nicht geschützt und wird dementsprechend nicht einheitlich verwendet. Derzeit fallen alle biologisch abbaubaren Polymere, welche aber nicht aus nachwachsenden Rohstoffen hergestellt sein müssen, unter den Begriff. Zu Bioplastik zählen aber auch Polymere auf Basis nachwachsender Rohstoffe, welche wiederum nicht zwangsläufig biologisch abbaubar sein müssen. Kompliziert und verwirrend!

Produkte, die als biologisch abbaubar bezeichnet werden und das Kompostierbarkeitsabzeichen verwenden, müssen dem Nachweis der Kompostierbarkeit der Europäischen Norm EN 13432 entsprechen. Das heißt unter anderem, dass nach drei Monaten im Kompost nicht mehr als zehn Prozent Rückstände in einem Zwei-Millimeter-Sieb zu finden sein dürfen. Außerdem müssen die chemischen Rückstände Grenzwerte einhalten und dürfen sich nicht schädlich auf Fauna und Flora auswirken. Für wässrige Medien gilt eine 90-prozentige Umwandlung des organischen Materials in CO_2 innerhalb von sechs Monaten. Sucht man nach kompostierbaren Müllbeuteln im Supermarkt, findet man oft solche, die behaupten, biologisch abbaubar zu sein. Guckt man aber genauer auf den Aufdruck, wird man feststellen, dass es sich oft um oxo-degradierbare und fotosensitive Kunststoffe wie Polyethylen handelt. Diese Müllbeutel erfüllen nicht die oben beschriebenen Voraussetzungen. Sie enthalten lediglich Zusatzstoffe, die sie schneller in kleinste Partikel zerfallen lassen. Zusätzlich zu den Plastikfragmenten, die sich in alle Himmelsrichtungen verteilen können, kontaminieren deren giftige Additive die Umwelt. Kauft man hingegen Mülltüten aus Bioplastik und entsorgt diese mit dem organischen Abfall in der Biotonne, müssen sie mühsam per Hand in den Anlagen aussortiert werden, da 1.) die Tüten sich langsamer zersetzen als organische Abfälle und dazu nur unter bestimmten physikalischen Bedingungen durch Mikroorganismen oder Pilze, 2.) sie keinerlei Mehrwert als Kompost haben und 3.) sie schwer von nicht kompostierbaren Tüten zu unterscheiden sind. Tatsächlich müssen sie dann mit dem Restmüll entsorgt werden, was immerhin noch eine energetische Nutzung darstellt.

Landen Produkte aus Biokunststoff in der Natur, stellen sie, genau wie »normale« Kunststoffprodukte, ein großes Problem dar. Wie schon erwähnt, benötigen Biokunststoffe spezielle Bedingungen wie eine bestimmte Temperatur, Feuchtigkeit und Sauerstoff sowie Mikroorganismen, um abgebaut zu werden. Das dauert jedoch Monate, und den Tieren, die an herumliegendem Müll sterben, ist es egal, ob der Strohhalm, der Flaschendeckel, der Joghurtbecher oder die Tüte aus Bioplastik oder herkömmlichem Kunststoff besteht, denn das Ergebnis ist leider dasselbe.

Vermüllte Paradiese

Ob das Flussufer, der Wegesrand, der Nordseestrand oder das tropische Paradies, weit weit weg – sie haben alle eins gemeinsam: die Vermüllung durch Plastik. Durch meine Arbeit durfte ich schon an einigen wunderschönen Orten dieser Erde arbeiten, und meist hatte ich meinen Kopf dabei unter Wasser. Ich erinnere mich immer wieder gerne an meine Zeit auf den **Malediven**: Über das Riffdach zu schnorcheln und Oktopussen bei der Paarung zuzuschauen (siehe Foto Seite 20 unten), an der Riffaußenkante Aug in Auge mit einer Gruppe neugieriger Schwarzspitzenriffhaie zu schwimmen oder einer Echten Karettschildkröte beim Schlafen (siehe Foto Seite 6 oben) unter einer Tischkoralle zuzuschauen – es sind Momente, die ich niemals vergessen werde. Oft genug aber mogelten sich Gegenstände in das Unterwasserbild, die dort nicht hingehörten. Ich muss Ihnen nicht erzählen, wie traurig es aussieht, wenn eine Babywindel, eine Plastiktüte oder eine alte Angelleine sich um eine Koralle schlingt und diese erstickt. Ehrlich gesagt, gleicht die Unterwasserwelt der Malediven partiell einer Müllkippe, und ich war permanent damit beschäftigt, den Müll bei meinen Unterwassertouren aufzusammeln und an Land zu entsorgen. Dies entspricht natürlich nicht dem Bild, welches wir aus den Hochglanzheften der Reiseveranstalter kennen, und es kann wirklich sehr schockierend sein, wenn man damit erstmals konfrontiert wird: Ein Paradies ist vermüllt. Auf den Malediven fehlt es an einem effizienten Entsorgungssystem, der meiste Abfall – zu einem beträchtlichen Teil ist es Müll, den der Tourismus mit sich bringt – wird verbrannt oder im Meer entsorgt.

Doch nicht nur auf den Malediven, sondern weltweit wird Plastik unsachgemäß entsorgt. Es geht mit Ladung über Bord, wird ins Meer geweht oder vom Land über die Flüsse ins Meer transportiert. Global landen jährlich zwischen 4,8 und 12,7 Millionen Tonnen Plastikmüll im Meer, das macht durchschnittlich etwa eine Müllwagenladung Plastik pro Minute! Diese enorme Zahl soll sich bis zum Jahr 2030 verdoppeln und bis zum Jahr 2050 sogar vervierfachen, wird der Eintrag nicht drastisch reduziert. Im Klartext: Schon im Jahr 2025 werden sich etwa 250 Millionen Tonnen Plastikmüll im Meer befinden, d.h. es kommen auf drei Tonnen Fisch eine Tonne Plastik. Und im Jahr 2050 schwimmt dann, wenn es so weitergeht, mehr Plastik als Fisch in unseren Ozeanen! Kaum vorzustellen und doch vielleicht bald traurige Wirklichkeit. Der größte Zufluss von Plastikmüll, mehr als 95 Prozent, kommt vom Land und gelangt über die Flüsse ins Meer. Zehn Flüsse sind die Hauptverursacher, die zusammen bis zu 4 Millionen Tonnen pro Jahr Plastik ins Meer spülen: Acht davon liegen in Asien (an der Spitze steht der Yangtse-Fluss in China), zwei in Afrika. Die restlichen knapp fünf Prozent Plastikmüll stammen vor allem von Schiffen, sei es durch unsachgemäße Entsorgung oder den Verlust der Ladung.

All dieses Plastik verteilt sich dann im Meer in alle Himmelsrichtungen – und über die ganze Wassersäule. So fanden japanische Forscher im Marianengraben in 10 898 Meter Tiefe eine Plastiktüte – mehr als 1 000 Kilometer vom nächsten Festland entfernt! In den Datensätzen und Fotos aus über 5 000 ROV-Tauchgängen aus den letzten 30 Jahren wurden 3 425 Teile Plastikmüll gesichtet, von denen 89 Prozent Einmalprodukte waren. Im Magen eines Quastenflossers, der 2016 vor der Küste Indonesiens gefangen wurde, fand man eine Kartoffelchipsverpackung. Quastenflosser sind lebendige Fossilien, von denen es heute nur noch zwei Arten gibt, die sich in Tiefen von 100 bis 400 Metern aufhalten. Seit über 400 Millionen Jahren schwimmen sie körperlich fast unverändert durch unsere Ozeane – jetzt leiden sie an dem Müll, den wir erst seit ein paar Jahrzehnten herstellen.

Auch wenn der meiste Plastikmüll in die Tiefen der Ozeane absinkt, schwimmen dennoch mindestens 5,25 Billionen Plastikfragmente mit einer Masse von 269 000 Tonnen alleine an der Meeresoberfläche. Dort werden sie durch Meeresströmungen Hunderte Kilometer davongetragen und akkumulieren sich in ozeanischen Wirbeln, auch Müllstrudel oder Müllteppiche genannt – doch dazu gleich mehr. Ein großer Teil von dem Plastikmüll an der Wasseroberfläche und in der Wassersäule besteht aus den sogenannten »**Geisternetzen**«. Darunter versteht man Fischernetze und Angelleinen, die entweder illegal ins Meer entsorgt wurden oder bei rauer See verloren gingen. Laut den Vereinten Nationen gelangen jährlich etwa 640 00 Tonnen Netze in die Ozeane, welche jedoch gar nicht daran denken, ihren Betrieb einzustellen – sie fangen einfach weiter. So werden sie zu schwimmenden Todesfallen für unzählige Seevögel, Meeressäuger, Meeresschildkröten, Haie und andere Fische, die einen langsamen und qualvollen Tod sterben. Manche der oft fußballfeldgroßen Netze bleiben auch in Korallenriffen hängen, wo sie die Korallen unter sich ersticken. Das Entfernen eines Netzes aus einem Korallenriff gestaltet sich schwierig, da andere Korallen schon um die Netze herumgewachsen sind und beim Entfernen des Netzes abbrechen.

Als ich auf den Malediven gearbeitet habe, musste ich leider viel zu oft, vor allem während des Nordostmonsuns, Tiere aus umhertreibenden Netzen schneiden. Die Netze kamen aber nicht etwa von den Malediven selber, denn diese Art der Fischerei ist dort verboten, sondern sie trieben aus südostasiatischen Ländern wie Indien, Sri Lanka und Thailand in maledivische Gewässer. Der Nordostmonsun, von den Maledivern *Iruvai* genannt, kennzeichnet die Trockenzeit in dem tropischen Land im Indischen Ozean. Sie dauert normalerweise von November bis April und lockt mit Sonnenschein und ruhiger See die meisten Touristen an. Doch mit dem guten Wetter kommen auch die Netze, in denen sich vor allem **Meeresschildkröten** verfangen. Von den sieben Meeresschildkrötenarten, die alle vom Aussterben bedroht sind, leben fünf Arten auf den Malediven. Die Schildkrötenart, die am häufigsten in den Geisternetzen landet, ist die Oliv-Bastardschildkröte *(Lepidochelys olivacea)*, eine der kleinsten Spezies unter den Meeresschildkröten. Ich erinnere mich noch gut an meine ersten zwei Tiere, die ich aus einem Netz befreit habe. Eines Nachmittags wurde ich von Mitarbeitern des Hotels, zu welchem die Meeresstation gehörte, alarmiert. Es wurde ein Netz mit zwei Oliv-Bastardschildkröten, die hilflos im Netz hingen, an den Strand gezogen. Ganz vorsichtig fingen wir an, die Tiere aus dem mehrere Kilo schweren und ca. fünf Meter langen Netz zu schneiden. Erschöpft wie sie waren, leisteten die verängstigten Tiere kaum Gegenwehr. Nachdem wir sie in die Wasserbecken des Tauchcenters gebracht hatten, untersuchten wir ihre Wunden. Das kleinere Tier hatte nur oberflächliche Hautabschürfungen, während die größere Schildkröte wesentlich schlimmer verletzt war. Das Netz hatte sich so tief in ihr Fleisch gegraben, dass sich die Vorderflosse stark entzündet hatte. Auch war ihr Nacken bis tief ins Fleisch aufgescheuert – wohl von den verzweifelten Befreiungsversuchen des Tieres. Nachdem wir die Wunden desinfiziert hatten, entließen wir das kleinere Tier wieder ins Meer, wo es abtauchte und im Blau des Indischen Ozeans verschwand. Das stärker verletzte Tier wollten wir am nächsten Tag auf eine andere Insel bringen, wo sich die Organisation Olive Ridley Project befindet, die sich um verletzte Schildkröten kümmert. Leider überlebte die Schildkröte die Nacht nicht. Damit ihr Tod nicht völlig sinnlos war, vergruben wir sie im Sand und gruben sie Monate später wieder aus, um sie für unsere Ausstellung im Eco Centre zu präparieren (siehe Foto Seite 21). Eine andere Schildkrötenrettung ging glücklicherweise glimpflicher für das Tier aus. Wochen später fand eins unserer Tauchboote ein weiteres Netz mit einer gefangenen Meeresschildkröte im Wasser. Das Netz hatte sich so tief in die linke Vorderflosse gescheuert, dass die Flosse nur noch durch ein Stückchen Gewebe mit dem restlichen Körper verbunden war. Die Flosse war zudem völlig aufgedunsen und der Wundrand stark entzündet. Da ich keine Tiermedizinerin bin und mir eine Amputation der Flosse nicht zutraute, setzte unser (Menschen-) Ärzteteam die Meeresschildkröte unter Beruhigungsmittel, und wir verarzteten die Wunde so gut wie möglich. Gleich am nächsten Morgen fuhren wir mit dem Speedboot nach Male, der Hauptinsel der Malediven. Dort wurden wir von einem anderen Boot abgeholt, welches uns zum Meeresschildkröten-Krankenhaus brachte. Die Meeresbiologin vor Ort nahm dann die Amputation der Vorderflosse vor. Bei der Menge an Blut, das wie eine Fontäne aus der Wunde schoss, war ich mir sicher, dass dieses Tier die OP nicht überleben würde. Doch wie durch ein Wunder konnte es zwei Wochen später ins Meer entlassen werden. Mit einer Flosse weniger, aber am Leben!

Nicht nur die großen Netze stellen eine Gefahr für Meeresschildkröten dar, sondern auch kleine Plastikfragmente, die die Tiere statt Nahrung aufnehmen. Sie sind tickende Zeitbomben für die Meeresschildkröten. Eine Forschungsgruppe um Chris Wilcox hat im Jahr 2017 ausgerechnet, dass selbst ein einziges verschlucktes Plastikfragment mit einer Wahrscheinlichkeit von 1:5 den Tod herbeiführen kann. Steigt die Menge der Plastikpartikel auf 14 Stück, steigt das Risiko auf 50 Prozent. Bei 200 verschluckten Partikeln ist der Tod des Tieres unausweichlich. Die Autoren der Studie schätzen, dass rund die Hälfte aller Meeresschildkröten auf der Welt Plastik verschluckt haben – bei den jungen grünen Meeresschildkröten vor der Küste Brasiliens sind es sogar 90 Prozent. Aufgrund der Anatomie ihres Verdauungssystems sind die Tiere nicht in der Lage, das aufgenommene Plastik wieder hochzuwürgen und auszuspeien. Das Plastik kann den Verdauungstrakt blockieren und innere Verletzungen verursachen, die möglicherweise zum Tod führen.

Neben den Geisternetzen und vielen anderen Plastikprodukten sind vor allem Plastikbeutel für Meeresschildkröten gefährlich, denn sie werden oft von den panzertragenden Meeresreptilien mit ihrem Hauptnahrungsmittel, den Quallen verwechselt, und die Tiere verenden elendiglich daran. Den skurrilen Mondfischen, den *Mola molas*, wird die Verwechslung von Plastikbeuteln mit Quallen ebenfalls oft zum Verhängnis: Ersticken sie nicht am Plastik, können sie immer noch verhungern, da das Plastik ihre Mägen verstopft.

Ende 2018 wurde an der indonesischen Küste ein toter Pottwal angespült. Eine Obduktion ergab, dass das Tier sechs Kilo Plastik im Magen hatte, das sich aus 25 Plastiktüten, 115 Plastikbechern, zwei Flip-Flops, einem Nylonsack und 1000 weiteren Plastikfragmenten zusammensetzte.

Teppiche aus Plastik

Der Müll, der im Meer landet, wird mit den Meeresströmungen verteilt. Wie bereits erwähnt, sinkt der größte Teil des Plastikmülls in die Tiefsee ab. Ein anderer Teil wird zurück an die Strände gespült, und der Rest schwimmt an der Wasseroberfläche und akkumuliert sich in manchen Meeresgebieten in hoher Konzentration. Die Medien haben den Begriff »Müllteppich« geprägt. Dieser Begriff suggeriert eine durchgehende Fläche voller Plastikmüll, ähnlich den Bildern von zugemüllten Flüssen. Diese Müllteppiche darf man sich jedoch nicht als solide Müllflächen vorstellen, sondern eher als Plastikkonfetti oder Plastiksmog knapp unter der Wasseroberfläche; größere Fragmente sind eher selten. Alleine im größten dieser Plastikakkumulationsgebiete, dem Nordpazifischen Müllteppich zwischen Kalifornien und Hawaii, im Englischen

Great Pacific Garbage Patch (GPGP) genannt, schwimmen mindestens 79 000 Tonnen Plastikmüll. Diese gigantische Menge verteilt sich auf ein Gebiet von 1,6 Millionen Quadratkilometer, was in etwa dreimal der Größe Frankreichs entspricht. Dieser Müll besteht fast zur Hälfte, nämlich zu 47 Prozent, aus Geisternetzen, Seilen und anderem alten Fischereiequipment. Der Rest der 1,8 Billionen Plastikfragmente ist vor allem Mikroplastik. In den anderen ozeanischen Wirbeln schwimmen ebenfalls großflächig Plastikfragmente und Geisternetze. Diese ozeanischen Wirbel sind zirkuläre Meeresströmungen, von denen es fünf große gibt: Im Nordpazifik, im Südpazifik, im Nordatlantik, im Südatlantik und im Indischen Ozean. Sie werden auch als die **Big Five** bezeichnet und helfen, das ozeanische Förderband, welches das Meerwasser weltweit verteilt, anzutreiben. In den Big Five akkumuliert sich der Müll und bildet die »Müllteppiche«.

Mikroplastik – die (fast) unsichtbare Gefahr

Je länger das Plastik im Meer schwimmt, desto poröser wird es und desto leichter zerfällt es durch mechanische Reibung, Wellenbewegung, biologische Prozesse und UV-Licht in immer kleiner werdende Teile – es wird zum sogenannten **Mikroplastik**. Zum Mikroplastik zählt man in der Wissenschaft Plastikpartikel, die kleiner als 5 mm sind. Als Mikroplastik bezeichnet man aber auch mikroskopisch kleine Plastikgranulate, die unseren Kosmetika zugesetzt, in der Medizin, als Anstriche für Boote oder Straßenmarkierungen oder zum Sandstrahlen verwendet werden, den Abrieb von Autoreifen sowie Plastikfasern von synthetischer Kleidung, die mit dem Waschmaschinenwasser in die Umwelt gespült werden. Leider ist es nicht möglich, diese Kleinstpartikel, welche meist mit bloßem Auge nicht sichtbar sind, vollständig in Kläranlagen herauszufiltern. So landen sie in unseren Flüssen und schlussendlich im Meer. Einmal im Wasser, verteilt sich das Mikroplastik strategisch (un)günstig und vermischt sich mit dem dort lebenden Plankton. Über 90 Prozent des gesamten Plastiks, das in die Ozeane gelangt, sinkt letztendlich ab und verschwindet auf Nimmerwiedersehen in der Tiefsee. Dort, tief unten am Meeresgrund, ist die Plastikkonzentration um ein Vielfaches höher als an der Meeresoberfläche, und die Partikel lagern sich als neue Sedimentschicht ab. In den Sedimenten im Marianengraben, am tiefsten Punkt unseres Planeten, wurden zwischen 200 und 2200 Mikroplastikpartikel pro Liter gefunden! Die einzige andere Tiefseeregion, in der noch mehr Mikroplastik gefunden wurde, war die sogenannte Hausgarten-Observatory, eine Region, die sich im arktischen Grönlandmeer westlich von Spitzbergen befindet. Dort entdeckten Forschungsteams der Chinese Academy of Science sogar 3400 Mikroplastikpartikel pro Liter. Das ist kein Wink mehr mit dem Zaunpfahl, sondern der K.-o.-Schlag mit einem ganzen Zaun!

Sich diese schiere Menge an Plastik in unseren Meeren vorzustellen – ob nun große oder Mikropartikel – fällt schwer. Aus diesem Grund haben wir, eine Gruppe aus Umweltschützern und Windsurfern, im Jahr 2015 die »Aquapower-Expedition« ins Leben gerufen. Die Idee stammte von dem saarländischen Windsurfprofi und

Umweltschützer Florian Jung. Mit der Expedition, einer Mischung aus Wassersport und Wissenschaft, wollten wir den auf den ersten Blick unsichtbaren Müllteppich im Nordatlantik sichtbar machen und auf möglichst verständliche Art mithilfe von Web-Episoden und täglichen Updates von Bord den Menschen Fakten über den Lebensraum Meer und seine Bedrohungen näherbringen. Diese Reise gehört in vielerlei Hinsicht zu den schönsten, anstrengendsten und faszinierendsten Dingen, die ich jemals erleben durfte, und hat mir noch einmal mehr gezeigt, wie wichtig das Meer für uns ist und wie wenig wir auf unsere Lebensgrundlage aufpassen. Mit einem 50 Fuß großen Katamaran, vollgepackt mit Surf-, Tauch- und wissenschaftlichem Equipment, segelten wir in 72 Tagen 5290 Seemeilen von Guadeloupe in der Karibik zu den Jungferninseln, von dort aus in die Dominikanische Republik, zu den Bermudas, durch den Nordatlantischen Müllteppich zu den Azoren und legten am 8. Juni, dem Tag des Meeres, in Marseille zum letzten Mal an.

Während der Expedition warfen wir regelmäßig unser Planktonnetz aus (siehe Foto Seite 22 oben), und egal wo wir Proben entnahmen, ob in der Karibik, im Nordatlantik oder im Mittelmeer, war jede einzelne unserer Proben voller Mikroplastik: Bruchstücke größerer Plastikartikel, Styropor, Fetzen von Plastikfolien und Synthetikfasern, die sich mit dem Plankton zu einer Suppe mischten (siehe Fotos Seite 22 unten und Seite 23 oben). Diejenigen Organismen, die sich von Plankton ernähren, sind nicht in der Lage, das Plastik aus der Suppe zu sortieren, und nehmen es zusammen mit ihrer natürlichen Nahrung auf.

Eine Studie aus dem Jahr 2015 von einer Forschungsgruppe um Chelsea Rochman, die Speisefische von Fischmärkten in Indonesien und den USA vergleicht, zeigte ein interessantes Ergebnis: Während in den untersuchten Fischen aus Indonesien vor allem Plastikfragmente gefunden wurden, waren in den Mägen der Fische aus den USA sowie in Muscheln größtenteils Plastikfasern. Die unterschiedlichen Funde, so die Forschungsgruppe, spiegeln die verschiedenen Strategien der Abfallwirtschaft in den beiden Ländern wider. Während in Indonesien, ähnlich wie in Vietnam, große Teile des Plastikabfalls im Meer landen und dort fragmentiert werden, wird der meiste Abfall in den USA recycelt, deponiert oder verbrannt. Das Mikroplastik in den Mägen der Fische und Muscheln aus den USA stammte vermutlich von Kleidung, da pro Waschgang an die 2000 Mikroplastikfasern ins Wasser gelangen. Ruft man sich jetzt wieder ins Gedächtnis, dass Mikroplastik Träger von akkumulierten Giftstoffen sowie Pathogenen ist, welche im Tier gelöst werden und sich in den Geweben anreichern können, schmeckt der Fisch auf dem Teller nur noch halb so gut. Man sagt, dass Menschen, die regelmäßig Meeresfrüchte essen, bis zu 11 000 Mikroplastikpartikel pro Jahr zu sich nehmen. Auch wenn der menschliche Körper wohl das meiste mit der Nahrung aufgenommene Mikroplastik auf natürlichem Weg ausscheidet, kann man bisher nicht mit Bestimmtheit mögliche Auswirkungen auf die menschliche Gesundheit ausschließen.

Ein besonders eindrückliches Erlebnis während der Expedition hatte ich auf den Bermudas, wo wir zusammen mit dem Biologen und Filmemacher Choy Aming unterwegs waren, um Buckelwale zu beobachten. Jedes Jahr im Frühling ziehen Tausende Buckelwale von der Karibik, wo sie ihre Kälber zur Welt bringen, durch die Gewässer der Bermudas in den Nordatlantik, um zu fressen. Buckelwale ernähren sich hauptsächlich von Plankton, wie Krill, aber auch von kleinen Fischen, die sie mithilfe ihrer Barten aus dem Wasser filtern. An diesem Tag also, an dem wir auf der Suche nach Buckelwalen mit einem kleinen Boot kreuz und quer durch die Gewässer der Bermudas fuhren, kamen wir an einer Stelle vorbei, die voller Braunalgen der Gattung *Sargassum* war. Bei genauerem Hinschauen waren die *Sargassum*-Ansammlungen bunt gesprenkelt. Um herauszufinden, was es damit auf sich hatte, entnahmen wir Wasserproben mit einem Eimer. Als ich meine Hände aus dem mit Wasser und Algen gefüllten Eimer zog, waren sie von kleinsten, bunten Kunststoffpartikeln bedeckt. Genau diese Plastikartikel müssen die dort fressenden Buckelwale mit ihrer natürlichen Nahrung aufgenommen haben. Geht man jetzt davon aus, dass die Partikel Schadstoffe in den Tieren freisetzen, liegt die Vermutung nahe, dass auch die säugenden Kälber diese Giftstoffe mit der Muttermilch aufnehmen. In der vierten Folge der wunderschönen BBC-Serie *Blue Planet II*, die 2018 ausgestrahlt wurde, wurde ein trauerndes Grindwalweibchen gezeigt, welches ihr totes Kalb tagelang im Maul mit sich herumtrug. Der Naturforscher und Tierfilmer Sir David Attenborough spekulierte, dass das Kalb durch kontaminierte Muttermilch vergiftet wurde und daran starb. Diese Giftstoffe seien möglicherweise mit belasteten Plastikpartikeln oder durch andere Umweltgifte ins Meer gelangt. Das sind zwar nur Spekulationen, die wissenschaftlich nicht überprüft und belegt wurden, aber mir erscheinen sie, auf der Basis anderer wissenschaftlicher Studien, durchaus plausibel.

Die Marine Megafauna Foundation untersucht die Auswirkungen von Mikroplastik auf große filtrierende Tiere wie Mantarochen, Walhaie und Bartenwale, welche möglicherweise Hunderte (Mikro)Plastikpartikel pro Tag fressen. Das Filtern von unverdaulichen Kunststoffpartikeln, so ihr Ergebnis, kann die Nährstoffaufnahme blockieren und den Verdauungstrakt der Tiere schädigen. Darüber hinaus können sich kunststoffassoziierte Chemikalien und Schadstoffe über Jahrzehnte in den Geweben der Tiere ansammeln und biologische Prozesse verändern, was dann zu Störungen in Wachstum, Entwicklung und Reproduktion führt. Die Hauptautorin der Studie, Elitza Germanov, ist sich sicher, dass sich durch die Aufnahme von kontaminiertem Mikroplastik die Populationszahlen insbesondere von langlebigen Arten weiter reduzieren, da sie weniger Nachkommen zeugen können. Außerdem, so fügt sie hinzu, sei es wichtig, die Auswirkungen von Mikroplastik auf die Gesundheit der Giganten der Meere zu verstehen, da fast die Hälfte aller Mobuliden (Manta- und Mobularochen), zwei Drittel der filtrierenden Haie und mehr als ein Viertel der Bartenwale von der Weltnaturschutzunion IUCN (International Union for Conservation of Nature) als weltweit bedrohte Arten eingestuft werden und ihr Schutz Vorrang hat.

Nicht nur Haien, Walen und Meeresfrüchten schadet das umherschwimmende Plastik, sondern es verenden auch jährlich mehr als eine Million Seevögel an mit Plastik verstopften Mägen. Manche Hochrechnungen besagen sogar, dass im Jahr 2050, bei gleichbleibendem Trend, 99 Prozent der Seevögel Plastik aufgenommen haben werden. Kein Wunder, denn in einigen Teilen der Ozeane schwimmt jetzt schon viel mehr Mikroplastik als Plankton!

Klimawandel und Meer

Die immer größere Produktion von Abfall durch unseren rapide ansteigenden Konsum sorgt nicht nur für die Vermüllung der Ozeane, sondern gleichzeitig für den weltweiten Anstieg von Treibhausgasen in der Atmosphäre. Auch wenn es immer noch nicht bei allen angekommen zu sein scheint, ist der Klimawandel längst keine Fiktion mehr, und die Auswirkungen sind bereits jetzt spürbar. Die Konzentration der Treibhausgase in der Atmosphäre ist nach den Messungen von Klimaforschungsinstituten so hoch wie nie: Laut den Aufzeichnungen der Weltorganisation für Meteorologie (WMO) in Genf lag die durchschnittliche globale CO_2-Konzentration im Jahr 2017 mit 405,5 ppm *(parts per million)* 146 Prozent über der vorindustriellen (vor 1750) Konzentration von 280 ppm. Dies ist der höchste CO_2-Wert der letzten 400 000 Jahre, für die wir gute Daten haben. Auch wenn der *Homo sapiens* sich erst vor 200 000 Jahren entwickelt hat, können Klimaforscher diese Rückschlüsse aus Eisbohrkernen ziehen, die sie aus den Eisschilden Grönlands und der Antarktis in mehr als drei Kilometern Tiefe entnehmen. In diesen Eisproben sind uralte Luftblasen eingeschlossen, die es uns ermöglichen, in der Zeit zurückzugehen und zu sehen, wie die Atmosphäre und das Klima der Erde in der fernen Vergangenheit waren und wie sie sich im Laufe der Zeit verändert haben (vergleichbar mit den Jahresringen in Bäumen, die im Querschnitt sichtbar sind). Während der Eiszeiten lag der CO_2-Gehalt bei etwa 200 ppm, während der wärmeren interglazialen Perioden bei etwa 280 ppm. Im Jahr 2015 lag der CO_2-Gehalt zum ersten Mal in der Geschichte über 400 ppm, und im Mai 2018 lag er schon knapp über 412 ppm. Der unerbittliche Anstieg des Kohlendioxids in jüngster Zeit steht in einer bemerkenswert konstanten Beziehung zur Verbrennung fossiler Brennstoffe und hat katastrophale Auswirkungen auf die menschliche Gesundheit und den Planeten selbst. Hält der gegenwärtige Trend an, droht die globale Durchschnittstemperatur langfristig um 4 bis 5 °C anzusteigen. Durch den massenhaften Gebrauch fossiler Brennstoffe in Industrie, Wärme- und Stromerzeugung, Verkehr und Landwirtschaft wird mehr CO_2 in die Atmosphäre geblasen, als die Natur binden kann. Das Kohlendioxid in der Luft absorbiert die langwellige Wärmestrahlung, die normalerweise wieder an den Weltraum abgegeben wird. Ist zu viel von dem Gas in der Atmosphäre, führt das zu einer graduellen Erderwärmung. Kohlendioxid ist für diesen menschengemachten Treibhauseffekt zu etwa drei Vierteln verantwortlich. »Ohne eine schnelle Verringerung von CO_2 und anderen Treibhausgasen wird der Klimawandel immer zerstörerischer und irreversible Auswirkungen auf das Leben auf der Erde haben. Das Fenster der Handlungsmöglichkeiten ist fast geschlossen«, so der WMO-Generalsekretär Petteri Taalas. Die Forschung zeigt, dass ein erhöhter CO_2-Gehalt, wenn er nicht kontrolliert wird, zu Zehntausenden von umweltbedingten Todesfällen führen kann, zu Hitzewellen und Superstürmen beiträgt, die Meere versauern und den Meeresspiegel weiter ansteigen lässt.

Die Weltgemeinschaft ist sich dieser Gefahren bewusst und trifft sich seit 1995. Auf der jährlich stattfindenden Vertragsstaatenkonferenz (*Conference of the Parties, COP*) der UN-Klimarahmenkonvention 2015 in Paris einigten sich 195 Mitgliedstaaten völkerrechtlich bindend darauf, die Erderwärmung bis 2100 deutlich unter 2 °C, möglichst um 1,5 °C, gegenüber dem vorindustriellen Niveau zu begrenzen. Die jeweiligen nationalen Klimaschutzziele sind verpflichtend und sollen von den einzelnen Ländern selber ausgearbeitet, kommuniziert und festgelegt werden. Jeder Staat muss nun alle fünf Jahre neue, ehrgeizigere Ziele vorlegen, um weitere Fortschritte bezüglich der Eingrenzung der Erderwärmung zu erreichen. Leider verpasst Deutschland sein gestecktes Klimaschutzziel, seine Treibhausgase zu senken: Der Kohlendioxidausstoß wird bis zum Jahr 2020 nur um 32 Prozent (im Vergleich zu 1990) statt wie angekündigt um 40 Prozent reduziert werden können, so der Klimaschutzbericht 2018 der Bundesregierung. Damit ist Deutschland im Klimaschutz-Ranking der 28 EU-Länder nur auf Platz 8. »Deutschland war beim Klimaschutz in den vergangenen Jahren trotz einiger Fortschritte bei der Energiewende insgesamt noch nicht auf Zielkurs«, bestätigte Bundesumweltministerin Svenja Schulze und versprach: »Wir werden aus den Versäumnissen der Vergangenheit lernen, damit Deutschland nicht noch einmal sein Klimaziel verfehlt. Wir brauchen mehr Mut und Verbindlichkeit in der Klimapolitik.

Darum werde ich ein Klimaschutzgesetz vorlegen, das die Einhaltung unserer Klimaziele verbindlicher macht.«

Die Ergebnisse des jüngsten Weltklimagipfels COP 24 im Dezember 2018 im polnischen Katowice waren sowohl Erfolg als auch Enttäuschung. Ein Erfolg insofern, als sich die Weltgemeinschaft endlich auf die Umsetzung des Klimaschutzabkommens von Paris geeinigt hat. Das in Katowice entstandene Regelwerk ist eine Gebrauchsanweisung, die den Staaten vorgibt, welche Methoden sie zur Messung der Kohlendioxidemissionen anwenden und wann sie ihre Ergebnisse offenlegen müssen. Das Regelwerk soll die Transparenz erhöhen sowie die Aktualisierungen der Klimapläne der einzelnen Staaten bis 2020 bekräftigen. Enttäuschend waren die Ergebnisse der COP 24 andererseits wegen der mangelnden Bereitschaft, den neuesten Bericht des Weltklimarats (IPCC) zu »begrüßen« – dieser wurde lediglich »anerkannt«. Der IPCC-Sonderbericht, erstellt von 91 führenden Wissenschaftlerinnen und Wissenschaftlern aus 40 Nationen, wurde auf Anfrage der Unterzeichnenden des Klimaabkommens in Paris erstellt. Dafür sichteten die Experten über 6000 Studien und fassten diese zusammen. Das Ergebnis zeichnet eine düsteres Bild: Eine Begrenzung der Erderwärmung auf 1,5 °C gegenüber dem vorindustriellen Niveau ist nur noch durch schnelles und konsequentes Handeln erreichbar. Es müssen sofortige Maßnahmen zur drastischen Reduzierung der CO_2-Emissionen eingeleitet werden. Das heißt im Klartext, dass bis zum Jahr 2030 der Ausstoß von Kohlendioxid um 45 Prozent gesenkt werden muss, im Vergleich zu 2010. Bis Mitte des Jahrhunderts muss er bei null liegen.

Schon jetzt erleben wir die Auswirkungen der Erderwärmung von etwa 1 °C über dem vorindustriellen Niveau – man denke nur an die Häufung von Wetterextremen in den letzten Jahren alleine in Deutschland. Die 20 wärmsten Jahre seit Beginn der Aufzeichnung lagen in den letzten 22 Jahren, die Top 4 in den letzten vier Jahren, so die Weltorganisation für Meteorologie (WMO). Laut dem IPCC-Bericht dürfte die globale Erwärmung zwischen 2030 und 2052 1,5 °C erreichen, wenn die Temperaturen bei gleichbleibender Rate weiter ansteigen. Eine globale »Heißzeit« würde anbrechen. Diese Aussichten sollten jedem von uns den Angstschweiß auf die Stirn treiben, denn dann werden wir in einer Klimawelt leben, die wir so nie kennengelernt haben!

Auch die grönländischen und antarktischen Eisschilde kommen ins Schwitzen, denn die Schmelzrate der Eisschilde hat sich in den vergangenen fünf Jahren verfünffacht. Schmilzt das bis zu dreitausend Meter dicke grönländische Eisschild, könnte dies alleine zu einem Ansteigen des Meeresspiegels um sieben Meter in den nächsten 200–300 Jahren führen. Auch wenn das noch schrecklich weit entfernt erscheint, gibt es Nationen, die bereits jetzt unter dem ansteigenden Meeresspiegel leiden. Länder wie die Malediven, die nur ein paar Zentimeter über dem Meeresspiegel liegen, müssen sich um Lösungen für Probleme kümmern, deren Verursacher sie nicht sind. In den letzten paar Jahren mussten schon die Populationen von mehreren maledivischen Inseln umgesiedelt werden, da ihre Heimatinseln unbewohnbar geworden sind. Stärkere Sturmfluten haben zu sehr starker Erosion der Strände sowie einer Versalzung der Süßwasserreservoirs der Inseln geführt und diese unbewohnbar gemacht. Die Inseln der Malediven sind nicht sehr groß, und die darauf lebenden Menschen verbinden sehr enge verwandtschaftliche und gemeinschaftliche Bande. Die Umsiedlungen führten dazu, dass diese Gemeinschaften auseinandergerissen wurden. Zudem kam und kommt es zu Konflikten zwischen den Umgesiedelten und der lokalen Bevölkerung der neuen Inseln. Auch muss dem Meer Land abgetrotzt werden, um den Menschen genügend Wohnfläche bieten zu können. Dabei wird Sand aufgeschüttet und die Korallenriffe zerstört, die die Inseln vor dem Meer schützen. Im Prinzip das, was Hotels, zum Leidwesen der Korallenriffe, dort die ganze Zeit tun. Doch selbst in Deutschland lassen sich die Auswirkungen des Klimawandels schon längst spüren: Starkregen und Überschwemmungen machen auch bei uns Menschen heimatlos, und Hitze und Dürre haben gravierende Folgen für Gesundheit und Landwirtschaft. Die Wetterextreme werden unberechenbarer und gefährlicher.

Selbst wenn wir es schaffen sollten, mit vereinten Kräften das Zwei-Grad-Ziel, also das Parisabkommen, einzuhalten, heißt das nicht, dass wir den Klimawandel damit aufhalten können. Es könnte sogar noch schlimmer kommen, denn an einigen Orten der Erde können sogenannte **Kippelemente** unumkehrbare und sich selbst verstärkende Folgen haben. Dabei kann das Klima so verändert werden, dass eine unaufhaltsame Kettenreaktion stattfindet. Tauen die Permafrostböden der Nordhalbkugel, also die Böden, die mindestens zwei Jahre am Stück gefroren sind, werden dort gigantische Mengen an Klimagasen freigesetzt. Die Böden konservieren, wie eine Tiefkühltruhe, jahrtausendealte tiefgefrorene Pflanzen, Tiere und Pathogene. Tauen die Böden, zersetzt sich das organische Material und entlässt Kohlendioxid und Methan, welche den Klimawandel weiter antreiben. Weitere Kippelemente wie die Eisschmelze an den Polen heizen den Klimawandel ebenfalls an und führen zum Ansteigen des Meeresspiegels. Steigende Temperaturen führen vermehrt zu Waldbränden und Hitzestress in den anderen großen Kohlenstoffspeichern, den Wäldern. Brennen die Wälder, wird das darin gespeicherte CO_2 wieder freigesetzt und heizt das Klima zusätzlich an. Dies ist keine ferne Zukunftsmusik, denn schon jetzt schmelzen Gletscher und Eisberge, tauen Böden auf und sterben Bäume. Steigt die globale, atmosphärische Temperatur weiterhin, werden wir diese Kettenreaktionen nicht aufhalten können.

Ein weiterer Faktor für die ansteigende Kohlendioxidkonzentration kommt aus einer gänzlich unerwarteten Ecke – dem Plastikmüll. Nicht nur die Herstellung der Produkte, die später auf dem Müll landen, produziert Klimagase, sondern der Müll selbst. Man hat herausgefunden, dass die am häufigsten verwendeten Kunststoffe Polyethylen und Polypropylen unter Sonneneinstrahlung die zwei Treibhausgase Methan und Ethylen produzieren. Dabei ist Polyethylen, das weltweit das meistproduzierte und entsorgte synthetische Polymer, der produktivste Emittent beider Gase. Kunststoffe stellen also eine bisher unbekannte Quelle für klimarelevante Spurengase dar, die mit zunehmender Produktion und Anreicherung in der Umwelt zunehmen dürften.

Nicht nur über Wasser, sondern auch unter Wasser sind die Folgen des Klimawandels schon deutlich nachweisbar.

Vor allem marine kalkbildende Organismen leiden darunter. Zusammen mit den Wäldern sind die Ozeane die wichtigsten Kohlenstoffsenken. Seit Beginn der Industrialisierung haben die Ozeane etwa 30 Prozent der anthropogenen CO_2-Emissionen absorbiert – das entspricht ungefähr 525 Milliarden Tonnen CO_2 oder 22 Millionen Tonnen CO_2 pro Tag. Das Meer spielt deshalb eine Schlüsselrolle für das Weltklima, denn es verlangsamt durch die Aufnahme von Kohlendioxid den globalen Klimawandel. Absorbiertes CO_2 reagiert mit Meerwasser, es bildet sich Kohlensäure, und das Wasser wird saurer, d. h. sein pH-Wert sinkt. Dieser Prozess wird als Ozeanversauerung (engl.: *ocean acidification*) bezeichnet. Der durchschnittliche pH-Wert der Wasseroberfläche ging seit Beginn der Industrialisierung um 0,1 Einheiten zurück und liegt jetzt bei 8,1, das entspricht einem fast 30-prozentigen Anstieg des Säuregrads. Mit zunehmender Versauerung sinkt die Konzentration an Carbonat-Ionen, welche aber überlebenswichtig für kalkbildende Organismen wie Muscheln, Schnecken, Korallen und kalkbildende Algen wie die Coccolithophoriden sind. Diese marinen Kalzifizierer brauchen die Carbonat-Ionen, um ihre Schalen und Kalkskelette zu bauen. Stehen weniger dieser Moleküle zu Verfügung, wird es anstrengend für die Organismen: Die Energie, die sie in die nun aufwendiger gewordene Kalkbildung stecken müssen, fehlt anderswo. Doch auch nicht kalkbildende Organismen leiden unter der Versauerung und verbrauchen mehr Energie, um ihre Körperfunktionen aufrechtzuerhalten. Das führt zu Problemen in der Entwicklung, dem Wachstum, der Fortpflanzung und der Widerstandsfähigkeit gegen Krankheiten und Umweltbelastungen. In einem »Business-as-usual«-Zukunftsszenario, in dem wir weiterhin CO_2 in der gleichen Menge emittieren wie heute, würde das atmosphärische CO_2 im Jahr 2100 bei fast 930 ppm liegen, verglichen mit den über 400 ppm der heutigen Zeit. Geht es so weiter wie bisher, sinkt der pH-Wert der Ozeane bis zum Jahr 2100 um weitere 0,3 bis 0,4 Einheiten. Da die pH-Skala logarithmisch ist, wird das Meerwasser also um 100 bis 150 Prozent saurer werden und bei einem pH von 7,7 liegen. Das bedeutet zwar nicht, dass das Meer eine sprudelnde Säure sein wird und sich alles Leben darin auflöst. Es bedeutet lediglich, dass das Meerwasser saurer wird, als es um das Jahr 1800 war, denn ein pH von 7,7 liegt immer noch im basischen Bereich.

Die Ozeanversauerung ist jedoch nicht das alleinige Übel, steigende Wassertemperaturen und sinkende Sauerstoffgehalte machen den Meeresbewohnern ebenfalls zu schaffen. Diese drei Faktoren alleine sind schon schwierig zu bewältigen; kommen sie zusammen, werden viele Lebewesen große Probleme haben, sich an die neuen Lebensbedingungen anzupassen, und es bleibt abzuwarten, wer es schafft und wer nicht. Denn um sich anpassen zu können, brauchen die Tiere vor allem viel Zeit – aber daran mangelt es!

Das Sterben der Korallenriffe

Korallenriffe gehören zu den artenreichsten Ökosystemen auf unserem Planeten. Sie leiden besonders unter den sich ändernden Bedingungen wie der Ozeanversauerung und der Erwärmung des Meerwassers. An den paradiesisch wirkenden Kinderstuben der Meere kann man aber auch besonders gut beobachten, wie aktuell mehrere Stressfaktoren zusammenwirken – neben dem Klimawandel auch Fischerei, Krankheiten, Tourismus und Verschmutzung – und dass das Sterben der Korallen weitreichende Folgen für das gesamte marine Ökosystem und letztlich für den Menschen hat.

Durch die globale Erwärmung steigen die Temperaturen im Meer. Für Tiere wie die Korallenpolypen, die ein bestimmtes Temperaturoptimum brauchen, um überleben zu können, wirkt sich die Erwärmung der Meere fatal aus. Korallen erbleichen, wenn sie unter Hitzestress stehen. Eine Korallenbleiche, im Englischen *coral bleaching*, hinterlässt einen Steinkorallenfriedhof mit toten, geisterhaft weißen Kalkskeletten. Doch was genau passiert, wenn Korallen bleichen? Wird das Wasser zu warm, werden die Zooxanthellen, also die algigen Mitbewohner der Korallen, von den Polypen abgestoßen. Die Algen produzieren bei Hitzestress nämlich Giftstoffe, und um sich davor zu schützen, setzen die Korallenpolypen ihre sonst so friedlichen Untermieter vor die Tür. Da die Algen farbgebend für die Korallen sind, erscheinen diese ohne ihre Symbionten weiß (siehe Foto Seite 6 unten). Bleicht eine Koralle, ist sie noch nicht zwangsläufig tot. Ohne ihre Mitbewohner, die die Polypen mit bis zu 90 Prozent der benötigten Energie versorgen, können Korallenpolypen durchaus ein paar Tage überleben, aber sie stehen unter erhöhtem Stress, und die Sterblichkeit steigt. Kühlt sich das Wasser nicht binnen weniger Wochen ab, nehmen die Korallenpolypen keine neuen Zooxanthellen mehr auf –

und verhungern. Dabei reicht schon 1 °C über der sommerlichen Durchschnittstemperatur, um eine großflächige Korallenbleiche auszulösen. Diese durch erhöhte Wassertemperaturen ausgelösten Korallenbleichen nehmen aufgrund des Klimawandels an Stärke und Ausdehnung zu, zudem werden die Intervalle zwischen den Bleichen immer kürzer. Kam es seit Beginn der Achtzigerjahre durchschnittlich nur alle 25 bis 30 Jahre zu einer Korallenbleiche, beträgt der Abstand seit 2010 nur noch sechs Jahre. Zu diesem Ergebnis kam 2018 ein Team um den Wissenschaftler Terry Hughes von der James Cook University in Townsville (Australien). Die Zeit zwischen den Korallenbleichen sei zu kurz für eine vollständige Wiederherstellung der Riffgemeinschaft. Schnell wachsende Korallenarten brauchten in der Regel zehn bis 15 Jahre, um sich zu erholen, die gesamte Riffgesellschaft aber länger, so das Fazit der Studie.

Aus dem abgestorbenen Riff verschwinden als Folge nach und nach die Fische, Meeresschildkröten, Krustentiere und die viele anderen Organismen, die dort zu Hause sind. Doch es gibt auch Arten, die vom Korallensterben profitieren: Algen können nun ungestört, ohne von lästigen Fischen abgeweidet zu werden, die Macht im Riff übernehmen. Übrig bleiben schleimig-braune Unterwasserwüsten, in die sich selten mal ein Fischlein verirrt.

Beim Sterben der Korallenriffe kommt noch ein weiterer klimabedingter Risikofaktor hinzu. So macht die Versauerung der Meere den kalkbildenden Korallen ebenfalls zu schaffen. Bei sinkendem pH-Wert stehen ihnen weniger Carbonat-Ionen als Baumaterial für ihre Kalkskelette zur Verfügung, und die Skelette können erodieren.

Darüber setzt versauerndes Meerwasser insbesondere den empfindlichen Korallenlarven zu, die nicht in der Lage sind, sich gesund zu entwickeln. Als Folge setzen sich weniger Korallenlarven fest und entwickeln sich zu adulten Tieren, die Kolonien bilden können. Schon jetzt ist ein Drittel aller Flachwasserkorallenriffe unwiederbringlich verloren, ein Drittel gilt als geschädigt und nur ein Drittel als größtenteils intakt.

Im Jahr 1998 fand die schlimmste Korallenbleiche der Malediven statt, bei der 98 Prozent der Korallen nahe der Wasseroberfläche bleichten. Mehrere Monate lang lag die Wassertemperatur 1–3 °C über dem Durchschnitt. Bis heute haben sich die meisten Riffe nicht vollständig erholt, und wiederkehrende Bleichen erschweren bzw. verhindern die Regeneration. Verschiedene Korallenarten, die sich schnell wieder ansiedeln und schnell wachsen, können innerhalb von zehn bis 15 Jahren neue Riffe bilden oder die alten Riffe wiederbesiedeln und so die Grundlage zur Regeneration einer vollentwickelten Riffgemeinschaft bilden. Auf den Malediven sind das vor allem Steinkorallen der Gattung *Acropora*. Seit 2014 treten aber gehäuft Korallenbleichen in dem Inselstaat auf, die Auswirkungen auf 60 bis 90 Prozent der Korallenabdeckung haben.

2014 war nicht nur für die Korallen der Malediven ein schlimmes Jahr, sondern für die Korallen weltweit. Die Wetter- und Ozeanografiebehörde der Vereinigten Staaten (NOAA) sprach von einer weltweiten Korallenbleiche, die bis Ende 2016 andauerte. Im Großen Barriereriff in Australien zerstörte die Bleiche 30 Prozent der Korallenabdeckung des aus 3863 Einzelriffen bestehenden

Barriereriffs während der neunmonatigen Hitzeperiode zwischen März und November 2016.

Korallenbleichen treten oft in Zusammenhang mit dem Klimaphänomen »El Niño« auf, welches alle paar Jahre in vielen Meeresregionen für überdurchschnittlich hohe Wassertemperaturen sorgt. In Kombination mit den steigenden Temperaturen durch den Klimawandel haben die Riffe aber immer weniger Zeit, um sich zu erholen. Mit fortschreitendem Klimawandel sieht die Zukunft der tropischen Korallenriffe düster aus. Lässt sich ein weltweiter Temperaturanstieg von der Weltgemeinschaft nicht auf 2 °C begrenzen, wird ein Großteil der Regenwälder der Meere bis zum Jahr 2100 sterben. Und sterben die Korallen, sterben auch die unzähligen Organismen, die im Riff leben.

Darüber hinaus gibt es weitere menschengemachte Gefahren: So stellt der Tourismus ein großes Problem für die Riffe dar. Nicht nur, dass es leider viel zu viele Menschen gibt, die wie der sprichwörtliche Elefant im Porzellanladen über Korallen laufen oder diese beim Schnorcheln und Tauchen abbrechen, sondern sie töten die kleinen Polypen auch unbewusst durch ihre Hautpflege. Sonnencremes sind Gift für die empfindlichen Polypen. Bestimmte Stoffe in den Sonnencremes, wie Oxybenzon, Octocrylen und Parabene, sind schon in geringen Mengen tödlich für Korallen und andere Riffbewohner. Dabei reichern sich speziell diese drei Stoffe in den kleinen Korallenpolypen und ihren Larven an und können zu Entwicklungs- und Wachstumsstörungen sowie zum Ausbleichen führen. Jährlich gelangen zwischen 4000 und 6000 Tonnen durch Wasserenthusiasten ins Meer!

Es ist es sicherlich für niemanden mehr überraschend, dass auch Plastikmüll ein Problem für Korallen darstellt. In einer Studie im asia-pazifischen Raum wurden von dem Forscherteam um Joleah Lamb von der University of California 159 Korallenriffe untersucht und sage und schreibe 11,1 Milliarden Plastikteile gefunden, die sich zwischen den Korallen verfangen hatten. Diese ungeheure Zahl soll allein in den nächsten sieben Jahren um weitere 40 Prozent steigen! Die Wissenschaftler fanden heraus, dass knapp 90 Prozent der 124 000 untersuchten Korallen anfälliger für Krankheiten waren, wenn sie physischen Kontakt zu dem Plastikmüll hatten. Das Plastik blockierte nicht nur das lebenswichtige Sonnenlicht für die Zooxanthellen, es verhinderte auch die Sauerstoffaufnahme der Polypen. Außerdem wurden die Polypen durch die mit dem Plastik assoziierten Giftstoffe geschwächt und waren anfälliger für durch Viren und Bakterien ausgelöste Krankheiten. In einer anderen Studie in der Fachzeitschrift *Marine Pollution Bulletin* fanden Austin Allen und Kollegen 2017 heraus, dass Korallenpolypen aktiv kleinste Plastikpartikel aus dem Wasser fangen und fressen. Sie zogen das Plastik sogar ihrer natürlichen Nahrung vor! Auch wenn die Polypen das Plastik nach etwa sechs Stunden wieder ausspuckten, blieben dennoch Plastikpartikel in einigen Polypen stecken. Um die Auswirkungen von aufgenommenem Plastik in Korallenpolypen genauer zu beschreiben, bedarf es aber noch weiterer Untersuchungen. Außerdem ist es wichtig, herauszufinden, welche chemischen Stoffe so ungemein attraktiv für Korallen sind, damit diese in Zukunft nicht mehr verwendet werden. Besorgniserregend sind diese Ergebnisse allemal!

Weitere Gefahren gehen vom Stickstoffeintrag von der immer intensiver werdenden Landwirtschaft aus sowie vom Zufluss aus Industrie- und Haushaltsabwässern. Die Korallen werden anfälliger für Krankheiten und können sich schlechter gegen Fressfeinde und Platzkonkurrenten wehren. Darüber hinaus wird gerade in küstennahen Bereichen viel gebaut (man denke nur an die Tourismusbranche), und die dadurch entstehenden Sedimente legen sich wie eine Staubschicht auf die fragilen Polypen und ersticken diese.

Neben ihren natürlichen Fressfeinden wie Seesternen, Fischen und Schnecken (siehe Foto Seite 15 unten) kommt noch das Fischen mit Dynamit hinzu. In vielen asiatischen Ländern, in der Karibik sowie in Afrika und seltener im Mittelmeerraum ist diese zerstörerische Art der Fischerei noch heute verbreitet. Dabei werden selbst gebastelte Sprengsätze ins Wasser geworfen, wo sie absinken, explodieren und tiefe Wunden in die Riffe reißen. Die Druckwellen selektieren nicht zwischen Speise- und Zierfischen, Schildkröten und anderen Riffbewohnern – sie zerfetzen alle Tiere in naher Umgebung förmlich. Die toten Fische, die auf den Märkten verkauft werden können, werden von der Wasseroberfläche abgesammelt, der Rest zählt zu den »Kollateralschäden«.

Nicht zuletzt tragen – ob unwissend oder nicht – Liebhaber von Meerwasseraquarien aktiv zur Korallenbleiche und Artenschwund in tropischen Korallenriffen bei. Da sich, bis auf wenige Ausnahmen, die tropischen Fische nicht in Aquarien vermehren, handelt es sich in 99 Prozent der Fälle um Wildfänge. Die dekorativen Fische werden billig vor allem in Ländern wie Sri Lanka, den Malediven, den Philippinen, Indonesien, Fidschi, Australien und Palau gefangen, dort oft mit hochgiftigen Cyaniden wie Blausäure betäubt und eingesammelt. Das Gift wird zum Beispiel in Flaschen mit unter Wasser genommen und mittels eines kleinen Schlauches in die Riffspalten geleitet. Sind die Tiere betäubt und wehrlos, werden sie eingesammelt und an Land gebracht. Dort vegetieren sie in Eimern mit sauerstoffarmem Meerwasser vor sich hin, bevor sie in kleine Plastikbeutel mit vielen anderen Fischen und noch weniger Sauerstoff verpackt und weitertransportiert werden. Bis zu 80 Prozent der gefangenen Fische überleben die Tortur von der Betäubung bis hin zum Transport in die Fachgeschäfte der Zielländer nicht. Schwimmen die restlichen Fische dann in den Aquarien der »Liebhaber«, sind sie noch lange nicht über den Berg. Der Stress der vielen Wasserwechsel auf ihrer oft wochenlangen Odyssee sowie die aufgenommenen Giftstoffe hinterlassen ihre Spuren, sodass die Tiere Wochen oder Monate später trotzdem sterben. Ist ein Fischlein tot, wird einfach ein neues gekauft. Auf diese Weise verschwinden jährlich ca. 500 bis 600 Millionen Zierfische aus den Riffen. Der Aquarienhandel in Deutschland kann sich über mangelnde Nachfrage nicht beklagen: Pro Jahr landen etwa 80 Millionen Rifffische in deutschen Aquarien. Gerade nach erfolgreichen Filmen wie *Findet Nemo* oder *Findet Dorie* boomt der Handel mit exotischen Fischen. Und wenn Clownfische (Nemo) zu den Fischen gehören, die erfolgreich nachgezüchtet werden können, so gilt das leider nicht für die Paletten-Doktorfische (Dorie), die, einmal herausgefischt, eine Lücke im Ökosystem hinterlassen.

Das Fischen mit Cyanidverbindungen schadet natürlich nicht nur den Fischen, die gefangen werden, sondern ebenso den Korallen und anderen Riffbewohnern. Da das Gift sich schädlich auf die algigen Symbionten der Korallen auswirkt, bleichen die Korallen. Wer dennoch nicht auf sein Hobby verzichten möchte und wem Meeresschutz wirklich wichtig ist, der informiert sich gründlich über die Herkunft seiner Fische und kauft nur Nachzuchten.

Die Jagd nach Fischen mit Cyanid und Dynamit ist zwar in den meisten Ländern verboten, es gibt aber kaum Kontrollen, und die Fischer werden nur selten bei ihrem illegalen Treiben erwischt. Und so ist die illegale Fischerei angesichts der ärmlichen Lebensbedingungen und der satten Gewinne trotz Gesundheitsrisiken, Unfallgefahr und Strafandrohung allzu verlockend. Sie geht jedoch immer auf Kosten dieser einzigartigen Ökosysteme und langfristig auf die Lebensgrundlage der Menschen, deren Existenz von gesunden und produktiven Riffen abhängt.

Nicht nur Speise- und Zierfische stellen attraktive Einnahmequellen dar, sondern ebenso der Handel mit anderen Tieren: Seegurken (siehe Foto Seite 16) gelten in China als Delikatesse und sind vielerorts schon fast aus ihren natürlichen Lebensräumen verschwunden. Pro Jahr werden ungefähr 30 000 Tonnen Seegurken gefangen, vor allem in Südostasien, in der Karibik und im Roten Meer werden die einfach einzusammelnden Tiere gefischt. In Vietnam zum Beispiel konnte man in fast jedem Supermarkt getrocknete Seegurken kaufen, die neben eingeschweißten Seepferdchen, Seesternen und getrockneten Haifischflossen im Regal lagen. Auch auf dem Markt auf Cu Lao Cham, in dem Meeresschutzgebiet, in dem wir die Mitarbeiter geschult haben, fanden sich diese Produkte an jedem Stand. Die getrockneten und geschmacksneutralen Seegurken gelten in China als Aphrodisiakum und sollen Bluthochdruck, Krebs und Demenz heilen. Die Nachfrage ist groß und der Kilopreis gut, sodass die illegale Fischerei weltweit boomt und vielerorts die Bestände erschöpft sind. Verschwinden diese Schlauchwesen aus den Ökosystemen, hinterlassen sie große Lücken. Gerade für die nährstoffarmen tropischen Korallenriffe sind Seegurken wichtig, denn sie recyceln organisches Material am Meeresgrund und scheiden es teilweise, in seine Bestandteile zerlegt, wieder aus. Ihre Ausscheidungen sind wertvoller Dünger für die Organismen in den Riffen, denn so bekommen sie die Bausteine, die sie für ihre Entwicklung, wie den Aufbau ihrer Kalkskelette, brauchen.

Hungrig nach Meer

Ich kann mich noch an die Zeit erinnern, als Fisch generell nur freitags auf den Tisch kam und Lachs *(Salmo salar)* nur zu besonderen Anlässen serviert wurde. Mittlerweile liegt er in jedem Supermarkt abgepackt im Kühlregal und ist für viele von uns längst nicht mehr ein Fisch für Feiertage. Es gibt Thunfisch aus der Dose, Sushirestaurants an jeder Ecke und, wenn wir wollen, täglich frischen oder tiefgefrorenen Fisch aus aller Welt. Das geht natürlich zulasten der weltweiten Fischbestände, des Tierwohls und der Umwelt. Um die immer größere Nachfrage an Fisch und Fischprodukten wie zum Beispiel Fischöl für Nahrungsergänzungsmittel und Fischmehl als Futtermittel in der Aquakultur zu befriedigen, wird immer mehr gefischt.

Mit hochtechnologischen Fangmethoden werden die Fischschwärme aufgespürt und gnadenlos geplündert – selbst in Tiefen von 2000 Metern. Unser Hunger nach den Delikatessen der Meere hat dazu geführt, dass 33 Prozent der weltweit kommerziell genutzten Fischbestände als überfischt gelten, 60 Prozent maximal bis an ihre biologischen Grenzen genutzt werden und man die Fangmenge nur bei 7 Prozent theoretisch noch erhöhen könnte. »Überfischt« bedeutet eine übermäßige Dezimierung des Fischbestandes, wobei mehr Fische gefangen werden, als durch natürliche Vermehrung nachwachsen oder zuwandern können. Wurden nach Angaben der Ernährungs- und Landwirtschaftsorganisation der Vereinten Nationen (FAO) 1961 weltweit 18,71 Millionen Tonnen Fisch gefangen, waren es 1995 92,36 Millionen Tonnen Fisch. Seitdem stagnieren die Fangerträge auf diesem hohen Niveau (2016: 90,91 Mio. Tonnen) – ein deutliches Anzeichen dafür, dass die Meere dem hohen Fischereidruck nicht mehr standhalten. Obwohl wir in Deutschland laut dem *World Fact Book* des US-Auslandsnachrichtendienstes CIA eine bescheidene Küstenlänge von insgesamt nur 2389 Kilometern haben (im Vergleich: Kanada hat 202 080 Kilometer), kommen bei uns doch recht häufig Fisch und Meeresfrüchte auf den Tisch. Im Jahr 2015 waren es 1,15 Millionen Tonnen, was einem Pro-Kopf-Verbrauch von 14,1 Kilogramm entspricht. Dabei kommen drei Viertel des Fisches aus dem Meer.

Verreist man in ein Mittelmeerland, gehören gegrillte Sardinen, Tintenfisch & Co. zu einem gelungenen Urlaub. Am besten in einem malerischen Hafen, serviert mit einem guten Hauswein. Die Küche des Mittelmeeres gilt als gesund, und Fisch, Meeresfrüchte, Olivenöl, frisches Gemüse und Obst werden dort seit Urzeiten von den Menschen in den jeweiligen landestypischen Variationen zubereitet und gegessen. Doch auch wenn die Speisekarten in den Restaurants nicht den Eindruck vermitteln, dass der Fisch dort zur Neige geht, sind im Mittelmeer rund 93 Prozent der Bestände überfischt. Allein in den letzten 50 Jahren gingen im Mittelmeer 41 Prozent der Meeressäuger und 34 Prozent aller Fische durch Überfischung, Umweltverschmutzung und den Klimawandel verloren. Den größten Teil der Fischfangflotte des Mittelmeerraumes machen kleine, bis zu zehn Meter lange Boote aus, die etwa ein Viertel der Gesamtfänge anlanden. Die restlichen Fische werden von großen Trawlern, oft illegal, aus dem Meer gezogen. Damit der Artenreichtum nicht noch weiter zurückgeht, sich die Bestände erholen und nicht zuletzt, damit die mehr als 300 000 Menschen, deren Existenz unmittelbar von der Fischerei abhängt, auch langfristig davon leben können, hat die Europäische Kommission 2016 eine 10-Jahres-Verpflichtung zur Rettung der Fischbestände verabschiedet. In der »MedFish4Ever«-Erklärung einigten sich die Vertretungen von 13 nördlichen und südlichen Anrainerstaaten des Mittelmeers auf ein nachhaltiges Management der Fischbestände und das Unterbinden der illegalen Fischerei. Zeigt die Umsetzung dieses Abkommens Erfolg, besteht Hoffnung, dass wir auch in Zukunft mit gutem Gewissen im Mittelmeerurlaub frischen Fisch genießen können.

Für die Nordsee und den Nordostatlantik legen die EU-Staaten ebenfalls jährlich Gesamtfangmengen für die jeweiligen Länder fest. Umweltschützern gehen die Fangquoten jedoch nicht weit genug, da sie die Bestände nicht bis zum Jahr 2020 auf ein nachhaltiges Niveau anzuheben vermögen. Grundlage für die Quoten sind wissenschaftliche Empfehlungen, die bereits die Interessen der Fischfangindustrie gegen Naturschutzbelange abwägen. Leider werden selbst diese Empfehlungen von den Fischereiministern der EU oft genug ignoriert, sodass nach wie vor generell zu viel Fisch gefangen wird.

Einige Fangmethoden sind problematischer als andere. Je nach Fischart und abhängig von ihrem bevorzugten Aufenthaltsort in der Wassersäule kommen verschiedene Netze zum Einsatz: Um zum Beispiel Heringe, Dorsche und Schollen zu fangen, werden bis zu 15 Meter hohe und 15 Kilometer lange **Stellnetze**, vor allem in der Küstenfischerei, verwendet. Dabei gibt es sowohl Netze, die im Freiwasser, also im Pelagial, aufgestellt werden, als auch solche, die am Grund stehen. Durch eine bestimmte Platzierung und Maschenweite des Netzes sollen gezielt Fische einer bestimmten Art und Größe gefangen werden. Schwimmen die Fische ins Netz hinein, bleiben sie mit dem Kopf stecken und verheddern sich bei ihren Befreiungsversuchen weiter. Der Einsatz von Stellnetzen ist sehr umstritten, da die Beifangmengen sehr hoch sind. Neben den gewünschten Fischen verfangen sich geschätzt jährlich 90 000 Seevögel und bis zu 150 Schweinswale allein in Stellnetzen in der Ostsee und ertrinken jämmerlich. Für Schwarmfische wie Heringe, Makrelen und Sardinen werden auch **pelagische Schleppnetze** eingesetzt. Diese Netze sind trichterförmig und erinnern an einen Sack, der mithilfe von Auftriebskörpern und Gewichten offen gehalten wird. Die Netzöffnung der pelagischen Schleppnetze kann bis zu 23 000 Quadratmeter groß sein – genug, um zwölf Jumbojets Platz zu bieten. Die Trawler sind auch technisch bestens ausgerüstet und die Fischschwärme werden gezielt mit Sonar und Echolot geortet und gefangen. Dabei werden diese riesigen Netze langsam von einem oder mehreren Trawlern gezogen. Die Fische sammeln sich dann am Ende des Netzes, wo sich eine Tasche befindet. Der Beifang ist in verschiedenen Meeresregionen enorm, und regelmäßig verenden Delfine, Haie, Wale und Schildkröten qualvoll in diesen Netzen. Neben den pelagischen Schleppnetzen gehören die **Grundschleppnetze** zu den wichtigsten Netzen der Hochseefischerei. Sie sind für den Einsatz am Meeresgrund oder in Bodennähe konzipiert, wo sie Fische wie Plattfische, Kabeljau, Seehecht und Garnelen fangen. Diese Netze können in Tiefen bis zu 2000 Metern angewendet werden. Werden sie über den Boden gezogen, hinterlassen sie eine Schneise der Verwüstung, da sie festsitzende und am Boden lebende Organismen wie Tiefsee- bzw. Kaltwasserkorallen zerstören. Auch die Fischerei mit **Baumkurren** schädigt den Meeresboden. Diese beutelartigen Grundschleppnetze werden an einem schweren Metallgestänge über den Meeresboden geschleift, der dadurch regelrecht aufgepflügt wird. Dabei werden die dort lebenden Fische und Garnelen aufgescheucht und ins Netz getrieben. Diese Art der Fischerei differenziert nicht zwischen dem gewünschten Fang und den anderen auf dem Meeresgrund lebenden Organismen, welche ebenfalls getötet werden. Laut Greenpeace Deutschland wird in der Nordsee beispielsweise pro Kilo Seezunge bis zu sechs Kilogramm Beifang mitgefischt. Der WWF geht sogar von 15 Kilogramm Beifang pro Kilogramm Scholle oder Seezunge aus. Etwas selektiver geht die Fischerei mit **Ringwadennetzen** vor. Diese Netze werden kreisförmig um einen Fischschwarm gelegt und zugezogen. Ringwadennetze können, werden sie in der Hochseefischerei eingesetzt, bis zu zwei Kilometer lang sein und in Tiefen von bis zu 200 Metern reichen. Die gefangenen Fische wie Heringe, Makrelen, Sardinen oder Thunfische (Echte Bonitos) werden dann mittels Saugpumpen an Bord transportiert. Die Fischer arbeiten oft mit sogenannten Fischsammlern, welche den Tieren Schutz vortäuschen, sodass sie sich um die schwimmenden Plattformen versammeln. Um die schutzsuchenden Fische wird dann das Netz gelegt und zugezogen. Leider gibt es hier ebenfalls Beifang, da auch andere Meeresbewohner wie Schildkröten und Delfine von den Fischsammlern magisch angezogen werden. Zwischen Ende der 1950er- und Anfang der 1990er-Jahre wurden mit Ringwadennetzen bis zu sieben Millionen Delfine als Beifang zu Thunfischen getötet. Im Tropischen Ostpazifik sind insbesondere Gelbflossenthunfische *(Thunnus albacares)* mit Spinner- und Schlankdelfinschulen vergesellschaftet. Die Fischer wussten, dass unterhalb einer Delfinschule mit großer Wahrscheinlichkeit auch Thunfische schwammen, und legten ihre Netze um die Meeressäuger, um an die begehrten Thunfische zu kommen. Laut dem US-amerikanischen *Earth Island Institute* (EII) fand in diesem Zeitraum die »größte Massenvernichtung von Meeressäugern in der Geschichte der Menschheit« statt. Seitdem wurde die Fangmethode zwar verbessert und »delfinfreundlich« gemacht, dennoch sterben nach wie vor unter anderem Haie, Delfine und Meeresschildkröten als Beifang in diesen Netzen.

Wer auf Thunfisch nicht verzichten möchte, aber auf die Nachhaltigkeit der Fangmethode Wert legt, der achtet darauf, dass die Fische mit **Angelruten** gefangen wurden, wie das zum Beispiel auf den Malediven der Fall ist. Geangelten Thunfisch (von Arten, die als nicht gefährdet gelten) gibt es auch bei uns in Supermärkten zu kaufen. Bei dieser Fangmethode stehen die Fischer am Heck des Schiffes und ziehen mit ihren langen Angelruten Thunfische, die mit Ködern angelockt wurden, aus dem Wasser. Sind die Fische zu klein, werden sie zurück ins Meer geworfen. So wird sichergestellt, dass der Bestand nachhaltig befischt wird. Das Siegel »dolphin safe«, bzw. »delfinfreundlich« hingegen sagt leider weder etwas über den Beifang anderer Tierarten noch über das Management der einzelnen Bestände aus.

Ebenso wenig nachhaltig ist die **Langleinenfischerei**. An den bis zu 130 Kilometer langen Mutterleinen sind kurze Nebenleinen mit mehr als 20 000 Haken und Ködern befestigt. Mit dieser nicht-selektiven Fangmethode sollen unter anderem Haie, Mahi-Mahi, Thunfische, Kabeljau, Schwertfische und andere wertvolle Speisefische gefangen werden. Die Langleinen werden waagerecht zwischen Meeresgrund und Meeresoberfläche ausgelegt und mit Schwimmkörpern und Gewichten in Position gehalten. Dabei gibt es zwei Arten der Langleinenfischerei: Man unterscheidet zwischen Langleinen, die am Meeresgrund in Tiefen von 500 bis 2500 Metern ausgebracht werden, und Langleinen, die nahe der Wasseroberfläche verlaufen. Bei beiden ist die Beifangrate an Seevögeln, Meeresschildkröten, Haien und Rochen sehr hoch. Dem WWF zufolge werden bei der derzeitigen Fischereipraxis weltweit rund 38,5 Millionen Tonnen Beifang in Kauf genommen – das sind 40 Prozent des globalen Fischfangs. Die toten und halb toten Tiere werden wie Müll zurück ins Meer geworfen.

Mehr Kultur für Aquakulturen

Was also tun, wenn man auf Meeresfisch nicht verzichten möchte? Sind Fische aus **Aquakulturen** die Lösung? Der rasant steigende Fischkonsum kann schon lange nicht mehr alleine durch Wildfänge gedeckt werden. Laut der Ernährungs- und Landwirtschaftsorganisation der Vereinten Nationen FAO wird die weltweite Gesamtfischproduktion, also sowohl Fang als auch Aquakultur, von 171 Millionen Tonnen im Jahr 2016 auf 201 Millionen Tonnen im Jahr 2030 ansteigen. Um diesen enormen Appetit auf Fisch und Fischprodukte zu stillen, werden mittlerweile 50 Prozent des Bedarfs an Meeresfrüchten, Süßwasser- und Meeresfischen durch Aquakulturen gedeckt. Doch damit wird nicht etwa die Überfischung der Meere gestoppt, sondern sie wird weiter vorangetrieben, denn Thunfische, Lachse und andere beliebte Speisefische sind oft Raubfische und müssen mit pulverisiertem Soja, verarbeiteten Schlachtabfällen oder wild gefangenen Fischen gefüttert werden. Die gefangenen Makrelen oder andere Kleinfische werden zu Fischöl und Fischmehl verarbeitet und zu Pellets gepresst, mit denen man die Zuchtfische füttert. Pro Kilo Zuchtlachs braucht man um die vier Kilogramm Fischfutter – pro Tag, wohlgemerkt! In der Thunfischzucht ist es fünfmal mehr, dort werden pro

Kilogramm Zuchtfisch etwa 20 Kilogramm Wildfisch verfüttert. Auch Soja, das oftmals einen großen Teil des Futters ausmacht, stellt sich als problematisch heraus. Je nach Herkunftsland muss für den Abbau von Soja Regenwald abgeholzt werden – einzigartige Lebensräume weichen Monokulturen. Probleme gibt es außerdem beim Transport: Da die Mischung aus Fischöl, Soja und Fischmehl in den Frachträumen in Verbindung mit Sauerstoff brennbar ist, wird ein antioxidierendes Mittel eingesetzt, damit es nicht zur Explosion kommt und das Futter nicht verdirbt. Das Pflanzenschutzmittel Ethoxyquin, das unter das Futtermehl gemischt wird, wurde laut einer Stichprobenstudie von Greenpeace in 38 von 54 untersuchten Proben gefunden. Diese Proben waren abgepackte Fischprodukte aus konventionellen Aquakulturen. Da Ethoxyquin im Verdacht steht, krebserregend und erbgutschädigend zu sein, rät die Umweltschutzorganisation dazu, wenn überhaupt, Fisch aus nachhaltig befischten Wildfängen oder aus Bioaquakulturen zu kaufen.

Die konventionelle Aquakultur birgt jedoch noch weitere Probleme, denn sie ist nicht ökologisch. Da es sich um Massentierhaltung handelt, die Tiere unter enormem Stress stehen und daher anfälliger für Krankheiten sind, mischt man den Zuchttieren Antibiotika und andere Medikamente ins Futter. Diese Medikamente gelangen zusammen mit dem Fischkot und den Nahrungsresten aus den offenen Netzkäfigen in die Flüsse und ins Meer. Die antibiotikahaltigen Futterreste reichern sich im Laufe der Zeit in den Sedimenten auf dem Meeresgrund an, da mehr als 65 Prozent des Fischfutters nicht gefressen wird und zu Boden sinkt. Das ist nicht nur schädlich für die dort lebenden Organismen, sondern auch für uns Menschen. Eine chinesische Studie konnte 2017 nachweisen, dass die Futterreste bakterielle Resistenzgene enthalten, welche Mikroben gegen Antibiotika immun machen. Das sind insofern schlechte Neuigkeiten, als sich multiresistente Keime in der Meeresumwelt ausbreiten und von dort in die Nahrungskette gelangen können. Die Forschungsgruppe um den Wissenschaftler Jing Wan an der Technischen Universität Dalian untersuchte fünf kommerzielle Fischmehlprodukte und fand über 1300 unterschiedliche Antibiotika-Resistenzgene. Um eine weitere Ausbreitung multiresistenter Keime zu unterbinden, sollte Tiermehl in Zukunft gezielt auf Antibiotika-Rückstände und Antibiotika-Resistenzgene untersucht werden, so die Forscher. Außerdem müssten geeignete Futterstrategien oder effiziente mikrobielle Mittel entwickelt werden, um die Fischmehlreste in der Umwelt zu beseitigen.

Ein weiteres Problem, mit dem vor allem die norwegischen Fischfarmen zu kämpfen haben, ist der parasitäre Befall der Zuchtfische. Des Deutschen liebster Speisefisch, der Lachs, hat nämlich Läuse. Die Lachslaus *(Lepeophtheirus salmonis)* ist ein nur wenige Millimeter großer Krebs, der sich bevorzugt in der Kopfregion der Fische festbeißt und sich dann immer tiefer in das Fleisch frisst. Die Parasiten ernähren sich vom Hautschleim und vom Blut der Lachse, die dadurch geschwächt und anfälliger für Krankheiten werden. Da die Lachse dicht an dicht in Netzkäfigen gehalten werden, können sich die Lachsläuse explosionsartig ausbreiten – ähnlich wie Kopfläuse in einem Kindergarten. Um der Parasitenplage Herr zu werden, behandeln die einen die Fische mit Pestiziden, andere

Lachsproduzenten setzen Putzerfische in die Netze und hoffen auf eine biologische Bekämpfung der Lachsläuse; oder sie setzen auf eine Mischung aus beiden. Die Pestizide, welche durch die Meeresströmungen verteilt werden, sorgen immer wieder für Umweltprobleme und stehen im Verdacht, für das Massensterben von Krebstieren in norwegischen Fjorden verantwortlich zu sein; eindeutige Beweise stehen allerdings noch aus. Ist der Lachslausbefall der Zuchtfische hoch, müssen die Bestände getötet werden. Da die Larven der Parasiten mit den Meeresströmungen verteilt werden, befallen die Lachsläuse auch außerhalb der Netze Wildlachse und andere Fische. Diesen Tieren kann jedoch nicht mit Putzerfischen und Chemie geholfen werden. Alleine im Jahr 2016 starben laut dem Norwegian Seafood Council um die 53 Millionen Tiere an den Parasiten.

Ein weiteres Problem von Aquakulturen ist die Zerstörung mariner Lebensräume. In Vietnam und in anderen asiatischen Ländern sowie in Mittelamerika werden für Shrimpsfarmen ganze Mangrovenwälder gerodet. Mangrovenwälder sind aber sehr wichtige Ökosysteme. Sie schützen die Küsten vor Sturmfluten, Tsunamis und Erosion und sind gleichzeitig wichtige Lebensräume für spezialisierte Organismen und Kinderstuben für eine Vielzahl von Lebewesen, die später Küstenökosysteme wie Korallenriffe bevölkern. Mangrovenwälder gehören nämlich neben Regenwäldern und Korallenriffen zu den produktivsten Ökosystemen der Erde. Verschwinden die Mangroven, verschwinden auch viele Arten aus küstennahen Ökosystemen, was sich nicht zuletzt auf die Küstenfischerei auswirkt: Deren Erträge gehen genau dort drastisch zurück, wo Mangroven großflächig abgeholzt wurden. In Vietnam zum Beispiel hat die Mangrovendichte in den letzten Jahrzehnten stark abgenommen, fanden die Wissenschaftler Thuy Dang Truong und Luat Huu Do 2018 heraus. Seit 1995 werden in Südvietnam Teile von Mangrovenwäldern zur Bewirtschaftung und zur Abholzung an Haushalte vergeben, die im Rahmen dieser Richtlinien 20–40 Prozent der zugeteilten Wälder zum Beispiel für die Garnelenzucht nutzen dürfen. Die meisten Haushalte entwickeln gemischte Garnelen-Mangroven-Zuchtsysteme, in denen Garnelenteiche mit Mangrovenwald abwechseln. Oft nutzen jedoch die Bauern mehr als die zulässige Fläche für die Garnelenzucht, sodass der Mangrovenwald übermäßig abgeholzt wird. Durch den Einsatz von Pestiziden und Antibiotika sind die Garnelenfarmen nach einigen Jahren so stark verseucht, dass ein Wiederaufforsten der Mangroven nahezu unmöglich ist. Weltweit wurden über 35 bis 50 Prozent der Mangrovenwälder alleine in den letzten 50 Jahren zerstört, wobei Garnelenzuchten einen wesentlichen Beitrag dazu leisten. Nicht nur der Verlust dieser einzigartigen Ökosysteme und der damit verbundene Artenschwund ist besorgniserregend, sondern auch der Verlust der Mangroven als effiziente Kohlenstoffreservoire. Das von den Pflanzen aus der Atmosphäre genommene CO_2 wird fotosynthetisch in Biomasse umgewandelt – pro Hektar werden so 159 Tonnen reines CO_2 gebunden. Doch der meiste Kohlenstoff steckt in den dunklen Schlicken der Mangrovenwälder: durchschnittlich 800 Tonnen pro Hektar! Insgesamt speichern Mangrovenwälder weltweit zwischen 4 und 20 Milliarden Tonnen CO_2 und sind somit wichtige Helfer gegen den Klimawandel. Werden die Mangrovenwälder zerstört, gelangt das gespeicherte CO_2 wieder in die Atmosphäre – dem Hunger nach billigen Garnelen sei Dank!

Die Dumpingpreise in der Seafood-Industrie schaden nicht nur der Umwelt, sondern schlussendlich dem Verbraucher selber. Leider ist das gerade uns in den reichen, westlichen Ländern oft nicht bewusst, da ein Lachsfilet aus der Tiefkühltruhe oder das schön angerichtete Garnelen-Nigiri auf dem Teller im Sushirestaurant kein Label trägt, welches vor der Zerstörung von Mangrovenwäldern warnt, vom Leid der Tiere erzählt und auf die Sklaverei auf den Fischereibooten aufmerksam macht. Um den Bedarf an Fisch und Meeresfrüchten dennoch zu decken, müssen andere Lösungen her.

Zukunft für das Meer = Zukunft für uns

Das Wohl des blauen Wunders liegt in unserer Hand. Zum einen können wir natürlich in vielen Bereichen durch unsere persönlichen Konsumentscheidungen zur Gesundung der Meere beitragen, zum anderen bedarf es intensiver Forschungen, und nicht zuletzt brauchen wir richtungsweisende politische Regeln und Gesetze zum Schutz der Meere.

Natürlich esse auch ich Fisch und Meeresfrüchte, wenngleich auch sehr selten, und stelle mir oft die Frage, ob die Label auf den Verpackungen halten, was sie versprechen. Nachdem die Zertifizierung des MSC (englisch für Marine Stewardship Council) durch eine Recherche der ARD im September 2018 heftig in die Kritik geraten ist, wird die Wahl im Kühlregal noch schwerer. Das blaue Logo mit dem Fisch, das auf mehr als 50 Prozent aller verkauften Fischprodukte in Deutschland prangt, steht traditionell für nachhaltig gefangenen Wildfisch. Das Siegel bekommt, wer die drei Standards des MSC erfüllt: Der Fischbestand darf nicht überfischt sein, es muss ein gutes Nachhaltigkeitsmanagement geben, und marine Ökosysteme dürfen nicht beschädigt werden. So weit, so gut, doch wissenschaftliche Untersuchungen sprechen eine andere Sprache. Offenbar bekommen auch solche Fischereibetriebe eine Zertifizierung, die mit Grundschleppnetzen fischen und dabei den Meeresboden in eine Wüste verwandeln, denn die Grundschleppnetzfischerei ist vom MSC akzeptiert. Auch die Thunfischfischerei in Mexiko trägt das Siegel. Dabei wird in Kauf genommen, dass Delfine als Beifang in den Ringwadennetzen sterben, laut MSC jedoch nicht mehr als 500 Delfine pro Jahr. Die Ergebnisse der ARD-Recherche legen nahe, dass diese Zahl um ein Vielfaches höher liegen könnte. Wissenschaftler und Umweltschützer fordern nun radikale Nachbesserungen der Standards und mehr Transparenz im Zertifizierungsprozess.

Greenpeace rät, sich nicht alleine auf Zertifizierungen zu verlassen, sondern auch auf Fangmethoden und Fanggebiete zu schauen. Da das erfahrungsgemäß sehr kompliziert sein kann, gibt es Ratgeber, die man sich als App auf das Smartphone laden kann. Der »Fischratgeber« von Greenpeace zum Beispiel erteilt Kaufempfehlungen, basierend auf den Fangmethoden und -gebieten sowie deren Nachhaltigkeit. Doch selbst wenn es diese hilfreichen Siegel gibt, bleibt ein großer Teil der Verantwortung beim Verbraucher hängen. Nicht jede oder jeder hat die Kapazitäten, Lust und Zeit, sich mit den verschiedenen Zertifizierungen zu beschäftigen. Sinnvoll und längst überfällig sei ein staatliches Nachhaltigkeitssiegel mit einheitlichen Kriterien, stellte die Verbraucherzentrale Hamburg Ende 2018 fest.

Wer auf Nummer sicher gehen will, hört entweder ganz auf, Fisch zu essen, oder kauft gezielt Produkte aus ökologischer Aquakultur. Die Zertifizierung von »Naturland« achtet darauf, dass die Haltung der Tiere artgerecht ist, die Gewässer und die umliegenden Ökosysteme geschützt werden, keine Chemie und Gentechnik zum Einsatz kommt, das Futter ökologische Standards erfüllt und den Mitarbeitern hohe Sozialstandards geboten werden.

Da wir ohne Aquakultur den Bedarf an Fisch nicht decken können und wir mit dieser Art der Fischzucht die Bestände in den Meeren schonen, brauchen wir mehr innovative Ansätze in diesem Bereich. Ein wirklich nachhaltiges Projekt wurde in Saarbrücken von einem Team der Hochschule für Technik und Wirtschaft entwickelt. Der »ocean[cube]« ist laut dem jungen Entwicklerteam eine »biotechnologisch komplexe Aquakulturanlage zur artverträglichen und betriebssicheren Produktion mariner Fischarten … Als erste kleinskalige, kompakte und schlüsselfertige Anlage in Kleinserienfertigung erlaubt der ocean[cube] damit die regionale und endverbrauchernahe Produktion von frischem Seefisch in höchster Qualität.« Auch wenn das Projekt noch in den Kinderschuhen steckt, haben mobile geschlossene Kreislaufanlagen wie der ocean[cube] das Potenzial, umweltfreundlich und nachhaltig, ohne lange Transportwege, Meeresfisch auf höchstem Niveau zu produzieren.

Fängt man einmal an, sich um die eine Sache Gedanken zu machen und bewusster zu kaufen, folgt schon das nächste Problem. Alleine das Plastikproblem anzugehen erscheint vielen auf den ersten Blick hoffnungslos. Was kann man schon als einzelner Verbraucher gegen diese Flut an Plastik in und um die Produkte des täglichen Lebens ausrichten? Zumal die richtige Entscheidung beim Einkaufen alles andere als einfach ist: Kaufe ich jetzt die Biobananen, die in Plastik verpackt sind, und die Demeter-Zitronen im Plastiknetz oder die losen Früchte, bei deren Herstellung Pestizide verwendet wurden? Wie erkenne ich, ob in meinem Duschgel, Shampoo oder in meiner Rasiercreme Mikroplastik versteckt ist, selbst wenn es mir gelingt, das Kleingedruckte zu entziffern? Hier gibt es inzwischen zum Glück Hilfe im Internet. Die Smartphone-App »CodeCheck« zum Beispiel kann einem sagen, ob ein Kosmetikprodukt gefährliche Inhaltsstoffe wie Mikroplastik enthält, wenn man den Strichcode des Produktes abscannt. Außerdem gibt es viele Listen im Internet, die solche Produkte aufzählen. Wer gute Augen oder eine Lupe in der Tasche hat, kann sich die Inhaltsstoffe auch selber durchlesen. Ein kleiner Tipp: Substanznamen, hinter denen sich Mikroplastik verbirgt, beginnen oft mit »Poly«, »Nylon« und »Acrylate(s)«. Mittlerweile lassen sich Produkte wie Duschgel, Shampoo und Zahncreme mit einer großen Auswahl an Produkten ersetzen, die nicht in Plastik verpackt sind und kein Mikroplastik enthalten. So spart man gleich doppelt Plastik. Die Walkühe und Austern, Korallen und Schildkröten, Seevögel und das Zooplankton werden es uns danken – und letztendlich wir selbst uns auch.

Dennoch muss vor allem die Politik die Industrie in die Verantwortung nehmen und, anstatt auf Dialog und freiwillige Selbstverpflichtungen zu setzen, endlich bindende Vorschriften zum Schutz der Umwelt gegen diese Plastikmüllflut durchsetzen. Ein erster Schritt in die richtige Richtung wurde am 19. Dezember 2018 getan. An diesem Tag haben sich die Unterhändler des Europaparlaments und der EU-Staaten darauf geeinigt, diverse Einwegplastikartikel zu verbieten. Das ist ein wichtiger Schritt, man fragt sich nur, warum dieses Verbot erst ab 2021 voll greifen soll, wo es doch schon jetzt plastikfreie Alternativen für Einweggeschirr, Plastiktrinkhalme und Einwegbecher gibt. Denn erinnern wir uns: Es landen bis zu 12,7 Millionen Tonnen Plastik pro Jahr in den Meeren, und man nimmt an, dass sich die Zahl bis zum Jahr 2030 verdoppelt und sogar vervierfacht bis zum Jahr 2050! Das Gute an dem Verbot ist, dass endlich etwas auf politischer Ebene getan wird und Veränderungen, auch im Alltag, sichtbar sind.

Ich erinnere mich noch daran, dass bei Vorträgen, die ich vor ungefähr fünf Jahren gehalten habe, die allermeisten im Publikum nie zuvor von »Mikroplastik« gehört hatten. Heute kann mir mindestens die Hälfte des Publikums sagen, wo und worin sich Mikroplastik befindet. Unverpacktläden schießen wie die Pilze aus dem Boden, man findet überall Mehrwegbecher, die aus nachwachsenden Rohstoffen gefertigt sind, und in vielen Supermärkten fehlen mittlerweile die Plastiktüten an der Kasse.

Veränderung findet statt, und das ist großartig und macht mir Mut! Oft werde ich gefragt, woher ich meine Motivation nehme, so unermüdlich für gesunde Ozeane zu kämpfen. An manchen Tagen, an denen die schlechten

Nachrichten die guten überwiegen, frage ich mich das selbst auch. Oder wenn ich am Strand spazieren gehe und Müll einsammle, wenn ich unter Wasser alte Angelleinen aus Korallenriffen schneide oder sterbende Meerestiere aus Netzen befreie. Ich werde dann von Wut über die Dummheit und Ignoranz der Menschen gepackt, sodass ich am liebsten alles hinschmeißen würde. Doch dann halte ich mir die Fortschritte vor Augen: Tage, an denen ich Seminare für Lehrkräfte gebe und viele Multiplikatoren ausbilden darf, die ihr Wissen wiederum an Kinder und Jugendliche weitergeben. Die Rückmeldungen, die ich nach solchen Veranstaltungen bekomme, geben mir die Zuversicht, dass viele Menschen gemeinsam etwas ändern wollen und können.

Ich selber lebe nicht plastikfrei und finde das, um ehrlich zu sein, bisher noch ungeheuer schwer. Die paar wenigen Menschen, die das schaffen, haben meinen größten Respekt. Wer sich jedoch bewusst macht, was mit dem gekauften Einwegartikel geschieht, wo dieser landen könnte und welche Auswirkungen er auf Mensch und Tier hat, verzichtet vielleicht beim nächsten Einkauf darauf, denn Alternativen gibt es genug, angefangen von unverpackten, regionalen Lebensmitteln über mikroplastikfreie Kosmetik, nachhaltig gefangenen Naturgut-Fisch und ressourcenschonende Secondhandkleidung bis hin zu »reef-save«-Sonnencremes aus dem Internet. Alleine die Tatsache, dass es Sonnenschutzprodukte gibt, die die Korallenriffe nicht schädigen, zeigt doch, dass das Bewusstsein für den Schutz der Meere wächst.

Natürlich werden die Meere dadurch nicht gerettet. Dafür bedarf es größerer und weitreichender Maßnahmen, vor allem global auf politischer Ebene. Ein wesentlicher Faktor, wenn nicht gar der wichtigste, ist eine drastische Dezimierung der Mengen an Plastikmüll, die wir produzieren und die über alle Flüsse der Welt, insbesondere aber über die oben erwähnten »Top 10«, ins Meer gelangen. Diese Reduzierung von Plastikmüll im Meer erreichen wir nur, wenn weniger Plastik hergestellt wird und als Konsequenz darauf weniger Müll entsteht. Gerade hier muss die Politik eingreifen. Verbote von Einwegplastik, welche (erst) ab dem Jahr 2021 in Deutschland in Kraft treten sollen, sind ein erster Schritt, greifen aber lange nicht weit genug. Das Verbot von Mikroplastik in der Kosmetik wurde in Ländern wie Großbritannien und den USA scheinbar mühelos durchgesetzt. In Deutschland wird immer noch an den guten Willen der Hersteller appelliert – während, wie eine Forschungsgruppe um Thomas Mani bereits 2015 herausfand, täglich mindestens 192 Millionen Mikroplastikpartikel vom Rhein in die Nordsee gelangen. Die »freiwillige Selbstverpflichtung« ist ein Kniefall vor der Industrie und wird kaum das Problem der Umweltverschmutzung durch Mikroplastik lösen. Einzig strikte Gesetze zum Einsatz von Mikroplastik bzw. Wegwerfplastik im Allgemeinen sowie eine effektivere Aufbereitung der Abwässer werden zu einer Verbesserung der Situation führen.

Ist das Plastik erst im Meer, ist es nahezu unmöglich, es wieder zu entfernen. Das Absammeln des Plastikmülls, welches sich in den großen Meereswirbeln, den »Big Five«, akkumuliert, wäre sicherlich ein großer Schritt, ist aber bisher unmöglich. Das Projekt »**Ocean Cleanup**«, eine Art schwimmender Kamm, in dem Plastikteile hängen bleiben sollen, versucht genau das, aber die Technik ist noch nicht ausgereift. Ob es wirklich gelingen kann, wird kontrovers diskutiert, nicht zuletzt wegen der Gefahr des Beifangs und der Zerstörung mariner Lebensräume, wie des Pleustons, also den auf der Wasseroberfläche treibenden Lebewesen. Nichtsdestotrotz verdanken wir Projekten wie dem »Ocean Cleanup« seit Kurzem die mediale Aufmerksamkeit, die das Plastikproblem verdient – denn schließlich wurde die Verschmutzung der Meere durch Mikroplastik schon Anfang der 1970er in wissenschaftlichen Publikationen beschrieben. Da der größte Teil des Plastiks aber nicht an der Wasseroberfläche schwimmt, sondern in der Tiefsee verschwunden ist, wird es uns mit den derzeitigen technischen Möglichkeiten nicht gelingen, es je aus den Ozeanen zu entfernen. Umso mehr müssen wir dafür sorgen, dass weniger Plastikmüll entsteht und weniger in die Ozeane gelangt.

Packen wir es an, denn indem wir bewusster konsumieren und Druck auf Politik und Industrie ausüben, können wir es zusammen schaffen, den nachfolgenden Generationen ein Meer zu hinterlassen, das gesund und voller Leben ist. Oder um es mit den Worten der Meeresforscherin Sylvia Earle zu sagen: »Wir müssen die Ozeane respektieren und auf sie aufpassen, als hinge unser Leben davon ab. Denn das tut es.«*

* »We need to respect the oceans and take care of them as if our lives depended on it. Because they do.«

Dank

Das blaue Wunder wäre nie zustande gekommen, hätte ich nicht eines Tages eine E-Mail bekommen, in der ich gefragt wurde, ob ich nicht ein Buch über das Meer schreiben wolle. Diese E-Mail kam von meinem großartigen Literaturagenten Alfio Furnari von der Literaturagentur Landwehr & Cie. Ihm gilt mein besonderer Dank, denn er hat mich ermutigt, dieses Abenteuer in Angriff zu nehmen. Lieber Herr Furnari, Ihr Schuss ins Blaue war ein Treffer ins Schwarze!

Die Person, die es ermöglicht hat, dass mein Buch bei meinem Wunschverlag gedruckt wird, ist die wundervolle Jessica Hein – meine Lektorin beim Ludwig Verlag. Vielen Dank, liebe Frau Hein, dass Sie an mein Buch geglaubt und es ermöglicht haben, dass ich einem großen Publikum mehr über den Lebensraum erzählen darf, der mein und unser aller Leben prägt. Ich danke Ihnen für all die Mühe und den Enthusiasmus, mit denen Sie mich unterstützen. Ein großes Dankeschön geht ebenfalls an das gesamte Team vom Ludwig Verlag für den unglaublich herzlichen Empfang, der mir in München bereitet wurde. Ihr Vertrauen in mein Buch macht mich stolz!

Schreiben läuft nicht immer rund, die Sätze hakeln, und die Motivation lahmt bisweilen. Meine fantastische Redakteurin Dr. Angelika Winnen ist das Öl im Getriebe meines Buches und die Feder, die die Freude am Schreiben aus mir herauskitzelt. Liebe Frau Winnen, ich danke Ihnen von Herzen für Ihre Unterstützung, Ihre ermunternden Worte und den Feinschliff, der Sie wahrscheinlich eine Menge Nerven gekostet hat.

Ideen und Inspirationen pflastern nicht den Boden, auf dem man geht, und manchmal sind sie schwerer zu finden als die Ostereier des Vorjahres. Die findigsten Eiersucher, die mich mit noch mehr Fragen und Anregungen versorgt haben, sind meine Freundinnen und Kolleginnen: Dr. Hanna Schuster, der die verrücktesten wissenschaftlichen Fragen durch den Kopf gehen und die nicht aufgibt, bis sie eine Antwort gefunden hat. Laura Riavitz, die mich mit ihrem Wissen über Korallen immer wieder beeindruckt – für unser Projekt in Vietnam hätte ich mir keine bessere und kompetentere Kollegin vorstellen können. Jeannine Fischer, ohne die das Kapitel über die verrückten, lustigen und völlig bizarren Sexpraktiken so niemals zustande gekommen wäre. Dr. Lauren Hall für die Skype-Telefonate, die mich immer prima von meiner Arbeit abgelenkt haben.

Ein herzliches Dankeschön geht auch an: Barbara Matheis, mit der ich aus vollem Herzen lachen kann. Angela und Nils Jensen, die sich durch den Papierkram gearbeitet und unseren Verein »The Blue Mind e. V.« endlich offiziell gemacht haben. Dr. Chrysoula Gubili und Dr. Sokratis Loukaides, die mich mit den Publikationen versorgt haben, auf die ich keinen Zugriff hatte. Alexandra Christian für die langen Spaziergänge mit den Hunden, bei denen ich meinen Kopf entspannen konnte. Frau Funk für die wertvollen Entspannungstechniken. Sarah Bels für das Obdach in Barcelona, wo ich Inspiration gesucht und gefunden habe. Janina D'Agostino, Christina Rosenthal, Nicola Schönenbach, Julia Lang, Nadine Jansen, Heike Klees, Danja Mansour, Prof. Dr. Uwe Waller, Catherine Mentz, Katrin Eckart, Sarah Westphal und meiner Patentante Angelika Frisch. Danke für euren Glauben an mein Buchprojekt. Angela Jensen, Tam Sawers, David Molina Ferrer und Pierre Bouras für die wunderschönen Fotos.

Diejenigen, die wohl nie müde werden, zu motivieren und anzuspornen, sind die eigenen Eltern und die Geschwister. Ein großes Dankeschön geht an meinen Bruder Fabian für die fast täglichen Telefonate, bei denen ich Dampf ablassen konnte. Lieber Fabian, danke dafür, dass du mich so oft zum Lachen bringst! Meiner Mutter danke für ihr offenes Ohr und ihren Glauben an mich. Meinem Vater für die wertvollen Informationen zum Thema Kunststoff. Er hat sich fast sein gesamtes Berufsleben über mit Kunststoff beschäftigt, und ich hätte keinen besseren Ansprechpartner für alle meine Fragen bezüglich Plastik finden können. Liebe Mama, lieber Papa, ohne euch hätte ich meinen Traumberuf so niemals verwirklichen können – danke! Ein großes Dankeschön auch an meinen Bruder Tobias und seine Partnerin Verena, die auf Oskar aufgepasst haben, sodass ich beruhigt unterwegs sein konnte. Lieber Tobias, liebe Verena, es ist gut zu wissen, dass ich mich immer auf euch verlassen kann.

Klischee hin oder her: Eine Ode auf Kaffee, Rotwein und Schokolade, ohne die die unvermeidlichen Schreibblockaden nicht zu ertragen gewesen wären.

Quellen und weiterführende Informationen

Die heimliche Weltherrschaft des Planktons

Albert, D.J. (2011): What's on the mind of a jellyfish? A review of behavioural observations on *Aurelia sp.* jellyfish. *Neuroscience and Biobehavioral Reviews* 35 (3): 474–482.

Boyce, D.G. *et al.* (2010): Global Phytoplankton decline over the past Century. *Nature* 466: 591–596.

Haeckel, E.H. (2016): *Kunstformen der Natur.* Wiesbaden: marixverlag.

Houghton, I.A. *et al.* (2018): Vertically migrating swimmers generate aggregation-scale eddies in a stratified column. *Nature* 556: 497–500.

http://edition.cnn.com/2014/08/28/world/asia/can-immortal-jellyfish-unlock-everlasting-life/index.html?hpt=hp_c4. Zuletzt abgerufen am 04.01.2019.

http://www.spiegel.de/wissenschaft/natur/klimaphaenomene-wie-algen-wetter-machen-a-756865.html. Zuletzt abgerufen am 04.01.2019.

Lana A. *et al.* (2011): An updated climatology of surface dimethlysulfide concentrations and emission fluxes in the global ocean. *Global Biogeochemical Cycles* 25 (1).

Last, K.S. *et al.* (2016): Moonlight Drives Ocean-Scale Mass Vertical Migration of Zooplankton during the Arctic Winter. *Current Biology* 26: 244–251.

Piraino, S. *et al.* (1996): Reversing the Life Cycle: Medusae Transforming into Polyps and Cell Transdifferentiation in *Turritopsis nutricula* (Cnidaria, Hydrozoa). *The Biological Bulletin* 190 (3): 302–312.

Sardet, C. (2016): *Plankton: Der erstaunliche Mikrokosmos der Ozeane.* Stuttgart: Eugen Ulmer KG.

Savoca M.S. *et al.* (2016): Marine plastic debris emits a keystone infochemical for olfactory foraging seabirds. *Science Advances* 2 (11), e1600395.

Sacova, M. S. & Nevitt, G. A. (2014): Evidence that dimethyl sulfide facilitates a tritrophic mutualism between marine primary producers and top predators. *PNAS* 111 (11): 4157–4161.

Sekerci, Y. & Petrovskii, S. (2018): Global Warming Can Lead to Depletion of Oxygen by Disrupting Phytoplankton Photosynthesis: A Mathematical Modelling Approach. *Geosciences* 8 (6): 201.

Uye, S. (2008): Blooms of the giant jellyfish *Nemopilema nomurai*: A threat to the fisheries sustainability of the East Asian Marginal Seas. *Plankton and Benthos Research* 3 (Suppl.): 125–131.

Korallenriffe – die Kinderstuben der Ozeane

Balcombe, J. (2018): *Was Fische wissen: Wie sie lieben, spielen, planen: unsere Verwandten unter Wasser.* Hamburg: mare.

Beattie, M. *et al.* (2017): The roar of the lionfishes *Pterois volitans* and *Pterois miles*. *Journal of Fish Biology* 90 (6): 2488–2495.

Becker, J. H. A. *et al.* (2005): Cleaner Shrimp Use a Rocking Dance to Advertise Cleaning Service to Clients. *Current Biology* 15 (8): 760–764.

Bshary, R. *et al.* (2006): Interspecific communicative and coordinated hunting between groupers and giant moray eels in the Red Sea. *PLoS Biology* 4 (12): e431.

Erisman, B. E. & Rowell, T. J. (2017): A sound worth saving: acoustic characteristics of a massive fish spawning aggregation. *Biology Letters* 13 (12): 20170656.

Eyal, G. *et al.* (2015): Spectral Diversity and Regulation of Coral Fluorescence in a Mesophotic Reef Habitat in the Red Sea. *PLoS ONE* 10 (6): e0128697.

Fine, M. & Parmentier, E. (2015): Mechanisms of Fish Sound Production. In: Ladich, F. (Hrsg.): *Sound Communication in Fishes. Animal Signals and Communication,* Vol 4. Wien u. a.: Springer-Verlag, 77–126.

Raihani, N. J. *et al.* (2011): Male cleaner wrasses adjust punishment of female partners according to the stakes. *Proceedings of the Royal Society B: Biological Sciences* 279 (1727): 365–370.

Patek, S.N. *et al.* (2004): Deadly strike mechanism of a mantis shrimp. *Nature* 428: 819–820.

Perdicaris, S. *et al.* (2013): Bioactive Natural Substances from Marine Sponges: New Developments and Prospects for Future Pharmaceuticals. *Natural Products Chemistry & Research* 1:114.

Pinto, A. *et al.* (2011): Cleaner wrasses *Labroides dimidiatus* are more cooperative in the presence of an audience. *Current Biology*, 21 (13): 1140–1144.

Smith, E.G. *et al.* (2017): Acclimatization of symbiotic corals to mesophotic light environments through wavelength transformation by fluorescent protein pigments. *Proceedings of the Royal Society B: Biological Sciences* 284 (1858) rspb.2017.0320.

Thoen, H.H. *et al.* (2014): A different color vision in mantis shrimp. *Science* 343 (6169): 411–413.

Vail, A.L. *et al.* (2013): Referential gestures in fish collaborative hunting. *Nature Communications* 4: 1765.

(Un)endliches Blau

Caesar, L. *et al.* (2018): Observed fingerprint of a weakening Atlantic Ocean overturning circulation. *Nature* 556: 191–196.

Chapman, D.D. *et al.* (2007): Virgin birth in a hammerhead shark. *Biology Letters* 3 (4): 425–427.

Domenici, P. *et al.* (2014): How sailfish use their bills to capture schooling prey. *Proceedings of the Royal Society B: Biological Sciences* 281 (1784).

https://www.mpimet.mpg.de/kommunikation/fragen-zu-klima-faq/Zuletzt abgerufen am 16.03.2019.

Leigh, S.C. *et al.* (2018): Seagrass digestion by a notorious ›carnivore‹. *Proceedings of the Royal Society B: Biological Sciences* 285 (1886).

Mansfield, K.L. *et al.* (2014): First satellite tracks of neonate sea turtles redefine the ›lost years‹ oceanic niche. *Proceedings of the Royal Society B: Biological Sciences* 281 (1781).

Myers, R.A. *et al.* (2007): Cascading Effects of the Loss of Apex Predatory Sharks from a Coastal Ocean. *Science* 315 (5820): 1846–1850.

Neukamm, M. (Hrsg.) (2014): *Darwin heute. Evolution als Leitbild in den modernen Wissenschaften.* Darmstadt: WBG.

Thornalley, D. *et al.* (2018): Anomalously weak Labrador Sea convection and Atlantic overturning during the past 150 years. *Nature* 556: 227–230.

Worm, B. *et al.* (2013): Global catches, exploitation rates, and rebuilding options for sharks. *Marine Policy* 40: 194–204.

Geheimnisvolle Tiefsee

Hartwell, A. M. *et al.* (2018): Clusters of deep-sea egg-brooding octopods associated with warm fluid discharge: An ill-fated fragment of a larger, discrete population? *Deep Sea Research Part I: Oceano-Graphic Research Papers,* 135: 1–8.

https://www.iucn.org/news/secretariat/201807/draft-mining-regulations-insufficient-protect-deep-sea-%E2%80%93-iucn-report. Zuletzt abgerufen am 31.01.2019.

https://www.whoi.edu/feature/history-hydrothermal-vents/discovery/1977.html. Zuletzt abgerufen am 04.01.2019.

Lee, W. L. *et al.* (2012): An extraordinary new carnivorous sponge, *Chondrocladia lyra,* in the new subgenus Symmetrocladia (Demospongiae, Cladorhizidae), from off of northern California, USA. *Invertebrate Biology* 131 (4): 259–284.

Partridge, J. C. (2012): Sensory Ecology: Giant Eyes for Giant Predators? *Current Biology* 22 (8): R268–R270.

Purser, A. *et al.* (2016): Association of deep-sea incirrate octopods with manganese crusts and nodule fields in the Pacific Ocean. *Current Biology* 26 (24): R1268–R1269.

Robison, B. H. & Reisenbichler, K. R. (2008): *Macropinna microstoma* and the Paradox of Its Tubular Eyes. *Copeia* 4: 780–784.

Robison, B. H. *et al.* (2014): Deep-Sea Octopus (*Graneledone boreopacifica*) Conducts the Longest-Known Egg-Brooding Period of Any Animal. *PLoS One* 9 (7): e103437.

Sex and the Sea

Aarestrup, K. *et al.* (2009): Oceanic Spawning Migration of the European Eel (*Anguilla anguilla*). *Science*, 325 (5948): 1660.

Harris H.S. *et al.* (2010): Lesions and Behavior Associated with Forced Copulation of Juvenile Pacific Harbor Seals (*Phoca vitulina richardsi*) by Southern Sea Otters (*Enhydra lutris nereis*). *Aquatic Mammals* 36 (4): 331–341.

Kawase, H. *et al.* (2013): Role of Huge Geometric Circular Structures in the Reproduction of a Marine Pufferfish. *Scientific Reports 3: 2106.*

Ramm, S.A. *et al.* (2015): Hypodermic self-insemination as a reproductive assurance strategy. *Proceedings of the Royal Society B: Biological Sciences*, 282 (1811).

Russell, D.G. *et al.* (2012): Dr. George Murray Levick (1876–1956): Unpublished notes on the sexual habits of the Adélie penguin. *Polar Record* 48 (4): 387–393.

Video der Paarung des Tiefsee-Anglerfischs *Caulophryne jordani:* https://www.youtube.com/watch?v=anDIlMVgNwk. Zuletzt abgerufen am 06.02.2019.

Das blaue Wunder in Gefahr

Abts, G. (2016): *Kunststoff-Wissen für Einsteiger.* München: Carl Hanser Verlag.

Allen, A.S. *et al.* (2017): Chemoreception drives plastic consumption in a hard coral. *Marine Pollution Bulletin* 124 (1): 198–205.

Chiba, S. *et al.* (2018): Human footprint in the abyss: 30 year records of deep-sea plastic debris. *Marine Policy* 96: 204–212.

Germanov, E.S. *et al.* (2018): Microplastics: No Small Problem for Filter-Feeding Megafauna. *Trends in Ecology & Evolution* 33 (4): 227–232.

Han, Y. *et al.* (2017): Fishmeal Application Induces Antibiotic Resistance Gene Propagation in Mariculture Sediment. *Environmental Science & Technology* 51 (18): 10850–10860.

https://www.greenpeace.de/themen/meere/app-fuer-nachhaltigen-fisch. Zuletzt abgerufen am 16.03.2019.

https://ec.europa.eu/fisheries/sites/fisheries/files/2017-03-30-declaration-malta.pdf. Zuletzt abgerufen am 21.02.2019

https://plasticseurope.org/de. Zuletzt abgerufen am 16.03.2019.

Klimaschutzbericht: https://www.bmu.de/publikation/klimaschutzbericht-2017. Zuletzt abgerufen am 16.03.2019.

https://www.iea.org/Zuletzt abgerufen am 16.03.2019.

https://www1.wdr.de/mediathek/video/sendungen/die-story/video-das-geschaeft-mit-dem-fischsiegel-die-dunkle-seite-des-msc-100.html. Zuletzt abgerufen am 22.02.2019.

Hughes, T.P. *et al.* (2018): Spatial and temporal patterns of mass bleaching of corals in the Anthropocene. *Science* 359 (6371): 80–83.

Jambeck, J.R. *et al* (2015): Plastic waste inputs from land into the ocean. *Science* 347 (6223): 768–771.

Kaza, S. *et al.* (2018): *What A Waste 2.0: A Global Snapshot on Solid Waste Management to 2050.* Urban Development Series. Washington: World Bank Group.

Klimaschutzbericht 2018 der Bundesregierung: https://www.bmu.de/fileadmin/Daten_BMU/Download_PDF/Klimaschutz/klimaschutzbericht_2018_bf.pdf. Zuletzt abgerufen am 22.02.2019.

Lamb, J.B. *et al.* (2018): Plastic waste associated with disease on coral reefs. *Science* 359 (6374): 460–462.

Mani, T. *et al.* (2015): Microplastics profile along the Rhine River. *Scientific Reports* 5: 17988.

Rochman, C.M. *et al.* (2015): Anthropogenic debris in seafood: Plastic debris and fibres from textiles in fish and bivalve sold for human consumption. *Scientific Reports* 5: 14340.

Schmidt, C. *et al.* (2017): Export of Plastic Debris by Rivers into the Sea. *Environmental Science & Technology* 51 (21): 12246–12253.

Truong, T.D. & Do, L.H. (2018): Mangrove forests and aquaculture in the Mekong river delta. *Land Use Policy* 73: 20–28.

Wilcox, C. *et al.* (2018): A quantitative analysis linking sea turtle mortality and plastic debris ingestion. *Scientific Reports* 8: 12536.

Kapitelübergreifende Quellen und weiterführende Informationen

Hempel, G., Bischof, K., Hagen, W. (Hrsg.) (2017): *Faszination Meeresforschung*. Berlin: Springer-Verlag.

Maribus gGmbH (Hrsg): *World Ocean Review.* Hamburg: mareverlag.

http://aquapower-expedition.com

http://www.fao.org

https://worldoceanreview.com

https://www.bfr.bund.de

https://www.de-ipcc.de

https://www.greenpeace.de

https://www.nabu.de

https://www.nasa.gov

https://www.noaa.gov

https://www.oceanquest.global

https://www.scinexx.de

https://www.umweltbundesamt.de

https://www.unenvironment.org

(Alle zuletzt abgerufen am 16.03.2019).

Bildnachweis

Seite 1, 14, 16, 17, 22, 23 oben: © Pierre Bouras
Seite 2, 3, 4, 5, 6, 12 unten, 13, 15, 18, 19, 20, 21, 23 unten, 24: © Frauke Bagusche
Seite 7, 11 oben: © Laura Riavitz
Seite 8, 9: © Tam Sawers
Seite 10: © Angela Jensen
Seite 11 unten, 12 oben: © David Molina Ferrer